티타임
사이언스

티타임
사이언스
Teatime Science

강석기의 과학카페

SEASON

5

강석기 지음

MiD

티타임
사이언스

초판 1쇄 발행   2016년 5월 2일
초판 3쇄 발행   2020년 6월 18일

지 은 이   강석기
펴 낸 곳   MID (엠아이디)
펴 낸 이   최성훈
경영지원   박동준
편   집   최종현
디 자 인   장혜지
마 케 팅   김태희, 황부현
인쇄제본   보광문화사, 국일문화사

주   소   서울특별시 마포구 토정로 222 한국출판콘텐츠센터 303호
전   화   (02) 704-3448
팩   스   (02) 6351-3448
이 메 일   mid@bookmid.com
홈페이지   www.bookmid.com
등   록   제2011-000250호

I S B N   979-11-85104-67-6 03400

이 도서의 국립중앙도서관 출판예정도서목록(CIP)은 서지정보유통지원시스템 홈페이지(http://seoji.nl.go.kr)와 국가자료공동목록시스템(http://www.nl.go.kr/kolisnet)에서 이용하실 수 있습니다. (CIP제어번호: CIP2016009815)

서문

나는 특별한 재능이 없다. 열렬한 호기심이 있을 뿐이다.

— 알베르트 아인슈타인

영국의 심리학자 대니얼 네틀Daniel Nettle은 2007년 출간한 책 ≪성격의 탄생≫에서 성격의 다섯 가지 특징을 제시하고 있다. 즉 외향성, 신경성, 성실성, 친화성, 개방성이다. 3차원 공간을 기술하는 좌표에서 x, y, z가 독립변수인 것처럼 위의 다섯 가지 특징도 거의 독립적으로 작용한다고 설명한다. 즉 이런 특징의 조합이 개인의 성격을 결정짓는다는 얘기인데, 수학적으로 기술하면 5차원 공간상의 한 점이 내 성격의 좌표인 셈이다.

네틀은 성격의 차이가 뇌구조와 뇌기능의 차이에서 비롯되기 때문에 좀처럼 바뀌지 않는다고 설명한다. 따라서 성격을 고치려고 너무 애쓰지 말고 자기 성격을 이해해 장점을 극대화하라고 충고한다. 예를 들어 직업도 성격에 맞는 걸 골라야 일도 재미있고 성과도 높을 것이다.

그렇다면 과학자는 어떤 성격을 지닌 사람에게 맞는 직업일까? 아무래도 사람보다는 사물에 더 관심을 둬야하니 내향적인, 즉 외향성이 낮은 사람이 더 맞을 것 같다. 과학자로 지내는 한 체계적으로 꾸준히 연구해야하니 성실성은 높아야 한다. 신경성(스트레스를 받는 정도)과 친화성(타인에 대한 공감 능력)은 주요 변수가 아닌 것 같다.

그러나 무엇보다도 개방성이 높아야 하지 않을까? 개방성은 기존의 틀에 얽매이지 않는 창조성 또는 독창성의 정도로 지적 호기심이 한 요소다. 아무리 성실해도 지적 호기심이 없다면 지도교수의 그늘 아래서 박사학위를 받는 데까지는 별 문제가 없겠지만 그 뒤 과학자로 독립해 살아가기가 쉽지 않을 것이다. 즉 꾸준한 연구에 왕성한 호기심이 더해져야 뭔가 새로운 걸 내놓을 수 있다는 말이다.

2012년 ≪과학 한잔 하실래요?≫를 출간했을 때만 해도 과학카페 시리즈가 될 줄 몰랐는데 어느새 5권을 내기에 이르렀다. 2015년 한 해와 2016년 초 발표한 에세이 130여 편 가운데 40여 편을 골라 본문을 구성했다. 선정한 에세이들을 훑어보니 여러 분야에서 기존 과학지식 심지어 과학상식에 도전한 연구결과를 소개한 내용들이 꽤 된다. 이런 일을 해낸 과학자들이야말로 성실성은 기본이고 지적 호기심도 넘쳐나는 사람들일 것 같다는 생각이 든다.

아인슈타인이 일반상대성이론으로 예측한 중력파를 100년 만에 검출했다는 발표는 물론이고 유전이나 환경 요인으로 인한 돌연변이가 아니라 세포분열시 일어나는 임의의 변이가 암의 주원인이라는 분석, 늘 피가 모자란다고 쩔쩔 매지만 막상 병원에서는 수혈이 지나쳐 오히려 문제라는 데이터, 인공조명 발명으로 인류의 수면시간이 짧아졌다는 건 사실이 아니라는 조사, 뇌에는 림프계가 없다는 의학상식이 틀렸다는 실험, 모든 물고기가 냉혈동물인 건 아니라는 발견 등 지적 호기심이 없었다면 결코 해내지 못했을 일들이다.

물론 이런 성과들을 너무 진지하게 받아들일 필요는 없다. 차 한 잔을 앞에 두고 가벼운 마음으로 에세이 한두 편을 읽으며 과학이라는 희한한 세상이 어떻게 돌아가고 있는지 감을 잡는 것만으로도 기분전환이 될 것이다.

수록된 에세이를 연재할 때 여러모로 도움을 준 〈동아사이언스〉의 김규태 팀장과 오가희 기자, 〈사이언스타임즈〉의 김학진 편집장과 장미경 연구원, 〈KAMA저널〉의 차진욱 대리, 〈화학세계〉의 오민영 선생, 〈화학연합〉의 임상규 국민대 생명나노화학과 교수께 고마움을 전한다. 다섯 번째 과학카페 출간을 흔쾌히 결정해준 MID 최성훈 대표와 이번에도 멋진 책으로 만들어준 편집부 여러분께도 감사드린다.

2016년 4월 강석기

차 례

PART 1

핫이슈

1-1
아인슈타인도 두 번 놀랐을
중력파 검출 성공!

1916년 이미 아인슈타인은 믿기지 않는 것을 주장했다. 오로지 자신의 마당(장)방정식을 근거로 중력 역시 파동을 만들어내야 함을 보여줄 수 있었던 것이다. 별이 붕괴하는 경우처럼 질량, 아울러 중력장에서 일어나는 극도의 변화가 시공간을 진동시킬 수밖에 없으리라는 것이다. 물론 그 효과가 매우 작을 것으로 생각되기에, 결코 관측되지는 못할 것이라는 얘기를 덧붙였다.

— 위르겐 네페, ≪안녕, 아인슈타인≫에서

독일 포츠담천문대 대장 칼 슈바르츠실트는 1차세계대전이 터지자 자원해 러시아 전선에서 탄도궤도를 계산하는 임무를 맡고 있었다. 1915년 말 슈바르츠실트는 일반상대성이론에 대한 아인슈타인의 논문을 입수해 읽고 여기 나오는 공식들을 천문학의 여러 상황에 적용해봤다. 그 가운데 하나가 '천체 내부에서는 중력이 어떤 모습이 될까?'라는 질문이었고 계산을 하자 이상한 결과가 나왔다.

즉 질량이 아주 작은 부피로 압축될 경우 시공간도 수축하면서 빛조차 빠져나가지 못하는 상태가 된다. 어떤 질량에서 이런 현상이 일어나는 임계 지점을 '슈바르츠실트 반지름'(구형이라고 했을 때)이라고 부른다. 태양의 경우 이 값은 약 1.5km이고 지구는 0.5cm 정도다. 아인슈타인

» 블랙홀쌍이 합쳐지면서 중력파를 발생시키는 장면을 컴퓨터 시뮬레이션으로 형상화했다. (제공 막스플랑크연구소)

은 이 소식을 듣고 수학적으로는 흥미로운 생각이지만 물리적으로는, 즉 실제로는 그런 천체가 존재할 리가 없다고 생각했다.

1939년 로버트 오펜하이머가 별의 일생을 연구한 결과 태양보다 질량이 훨씬 큰 별들은 완전히 연소한 후, 즉 핵융합 반응이 끝난 뒤 중력붕괴를 일으켜 이런 천체가 됨을 보였지만 아인슈타인의 입장에는 변화가 없었다. 아인슈타인이 사망하고 12년이 지난 1967년에야 이론물리학자 존 아치볼드 휠러가 이 천체에 '블랙홀'이라는 이름을 붙여줬다.[1]

1 블랙홀 명명에 대한 자세한 내용은 ≪사이언스 소믈리에≫(과학카페 2권) 209~213쪽 '블랙홀은 이렇게 탄생했다' 참조.

30년 만의 개가

2016년 2월 11일 미국 워싱턴DC 내셔널 프레스센터에서 열린 미국 레이저 간섭계 중력파 관측소LIGO(라이고) 프로젝트 연구단의 중력파 검출 성공 발표는 물리학뿐 아니라 과학사에 길이 남을 업적이다. 이번 검출로 아인슈타인의 일반상대성원리의 위상이 확고해졌을 뿐 아니라 전자기파(광자)에 거의 전적으로 의존하던(여기에 뉴트리노와 우주선cosmic ray에서 얻은 정보가 약간 있다) 관측천문학에서 '중력파 천문학'이라는 새로운 분야가 열렸음을 의미하기 때문이다.

그런데 아이러니하게도 앞의 인용문에서 볼 수 있듯이 자신의 이론에서 중력파의 존재를 예측한 아인슈타인은 인류가 중력파를 검출하지 못할 것으로 생각했고, 이번 중력파의 근원인 블랙홀은 존재조차도 믿지 않았다. 즉 아인슈타인의 두 가지 관점이 틀렸다는 걸 입증함으로써 그의 이론이 더 확고해진 셈이다. 아인슈타인의 입장에서는 '대탐소실大貪小失'이라고 할까. 라이고의 보도자료에서 알베르트아인슈타인연구소의 브루스 앨런 소장은 "아인슈타인은 중력파가 검출하기에는 너무 약하다고 생각했고 블랙홀의 존재는 믿지도 않았다"며 "그렇지만 자신이 틀렸다고 유감스러워할 것 같지는 않다"고 조크를 던지고 있다.

» 아인슈타인은 중력파를 예견했지만 검출되지는 않으리라고 봤고 블랙홀은 수학에서나 존재한다고 믿었다. 최근 물리학자들은 블랙홀 병합 시 발생하는 중력파를 검출하는 데 성공했다. 1921년 42세 때 아인슈타인의 모습.

필자는 대학원생 시절인 1991년부터 미국 과학월간지 〈사이언티픽 아메리칸〉을 구독하고 있는데, 1992

년 3월호에 'Catching the Wave중력파 잡기'라는 제목으로 라이고 프로젝트의 출범을 소개하는 기사가 실렸다. 무려 24년이 지나 라이고 프로젝트가 성공하는 모습을 보면서 이 기사를 다시 읽어봤는데 기분이 좀 묘했다.

칼텍과 MIT의 물리학자들이 주도한 라이고 프로젝트는 1987년 출범했는데 1991년 10월 조지 부시 대통령(아버지)의 '결재'를 받고 이듬해 미 국립과학재단NSF의 연구비가 들어오면서 본격적인 사업에 들어갔다. 당시 예산은 2억 7,200만 달러(약 3,100억 원이지만 당시 물가를 생각하면 더 큰 돈임)였다. 잡지에 실린 연구진 사진을 보면 사진설명에서 네 명의 이름이 언급돼 있다. 즉 칼텍의 로커스 보트Rochus Vogt 교수(1994년까지 라이고 소장 역임)와 로널드 드레버Ronald Drever 교수, MIT의 라이너 와이스Rainer Weiss 교수, 칼텍의 킵 손Kip Thorne 교수가 그들이다. 지난 11일 기자회견 자리에는 이 가운데 와이스와 손 교수가 보였다. 한편 같은 날 학술지 〈피지컬리뷰레터스〉에는 중력파 검출 결과를 보고한 논문이 실렸다.

아인슈타인은 중력파가 검출될 가능성이 없다고 봤지만 많은 후배 물리학자들이 중력파 검출이 가능하다고 믿고 인생을 걸었다. 1957년부터 메릴랜드대 조지프 웨버Joseph Weber 교수는 진공 공간에 수 톤에 이르는 실린더 막대를 매단 뒤 중력파를 검출하려고 시도했지만 실패했다. 2m짜리 막대 검출기의 감도는 $1/10^{16}$에 이르렀지만(즉 중력파로 시공간이 왜곡돼 막대 길이가 10의 16승분의 1만큼 길어지거나 짧아지면 검출할 수 있다는 뜻) 중력파를 검출하기에는 너무 둔감했다.

중력파를 검출하기 위한 35년에 걸친 웨버의 노력은 소득이 없었지만 많은 후배 물리학자들에게 동기를 부여했고 1960년대 후반 MIT의 와이스 교수도 웨버의 실험을 생각하다가 중력파를 검출하는 데 빛을 이용하면 어떨까 하는 생각을 떠올리게 된다. 한편 칼텍의 손 교수는

Top: Members of the Caltech team, including LIGO director Rochus E. Vogt (arms folded in the center) and physicist Ronald W. P. Drever (to the right of Vogt). *Bottom left:* The M.I.T. group, including physicist Rainer Weiss (seated at the right). *Bottom right:* Caltech theorist Kip S. Thorne.

» 미 과학월간지 <사이언티픽 아메리칸> 1992년 3월호에 실린 라이고 프로젝트 주역들. 위 사진 팔짱 낀 사람이 칼텍의 로커스 보트 교수이고 그 오른쪽이 로널드 드레버 교수다. 아래 왼쪽 사진 앉아있는 사람이 MIT의 라이너 와이스 교수이고 오른쪽 사진이 칼텍의 킵 손 교수다. (제공 <사이언티픽 아메리칸>)

당시 유력한 후보로 여겨지던 초신성보다는 중성자별쌍이나 블랙홀쌍이 서로 접근해 충돌하며 합쳐질 때 나오는 중력파가 관측 가능성이 더 높다고 주장했다.

결국 이들의 이론을 바탕으로 라이고 프로젝트는 미국 북서부 워싱턴주 핸퍼드와 남동부 루이지애나주 리빙스턴에 관측소를 짓고(두 곳이 동시에 관측하면 오류일 가능성이 적으므로) 2002년부터 본격 관측에 들어갔다. 관측소는 각각 4km 길이의 'ㄱ'자 모양 터널로 레이저가 지나가는 길이다. 즉 레이저(빛)는 반은 반사시키고 반은 통과시키는 거울을 지나 각 방향으로 향해 끝에 있는 거울에 반사돼 되돌아와 검출기에 도달한다. 이때 서로 상쇄간섭이 일어나게 거리가 맞춰져 있어(즉 파장의 절반

만큼 위상 차이가 나게) 평소에는 신호가 잡히지 않는다.

　그런데 중력파가 지나가는 순간 시공간이 왜곡되면서 한쪽 방향이 늘어날 때 다른 방향이 줄어들어('ㄱ'자로 만든 이유다) 빛이 이동하는 거리가 변하면서 위상 차이도 변해 상쇄간섭이 일어나지 않는다. 즉 신호가 잡혀 중력파가 검출된다는 말이다. 당시 라이고의 감도는 $1/10^{21}$로 길이의 변화는 양성자(수소원자핵) 크기의 200분의 1에 불과했다.

　당시 검출 범위는 중성자별 병합일 경우 6,400만 광년을 한계로 봤고 이런 사건이 1년에 한 번 정도는 일어날 거라고 예상했지만 실망스럽게도 2010년에 이르도록 라이고 관측소는 중력파를 검출하는 데 실패했다. 그럼에도 NSF는 2008년 추가로 2억 500만 달러를 배정해 검출기 감도를 열 배 높이는 업그레이드 작업을 진행하게 했다. 업그레이드를 통해 라이고는 최대 6억 4,000만 광년 떨어진 중성자별 병합 중력파를 검출할 수 있게 된다. 거리가 열 배 늘면 공간이 1,000배 늘어나므로 그만큼 검출 확률이 높아지는 셈이다.

　2011년 업그레이드 작업에 들어간 라이고는 2015년 9월 12일 재가동한 시점에서 감도가 수 배 더 높아져 관측 범위가 1억 9,000만 광년으로 넓어졌다. '향상된Advanced' 라이고라는 이름을 지닌 관측소는 작동에 들어간 지 불과 이틀만인 14일 중력파 신호를 검출하는 데 성공한 것이다. 분석결과 중성자별 병합보다 훨씬 더 강력한 중력파가 나오는 블랙홀(각각 태양 질량의 36배와 29배로 추정)의 병합이었다(따라서 13억 광년이나 떨어졌음에도 검출이 됐다). 또 미 남동부 리빙스턴에 있는 관측소가 북서부 핸퍼드에 있는 관측소보다 7밀리 초 먼저 검출했기 때문에 중력파가 남반구의 하늘에서 온 것으로 확인됐다.

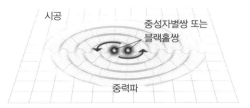

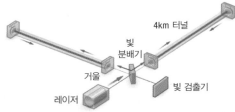

중성자별쌍이나 블랙홀쌍이 병합하는 과정에서 강력한 중력파가 발생한다.

라이고는 길이 4km인 진공터널 두 개가 서로 직각인 방향으로 배치된 구조로, 교차지점에 있는 빛 분배기에 레이저를 쏘면 빔이 양쪽으로 나뉘어 진공터널을 지나 끝에서 반사돼 검출기에 도달하게 설계돼 있다.

평소에는 각각의 진공터널을 왕복하고 검출기에서 만난 레이저의 파장이 서로 상쇄돼 신호가 잡히지 않는다.

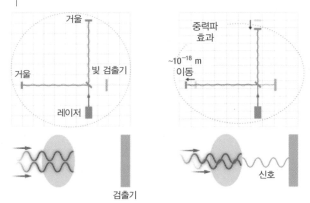

중력파가 도달해 시공간이 왜곡돼 진공터널의 길이가 미세하게 변하면 두 파장이 상쇄되지 않으면서 신호가 잡혀 중력파의 존재를 입증한다.

현재 지구촌 네 곳에 중력파 관측소가 있다. 미국 워싱턴주와 루이지애나주에 라이고가, 독일에 GEO600이, 이탈리아에 버고가 있다. 세 번째 라이고 관측소가 인도에 세워질 예정이다.

» 라이고 중력파 검출 원리를 보여주는 일러스트 (제공 <네이처>)

5년 전 시뮬레이션의 데자뷔

흥미롭게도 라이고는 업데이트를 위해 가동을 중단하기 전인 2010년 '가짜 중력파' 신호를 검출하는 실험을 수행했다. 당시 이 실험은 라이고뿐 아니라 유럽에 있는 두 중력파 관측소(이탈리아 피사에 있는 버고VIRGO와 독일 하노버에 있는 GEO600)도 참여했다. 즉 주최 측은 연구자들에게 불시에 가짜 신호가 갈 수 있다고 사전에 양해를 구한 뒤 2010년 9월 16일 신호를 넣었다.

그 결과 두 곳의 라이고 관측소는 상당한 감도로 신호를 검출했다. 반면 팔 길이가 3km로 약간 짧은 버고는 약한 신호만을 검출했고, 팔 길이가 600m에 불과한 GEO600은 신호를 잡지 못했다. 당시 라이고 프로젝트는 데이터를 분석해 6,000만~1억 8,000만 광년 떨어진 곳의 블랙홀이 병합할 때 발생한 중력파라고 결론지으며 이 사건을

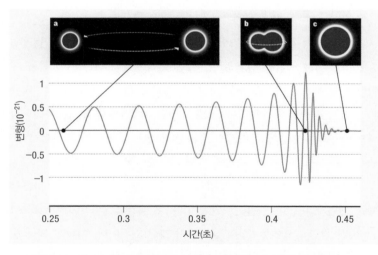

» 향상된 라이고의 중력파 검출 데이터. 두 블랙홀이 접근하면서 중력파가 검출되기 시작했고 서로 부딪칠 때 중력파 진동수가 올라가며 진폭도 커져 라이고 진공터널의 길이 변형(strain)이 순간 $1/10^{21}$을 넘었다. 두 블랙홀이 합쳐진 뒤에는 중력파 신호가 사라졌다. 위의 데이터는 불과 0.2초 동안 일어난 과정에서 얻은 것이다. (제공 <피지컬리뷰레터스>)

'GW100916'이라고 명명했다. 이듬해 3월 14일 주최 측은 이 신호가 가짜임을 발표해 과학자들을 실망하게 했지만(물론 어느 정도 예상한 일이었겠지만), 라이고가 제대로 작동하는 시스템임을 확인시키면서 이어지는 업그레이드 작업에 박차를 가하게 됐다. 참고로 이번 진짜 중력파 사건은 'GW150914'로 명명됐다.

라이고 업그레이드 작업이 마무리되던 2014년 7월 17일자 〈네이처〉에 실린 탐방기사(리빙스턴 라이고)를 보면 라이고 프로젝트에 오랫동안 참여하고 있는 칼텍의 스탠리 휘트콤 교수의 코멘트가 나오는데, 그 자신감이 근거가 있었다는 생각이 든다.

"진짜 문제는 우리가 중력파를 검출할 수 있느냐가 아니라 어떤 빈도로 검출하게 될 것이냐 하는 겁니다."

중력파 천문학 시대 열려

이번 중력파 검출은 중력파가 존재한다는 아인슈타인의 '예언'을 입증했다는 의의 이상을 담고 있다. 사실 블랙홀의 존재는 여러 관측 데이터를 통해 거의 확실시 됐고 이를 부정하는 사람은 거의 없지만, 지금까지 직접 관측하지는 못했다. 프랑스 고등과학연구소의 이론물리학자 티보 다무르는 이번에 라이고가 검출한 블랙홀 병합 중력파 신호가 "블랙홀의 존재를 보여주는 최초의 직접적인 증거"라고 평가했다.

한편 향상된 라이고는 추가 업그레이드 작업을 계속 진행해 2016년에는 전년과 비교하면 관측범위(부피)가 세 배가 되고 최종적으로 6억 4,000만 광년(중성자별 병합의 경우)까지 넓힐 계획이다. 이렇게 되면 중력파를 검출하는 일이 일상이 될 것이다. 또 인도에 세 번째 라이고 관측소를 짓기로 인도 정부와 거의 협의가 된 상태다. 세 번째 라이고 관측소가 완공되면(2025년 이전으로 예상하고 있다) 중력파가 오는 방향을

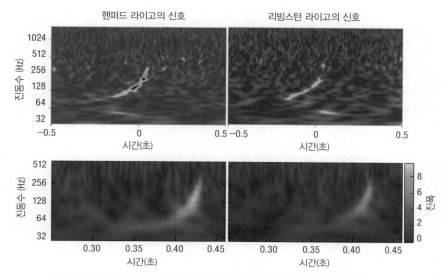

핸퍼드 라이고의 신호　　　　리빙스턴 라이고의 신호

» 지난 2010년 가짜 중력파 신호 검출 실험에서 라이고 관측소가 멋지게 '성공'해 업그레이드 후 성공을 예감하게 했다. 위의 데이터가 당시 검출 신호로 왼쪽이 핸퍼드 관측소, 오른쪽이 리빙스턴 관측소다. 아래는 이번에 관측한 진짜 중력파 검출 신호로 역시 왼쪽이 핸퍼드 관측소, 오른쪽이 리빙스턴 관측소다. 두 데이터 패턴이 꽤 비슷하다. (제공 라이고)

꽤 정확히 추측할 수 있게 된다. 즉 이번처럼 두 곳뿐일 때는 남쪽이냐 북쪽이냐 같은 대략적인 정보만 얻을 수 있지만 세 곳이 되면 신호를 감지한 시간차를 계산해 중력파가 온 방향을 좁힐 수 있다.

한편 라이고보다 팔이 약간 짧은 버고도 현재 업그레이드 작업이 끝나가고 있기 때문에(버고 연구진들도 이번 관측을 보고한 논문의 공동저자로 참여했지만 내심 라이고의 성공에 약간 씁쓸할 것이다) 중력파 검출에 힘을 보탤 것이다. 여담이지만 라이고가 업그레이드 작업을 한 지난 4년 동안 라이고 연구자들은 혹시 가까운 곳에서 블랙홀 병합 같은 대형사건이 일어나 감도는 낮지만, 여전히 작동하고 있던 GEO600이 먼저 중력파를 검출하는 '불상사'가 일어나지 않을까 노심초사했다고 한다. 참고로 라이고와 버고 검출 감도 업그레이드 작업에는 GEO600 연구그

룹이 개발한 기술이 많이 도입됐다.

앞에도 언급했지만, 지금까지 관측 천문학이 의존한 정보 매개체는 전자기파(광자)와 뉴트리노, 우주선이 전부였다. 이번 관측으로 여기에 중력파가 더해짐으로써 앞으로 천체물리학은 새로운 시대를 맞게 됐다. 특히 블랙홀처럼 우주의 구성과 구조에 큰 영향을 미치는 존재이면서도 직접 관측할 수 없었던 대형 천체들이 중력파를 통해 모습을 드러냄으로써 우주를 이해하는데 새로운 국면을 맞게 될 것이다.

한편 이번 관측으로 2016년 노벨물리학상은 예약됐다는 분위기다. 수상자는 라이고 프로젝트를 주도한 로널드 드레버와 라이너 바이스, 킵 손이 될 것이다.[2] 로커스 보트(현 칼텍 명예교수)는 아마도 당시 연배나 지위로 라이고 초대 소장을 지냈지만, 중력파 연구에는 이론이나 실험으로 이들보다 기여도가 낮은 것 같다. 이번 발표자료에서도 그의 이름은 찾아볼 수 없었다. 그래서인지 1992년 〈사이언티픽 아메리칸〉 기사의 마지막 구절이 더 쓸쓸하게 느껴진다.

이제 62세인 보트는 그의 역할에 대해 어떤 환상도 갖고 있지 않다. "전 그저 창문을 열기 위해 거기 있을 겁니다. 한번 맛을 보고 사라지겠죠." 그는 서늘한 체념조로 말했다. "내가 결코 꿈꾸지 못했고 결코 알지 못할 것들을 다른 사람들은 알게 될 겁니다." 하지만 다음 말을 덧붙였다. "중력파 관측이 성공한다면 제 여생을 라이고에 걸기로 한 결정이 정당화되겠죠."

---

2 드레버 교수는 현재 치매를 앓고 있다고 한다.

참고문헌

≪안녕, 아인슈타인≫ 위르겐 네페, 염종연 옮김. 사회평론 (2005)

LIGO, *Gravitational waves detected 100 years after Einstein's prediction* (2016. 2.11)

Castelvecchi, D. *Nature* 530, 261-262 (2016)

Ruthen, R. *Scientific American* 266, 72-81 (1992)

Witze, A. *Nature* 511, 278-281 (2014)

LIGO, Blind injection stress-tests LIGO and VIRGO's search for gravitational waves (2011. 3)

Miller, M. C. *Nature* 531, 40-42 (2016)

1-2
지카바이러스와
소두증 小頭症

2016년 병신년丙申年은 원숭이해, 그것도 붉은丙원숭이申해라고 한다. 물론 십간십이지를 해석한 상징적인 표현이지만, 원숭이 가운데는 정말 '붉은털원숭이'라는 이름의 종이 있다. 그런데 이 붉은털원숭이가 원숭이해를 맞아 사람들에게 고약한 선물을 안겨줬다. 최근 중남미 임신부들을 공포로 떨게 한 소두증의 원인으로 여겨지는 지카바이러스다.

연초 외신에서 지카바이러스와 소두증 얘기를 듣기 전까지 대부분의 사람은 지카바이러스는 물론 소두증이라는 말도 들어보지 못했을 것이다. 소두증은 머리가 비정상적으로 작은 기형으로, 이렇게 태어난 아기는 발작과 발달지체, 학습장애, 운동장애 등을 보이고 심할 경우 사망한다. 하지만 희귀 질환이고 유전적 결함이 주요 원인으로 여겨졌다.

그런데 2015년 11월 브라질 보건당국은 동부지역에서 신생아 가운데 소두증인 사례가 급증하는 현상을 발견했고 그 뒤 전국적인 조사를 통해 2015년 한 해 동안 2,782건의 소두증 사례를 확인했다. 이는 평년의 수십 배에 해당하는 수치다. 참고로 2013년 보고된 사례는 167건, 2014년은 147건이었다. 그런데 2015년 3월을 전후해 브라질 동부 지역에서는 숲모기가 옮기는 지카바이러스에 많은 사람이 감염됐다(100만

명이 넘는 것으로 추산). 따라서 임신 초기 이 바이러스에 감염된 임신부들이 소두증 아기를 낳았다는 시나리오가 급부상했다.

결국 지난 2월 1일 세계보건기구WHO는 지카바이러스 확산으로 인한 '국제보건비상사태'를 선포하기에 이르렀다. 마거릿 찬 WHO 사무총장은 "현재 급격히 퍼지고 있는 지카바이러스가 소두증과 신경계 질환을 일으킬

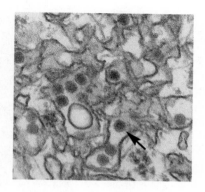

» 세포에 감염한 지카바이러스(화살표)의 전자현미경 사진. 지카바이러스는 크기가 40나노미터로 머리카락 굵기의 2,000분의 1에 불과하다. (제공 미국 질병통제예방센터)

가능성이 높다"며 비상사태 선포 배경을 설명하면서도 "하지만 인과관계가 확실한 것은 아니다"라고 덧붙였다. 일반인뿐 아니라 보건전문가들에게도 지카바이러스가 워낙 생소한 병원체라 아직 뭐가 뭔지 모르겠지만, 최악의 시나리오(진짜 원인인 경우)에 맞춰 조치를 취했다는 말이다. 그런데 도대체 이름도 생소한 지카바이러스는 언제 어디서 불쑥 나타난 것일까.

1947년 우간다 지카숲에서 감염된 원숭이 발견

바이러스는 세포가 아닌 입자로 세포 생명체에 기생해 살아가는 생물과 무생물의 중간적인 존재다. 그럼에도 자체 게놈을 지니고 있으므로 그 염기서열을 바탕으로 세포 생물체처럼 분류를 할 수 있다. 지카바이러스의 게놈은 2007년 해독됐는데, 이에 따르면 가장 가까운 바이러스는 뎅기열바이러스이고 황열바이러스와 일본뇌염바이러스도 가까운 친척이다. 즉 이들은 모두 플라비바이러스속 *flavivirus*에 속하고 모기

» 지카바이러스는 에데스속에 속하는 몇몇 종의 모기가 매개체다. 그 가운데 하나인 이집트숲모기. (제공 위키피디아)

가 감염 매개체라는 공통점이 있다.

이 가운데 우리나라도 영향권에 있는 바이러스는 귀에 익숙한 일본뇌염바이러스다. 매개체인 빨간집모기(쿨렉스속*Culex*)가 한반도에 살고 있기 때문이다. 반면 황열과 뎅기열, 지카열(지카바이러스에 감염됐을 때 나타나는 증상을 바탕으로 병명을 이렇게 부른다)을 일으키는 바이러스들은 에데스속*Aedes* 모기들이 옮긴다. 아직까지 한반도에는 모기가 이들 바이러스를 옮긴 사례가 보고되지 않았지만 가능성은 있다. 한반도에도 살고 있는 흰줄숲모기(학명 *Aedes albopictus*)가 지카바이러스를 옮길 수 있는 것으로 알려져 있기 때문이다.

플라비바이러스는 양성가닥RNA를 게놈으로 지닌, 즉 게놈 자체가 숙주 세포 내에서 전령RNA로 작용하는 바이러스다. 지카바이러스의 경우 1만 794 염기에 유전자를 10개 지니고 있다. 게놈 크기로 보면 인플루엔자바이러스(음성가닥RNA 게놈 1만 3,500여 염기)나 지난해 메르스를 일으킨 코로나바이러스(양성가닥RNA 게놈 3만여 염기)보다 작다.

지카바이러스에 대한 첫 논문은 1952년 발표됐다. 저자들은 1947년 우간다 숲에 사는 붉은털원숭이의 역학조사에서 황열을 앓고 있는 것으로 보이는 붉은털원숭이의 혈액 시료를 채취했는데, 나중에 분석을 해보니 황열바이러스와 꽤 비슷하지만 다른 바이러스가 검출됐다. 연구자들은 당시 혈액을 채취한 지카 숲에서 이 바이러스에 지카라는 이름을 붙여줬다. 지카는 루간다(우간다의 주요 언어) 말로 '울창하다'는 뜻이다.

연구자들은 1948년 지카숲에서 채집한 아프리카흰줄숲모기*Aedes af-*

*ricanus*의 혈액에서도 지카바이러스를 확인했다. 즉 이 모기가 지카바이러스의 매개체이고 붉은털원숭이가 숙주라는 말이다. 그리고 원숭이에서 황열[3] 같은 증상을 일으킨다.

한편 1954년 나이지리아인의 혈액에서 지카바이러스가 검출됐다. 즉 사람도 감염될 수 있다는 뜻이다. 그러나 2007년까지 무려 60년 동안 사람에서 지카바이러스가 검출된 사례는 14건에 불과했고 증상도 발열, 두통, 피부발진 등이 며칠 지속되는 정도로 가벼웠다. 따라서 사망자는 물론 병원에 입원한 경우도 없었다. 결국 지카바이러스는 원숭이를 숙주로 한 바이러스로, 어쩌다 아프리카흰줄숲모기 같은 에데스속 모기에 물린 사람에게 드물게 '지카열'을 일으키지만 의학계에서 신경을 쓸 대상은 아니었다.

어떻게 아프리카에서 아메리카로 건너왔나?

이처럼 아프리카의 '조용한' 풍토병이었던 지카열이 어쩌다 지구 반대편인 브라질에서 팬데믹 수준으로 전개되고 있는 것일까. 사실 1969년 말레이시아의 이집트숲모기*Aedes aegypti*에서 지카바이러스가 검출됐고 1977년 인도네시아에서도 발견됐다. 그럼에도 역시 별 문제를 일으키지 않았기 때문에 전공자들의 논문에만 보고되는 정도였다.

그런데 2007년 지카바이러스의 동진東進이 처음 의학계의 주목을 받는 사건이 일어났다. 즉 뉴기니섬 북쪽의 섬나라 미크로네시아의 얍Yap섬에서 지카열 '팬데믹'이 일어난 것. 증상이 나타난 확진 환자는 49명에 불과했지만(역시 죽거나 입원한 사람은 없었다), 그 뒤 3세 이상인 주민들을 대상으로 혈청검사를 한 결과 무려 73%가 감염됐던 것으로 확인

---

3 황열바이러스가 일으키는 출혈열로 발열, 복통과 함께 황달이 주요 증상이라 이런 이름이 붙었다. 사람에서 사망률이 15% 가량이나 1937년 효과적인 백신이 개발됐다.

지카 바이러스의 동진

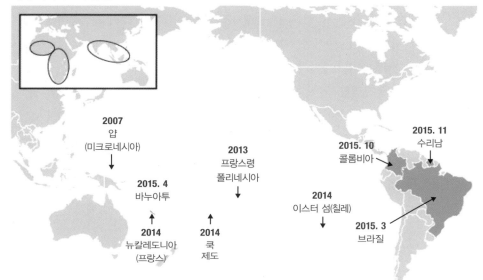

2007
얍
(미크로네시아)

2015. 4
바누아투

2014
뉴칼레도니아
(프랑스)

2013
프랑스령
폴리네시아

2014
쿡
제도

2014
이스터 섬(칠레)

2015. 10
콜롬비아

2015. 11
수리남

2015. 3
브라질

» 1947년 아프리카 우간다에서 처음 발견된 지카바이러스는 그 뒤 60년 동안 아프리카와 동
남아시아 일대에서 간헐적으로 등장했다(왼쪽 위 작은 지도). 그러나 2007년 뉴기니섬 북쪽
얍섬에서 처음 많은 사람들을 감염시킨 뒤 태평양을 가로질러 2013년 프랑스령 폴리네시아
에서 수만 명을 감염시켰고 2015년 마침내 남아메리카에 상륙했다. 브라질을 비롯한 중남미
에서 100만 명이 넘게 감염된 것으로 추정되며 신생아 수천 명이 소두증으로 진단됐다. (제공
<사이언스>)

됐다. 그리고 이 시점을 전환점으로 해서 지카바이러스가 본격적으로
사람을 공격하기 시작했다.

2013년 남태평양의 프랑스령 폴리네시아(타히티섬)에 상륙한 지카바
이러스는 이듬해까지 인구의 10%인 3만여 명을 감염시켰고 마침내 입
원 환자까지 나오기 시작했다. 이 가운데는 말초신경이 손상돼 나타나
는 '길랭-바레증후군'으로 진단받은 사람이 73명이나 나왔다. 급성염증
성 신경질환인 길랭-바레증후군은 운동신경계 이상, 즉 마비를 수반하
고 때로는 감각계 이상을 동반하는데 정확한 원인이 알려져 있지 않다.

지카바이러스가 뎅기열[4]의 아주 약한 버전인 '지카열' 이외에 심각한 신경질환도 일으킬 수 있음을 보인 사례다.

2015년 3월 지카바이러스가 브라질에서도 확인됐다. 그리고 방향을 틀어 북진을 시작해 10월에는 콜롬비아, 11월에는 수리남에서도 바이러스가 발견됐다. 이런 추세라면 멕시코를 거쳐 미국에 도달하는 것도 시간문제일 것이다. 사람과 물건의 이동이 갈수록 빈번해지기 때문에 인플루엔자바이러스도 그렇지만 지카바이러스 역시 이렇게 짧은 기간 내에 퍼질 수 있었던 것으로 보인다. 즉 바이러스에 감염된 사람이 이동해 현지의 에데스속 모기에 물린 경우일 수도 있고 바이러스를 지니고 있는 모기가 비행기나 배에 실려 이동했을 수도 있다. 또 사람에 대한 감염력이 높게 변이가 일어났을 수도 있다.

2016년 3월 22일 질병관리본부는 브라질에 22일간 출장을 다녀온 43세 남성이 지카바이러스에 감염됐다고 발표했다. 우리나라 사람으로는 첫 사례다. 2월 17일부터 3월 9일까지 지카바이러스 감염이 많이 일어나고 있는 브라질 북동부에 머물렀던 이 남성은 귀국하고 일주쯤 지난 18일 발열과 몸살, 구토, 피부발진 등 지카열 증상을 보였고 21일 지역 보건소에서 지카바이러스 양성 판정을 받았다. 이 남성은 전남대병원 격리병동 1인실에 입원해 치료를 받은 뒤 완치됐다. 2015년 메르스 사태 때와는 달리 지카바이러스는 우리나라에는 흔치 않은 특정 모기가 옮기기 때문에(수혈이나 성관계로 감염될 가능성은 있다) 아직 심각한 상태는 아니라는 게 정부의 입장이다. 그럼에도 2016년 8월 열리는 브라질 리우 올림픽 등 지카열 발생 지역을 방문하는 사람이 늘어날 전망이어서 경계를 늦춰서는 안 된다.

---

4   뎅기바이러스 감염으로 고열과 극심한 통증, 피부발진이 나타나는 급성질병이다. 심할 경우 출혈열이나 쇼크가 와 사망에 이르기도 한다.

소두증 유발, 점차 굳어지는 심증

브라질에서는 2015년 7월부터 이상한 현상이 나타났다. 브라질 바이아연방대의 산부인과 의사 마뇨엘 사르노는 2주 동안 신생아 가운데 네 명을 소두증으로 진단했다. 사르노 교수는 보통 소두증을 1년에 대여섯 건을 보는 정도였다. 놀랍게도 이런 현상이 브라질 곳곳에서 일어나 2015년 10월에서 2016년 1월 동안 3,500여 건이 보고됐고 이는 평소의 20배가 넘는 숫자다.

사르노 교수를 비롯한 몇몇 의사들은 소두증 급증의 원인을 찾다가 연초 지카바이러스가 상륙했다는 사실을 알고 바이러스가 원인일지도 모른다고 주장했다. 그러나 지카바이러스는 프랑스령 폴리네시아에서 일부 신경질환을 일으켰지만 감염된 사람 80%가 무증상인 온순한 바이러스라고 여겨졌기 때문에 이들의 주장은 무시됐다.

그러나 소두증 아이를 낳은 엄마 대다수가 임신초기 발열과 발진을 겪었다고 보고했고 양수검사에서 바이러스가 발견된 태아 가운데 둘이 초음파검사 결과 소두증으로 나타났다. 또 태어나자마자 죽은 소두증

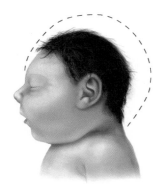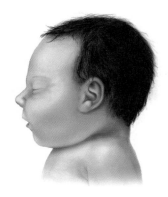

» 태아 뇌의 신경계 발달이 제대로 이뤄지지 않을 경우 소두증(왼쪽)으로 이어질 수 있다. 소두증의 원인은 유전자 변이와 감염 등 여러 가지인데, 지카바이러스 감염으로도 소두증이 유발될 수 있을 가능성이 매우 높다. (제공 위키피디아)

아기의 신체조직에서 바이러스가 검출되기도 했다. 한편 브라질 사태를 전해 들은 타히티의 보건당국자들이 조사한 결과 2013~2014년 팬데믹 때 태어난 아기 가운데 수십 명에서 신경계 장애가 있음을 확인했다. 즉 지카바이러스는 말초신경계뿐 아니라 중추신경계의 신경세포(뉴런)도 파괴할 수 있다는 의미다.

이와 관련해 지카바이러스의 가까운 친척인 일본뇌염바이러스에서 흥미로운 현상이 알려져 있다. 즉 일본뇌염바이러스는 사람과 함께 돼지도 숙주로 삼는데, 돼지에서는 거의 증상이 없다. 그런데 임신한 암돼지가 감염될 경우 유산을 하거나 문제가 있는 새끼가 태어난다는 보고가 있다. 일본뇌염바이러스는 드물게(약 0.4%) 감염된 사람에서 뇌염을 일으키는데, 신경세포의 사멸을 유도하고 염증을 유발한 결과다. 따라서 이런 작용이 태아 돼지에서 일어날 수도 있다.

그러나 아직 지카바이러스가 소두증의 원인이라고 100% 확신할 단계는 아니다. 소두증 아이와 이들의 엄마 대다수에서 지카바이러스가 검출되지 않았기 때문이다. 이는 현재의 검출법으로는 감염 초기의 지카바이러스만을 확인할 수 있기 때문일지도 모른다. 일부에서는 지카바이러스가 아니라 환경오염물질이 소두증의 원인이라고 주장하기도 한다.

그런데 2016년 3월 들어 지카바이러스가 소두증을 일으키는 것 같다는 '심증'을 뒷받침하는 '물증들', 즉 연구결과들이 속속 나오고 있다. 학술지 〈뉴잉글랜드의학저널〉 3월 10일자에는 브라질 북동부에서 해외근무를 하다 임신 13주차에 지카바이러스에 감염된 유럽 여성의 비극적인 사례에 대한 논문이 실렸다. 얼마 뒤 유럽으로 돌아간 이 여성은 초음파검사 결과 태아의 뇌가 비정상적으로 작고 석회화가 일어난 것 같다는 의사 소견에 합법적인 인공중절(낙태)을 했다.

태아를 부검한 결과 뇌가 정말 작았고(불과 84그램) 대뇌피질의 주름이 보이지 않았다. 뇌조직을 전자현미경으로 들여다보자 지카바이러스가 관찰됐고 지카바이러스의 게놈 RNA도 다량 검출됐다. 반면 다른 신체기관에서는 바이러스 RNA가 검출되지 않았다.

한편 같은 학술지 3월 4일자 온라인판에는 2016년 올림픽이 열릴 브라질 리우데자네이루의 임신부를 대상으로 한 지카바이러스 역학조사 결과가 실렸다. 2015년 9월에서 2016년 2월까지 피부발진이 난 지 5일 이내인 여성 88명을 대상으로 검사한 결과 82%인 72명이 지카바이러스에 감염된 것으로 확인됐다.

감염자 가운데 42명과 감염이 안 된 16명을 대상으로 초음파검사를 한 결과 감염된 임신부 12명(29%)에서 태아 이상이 보인 반면 비감염 임신부의 태아는 모두 정상이었다. 발육부진인 태아가 5명, 중추신경계에 석회화가 일어난 태아가 7명, 양수액의 양이나 탯줄 혈류 이상

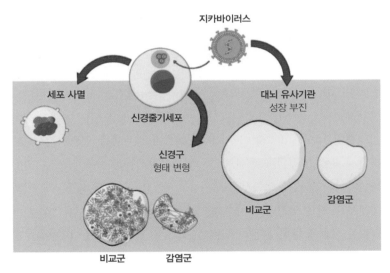

» 신경줄기세포로 만든 신경구와 대뇌 유사기관에 지카바이러스를 감염시킬 경우 세포분열이 억제되고 세포가 죽는 현상이 관찰됐다. 그 결과 신경구와 대뇌 유사기관 모두 비교군에 비해 크기도 작고 형태도 비정상적이었다. 이를 묘사한 일러스트다. (제공 <피어J>)

이 7명이었다. 그 뒤 감염된 임신부 두 사람이 자연유산을 했고 논문이 발표된 시점에서 8명이 출산했고 아기들 상태가 초음파검사 결과와 일치했다.

학술지 〈셀 줄기세포〉 2016년 6월 2일자(3월 4일 온라인에 미리 공개)에는 유도만능줄기세포iPSC로 분화시킨 신경전구세포에 지카바이러스를 감염시켰을 때 나타나는 현상을 보고하는 논문이 실린다. 관찰 결과 바이러스에 감염된 신경전구세포는 죽는 경우가 많았고 세포분열주기가 비정상적으로 바뀌었다. 그 결과 비교군인 감염 안 된 신경전구세포에 비해 동일한 배양조건에서 세포수가 적었다.

한편 학술지 〈피어JPeerJ〉에는 게재를 검토하고 있는 논문이 공개됐는데, 역시 지카바이러스가 태아의 신경계를 공격한다는 가설을 뒷받침하고 있다. 즉 신경줄기세포를 키워 만든 신경구neurosphere[5]와 대뇌 유사기관cerebral organoid[6]에 지카바이러스를 감염시킬 경우 역시 세포분열이 억제되고 세포가 죽는 현상이 관찰됐다. 그 결과 신경구와 대뇌 유사기관 모두 비교군에 비해 크기도 작고 형태도 비정상적이었다.

사람 사이 감염도 가능?

모기가 매개하는 많은 전염병이 있지만 지금까지 사람 사이에 감염이 일어난 예는 없다. 즉 모기에 물리지 않는 한 일상적인 활동으로는 감염이 되지 않는다는 말이다(물론 환자의 피를 수혈하면 감염된다). 그런데 2011년 학술지 〈신종감염질환〉에 모기 매개 질환의 사람 간 감염의

---

5 신경줄기세포를 배양할 때 세포분열로 숫자가 늘어난 줄기세포가 원형으로 뭉쳐져 있는 상태.
6 2013년 오스트리아와 영국 공동연구자들이 줄기세포를 적절한 조건에서 배양해 얻은 뇌와 비슷한 신경세포조직으로 일명 '미니 뇌'로 불린다.

» 2008년 의학곤충학자 브라이언 포이(오른쪽)는 말라리아 연구를 위해 세네갈을 찾았다가 지카바이러스에 감염됐다. 그 뒤 귀국한 지 얼마 되지 않아 아내도 지카바이러스에 감염됐다. 이는 모기가 매개하는 바이러스 가운데 사람 사이에 직접 전파된 첫 사례다. (제공 브라이언 포이)

첫 사례를 보고한 논문이 실렸다. 바로 지카바이러스다.

2008년 의학곤충학자인 미국 콜로라도주립대 브라이언 포이 교수와 대학원생 케빈 코빌린스키는 말라리아 현지연구를 위해 세네갈을 방문했다. 두 사람은 귀국 뒤 피부발진과 피로감, 두통, 관절통을 앓았고 뎅기열을 의심해 검사를 했지만 음성으로 나왔다. 그런데 얼마 뒤 포이 교수의 아내도 비슷한 증상을 보였다. 이들은 여러 병원체에 대한 검사를 했지만 모두 음성으로 나왔다. 아무튼 세 사람 다 며칠 앓고 난 뒤 완쾌돼 이 일은 기억에서 점차 잊혔다.

이듬해 코빌린스키는 다시 아프리카 출장을 갔는데 우연히 텍사스대의 의학곤충학자 앤드류 해도우 교수를 만나 맥주를 마시며 담소를 나누다 미지의 감염에 대해 얘기했다. 그런데 해도우 교수의 할아버지가 바로 1947년 우간다에서 지카바이러스를 발견해 보고한 세 사람 가운데 한 명이었다. 증상을 들은 해도우 교수는 지카열일지 모른다고 얘기했고 코빌린스키는 귀국해 포이 교수에게 그 얘기를 들려줬다.

콜로라도주에는 지카바이러스를 옮기는 에데스속 모기가 없는데 아내가 지카열에 걸렸다는 게 말이 안 된다고 생각한 포이 교수는 세 사람의 혈액을 지카바이러스 항체를 검출할 수 있는 기관에 보냈고 셋 다 양성이라는 결과를 얻었다. 이는 모기가 옮기는 전염병 가운데 사람 사이에 감염이 된 최초의 사례다(아내는 모기에 노출된 적이 없으므로).

그렇다면 어떻게 지카바이러스는 모기 없이도 다른 숙주에게 갈 수 있었을까. 당시 포이 교수는 전립선염이 있었는데 아내와 성관계를 할 때 사정한 정액에 피가 섞여 있었을 것이라고 추측했다. 그러나 바이러스가 정액으로 흘러들어가 아내를 감염시켰을 수도 있다. 후자의 경우라면 지카바이러스는 생각보다 더 위험한 신종 바이러스인 셈이다. 실제로 그 뒤 성관계를 통해 감염된 사례가 추가로 두 건 보고됐다(둘 다 정액을 통해 남성에서 여성으로). 따라서 남편이나 애인이 중남미 지역을 다녀왔을 경우 한동안 '금욕'을 요청하거나 성관계시 콘돔을 쓰는 게 좋을 것이다.

백신 나오려면 시간 꽤 걸릴 듯

현재 브라질을 비롯한 중남미의 여러 나라에서 지카바이러스가 확인된 상태에서 이들 나라의 보건당국이 할 수 있는 일이란 임신부들에게 "모기에 물리지 않도록 조심하라"는 당부와 함께 결혼한 여성들에게는 "확실한 게 밝혀질 때까지 임신을 미루라"고 제안하는 게 사실상 전부다. 생태계 파괴의 오명을 쓰고 물러난 살충제 DDT까지 들여와 모기를 박멸해야 한다는 목소리도 있지만, 지카바이러스를 옮기는 모기를 전부 없앤다는 건 현실성이 없는 얘기이기 때문이다. 결국 해결책은 백신을 개발하는 일이다.

다행히 지카바이러스 백신을 만드는 일이 그렇게 어려워 보이지는 않는다. 지카바이러스와 친척인, 즉 구조가 비슷한 바이러스들인 황열바이러스, 일본뇌염바이러스, 뎅기열바이러스에 대한 백신이 이미 성공적으로 개발됐기 때문이다. 그럼에도 동물실험과 사람을 대상으로 한 임상시험을 거쳐야 하므로 일이 잘 풀리더라도 수년은 지난 뒤에야 사람들이 지카바이러스백신을 접종받을 수 있을 것이다.

BOX 길랭-바레 증후군, 100년 만에 유명해졌지만….

"신경적으로 불쾌한 뭔가가 내 몸 안에서 일어나고 있었다. 내가 통제할 수도 없었고 무슨 일인지 가늠할 수도 없었다."
— 조지프 헬러

2005년 미 시사주간지 〈타임〉이 선정한 100대 영문소설에 뽑히기도 한, 1961년 출간된 풍자소설 ≪캐치-22≫의 저자인 소설가 조지프 헬러Joseph Heller는 1981년 겨울 어느 날 몸에 이상을 느꼈다. 아침에 잠에서 깨어난 뒤 창문을 열려고 하는데 몸이 굼떠졌다. 당시 58세였던 헬러는 막 이혼한 상태였는데, 근처 식당에서 혼자 아침을 먹다가 음식물을 삼키기가 어렵다는 걸 깨달았다. 다리가 후들거렸고 스웨터를 벗을 힘도 없었다.

팔다리의 힘이 점점 빠지자 겁이 난 헬러는 의사인 친구를 불렀고 바로 입원했다. 상태는 점점 나빠져 앉아 있지도 목을 가누지도 못하게 됐고 마침내 숨

» 포스트모더니즘 소설의 걸작으로 평가되는 ≪캐치-22≫를 쓴 소설가 조지프 헬러는 1981년 58세에 길랭-바레증후군에 걸려 하마터면 죽을 뻔했다. 이때 상황을 회고한 책 ≪웃을 일이 아니다≫를 발표한 1986년의 모습이다. (제공 위키피디아)

을 쉬는 것조차 힘들어졌다. 그는 집중치료를 받았고 다행히 상태는 서서히 회복됐다. 그러나 근육의 힘이 돌아오는데 1년이 넘게 걸렸다. 헬러는 이때의 경험을 회고한 책 ≪No Laughing Matter웃을 일이 아니다≫를 1986년 출간했다.

1981년 헬러를 죽음 직전으로 몰고 간 신경질환이 바로 요즘 대중매체에 오르내리는 길랭-바레증후군Guillain–Barré syndrome이다. 지카바이러스가 소두증뿐 아니라 길랭-바레증후군을 일으킬 수도 있기 때문이다. 즉 임신부가 아닌 사람들도 안심할 수 없다는 말이다.

전쟁이 맺어준 인연

1차 세계대전이 한창이던 1916년 40세의 신경전문의 조르주 길랭Georges Guillain은 프랑스 6사단에서 신경학 분과를 맡고 있었다. 이 분과에는 36세의 장 알렉산드르 바레Jean Alexandre Barré, 33세인 앙드레 스트롤André Strohl이 군의관으로 있었다. 어느 날 갑작스런 근육쇠약과 근육통, 지각이상을 호소하는 병사 두 사람이 입원했고 다행히 한 달 뒤 둘 다 회복해 퇴원했다. 이해에 세 사람은 이 특이한 질환의 임상사례를 논문 두 편으로 정리해 학술지에 발표했다.

1927년 드라가네스코와 크로디온이라는 두 의사가 이 증상을 보이는 임상사례를 발표한 논문에서 1916년 논문을 인용하며 '길랭-바레증후군'이라는 용어를 처음 사용했다. 따라서 2016년은 길랭-바레증후군을 보고한 논문이 나

» 1916년 길랭-바레증후군 환자의 임상사례를 논문으로 발표한 조르주 길랭(왼쪽)과 장 알렉산드르 바레. 1927년 이 질병의 임상사례를 발표한 한 논문에서 '길랭-바레증후군'이라는 병명이 사용되면서 두 사람의 이름은 의학사에 영원히 남게 됐다. (제공 위키피디아)

온 지 꼭 100년이 되는 해다. 이 질병은 1년에 인구 10만 명당 한두 명이 걸리는 희귀질환이기 때문에 많은 사람들은 이름도 들어보지 못했을 것이다. 그런데 최근 지카바이러스 '덕분에' 100년 만에 유명세를 타고 있다.

그렇다면 갑작스런 근육쇠약을 일으키는 길랭-바레증후군은 왜 생기는 걸까. 이 병의 발병메커니즘은 한참이 지나서야 밝혀졌는데, 면역계가 신경계(정확히는 뉴런의 축삭을 둘러싸고 있는 수초髓鞘)를 공격해 염증과 마비가 일어나는 자가면역질환이다. 원래 면역계는 자기 몸을 공격하지 않는데(이를 '면역관용'이라고 부른다), 이게 제대로 작동하지 않아 자기 조직을 공격해 조직이 파괴되면서 생기는 병을 자가면역질환이라고 부른다. 대표적인 예가 유형1(소아)당뇨병과 류머티스관절염이다.

흥미로운 사실은 길랭-바레증후군 환자의 3분의 2가 발병 전 감염증상을 겪는다는 점이다. 즉 소화기나 호흡기 감염이 선행하는데, 환자의 30% 정도가 캄필로박터 제주니Campylobactoer jejuni라는, 설사를 일으키는 박테리아에 감염되고 대략 10%는 거대세포바이러스에 감염된 것으로 밝혀졌다. 다만 이들 병원체에 감염된 사람 가운데 길랭-바레증후군이 나타나는 경우는 1,000명에 한두 명꼴이다.

그렇다면 감염이 왜 자가면역질환을 유발할까. 이에 대해서는 확실한 증거는 없지만 아마도 이들 병원체에 대응해 만들어진 항체가 표면에 구조가 비슷한 분자가 있는 수초를 병원체로 착각해 공격한 결과로 보인다. 길랭-바레증후군은 사람에 따라 증세의 경중에 차이가 커 1916년 보고된 두 병사처럼 한 달 정도면 완치되는 경우도 있지만 조지프 헬러처럼 인공호흡장치가 동원된 집중치료를 하지 않으면 목숨을 잃을 수도 있다(주로 호흡근육 무력화로 질식사한다).

그런데 이번 브라질 소두증 사태 이전인 2013년 지카바이러스가 남태평양의 프랑스령 폴리네시아(타히티섬)에 상륙해 이듬해까지 인구의 10%인 3만여 명을 감염시켰다. 이 가운데는 길랭-바레증후군으로 진단받은 사람이 73명이나 나왔다. 1년에 10만 명당 한두 명인 발병률을 생각하면 열 배가 넘는 수치다. 따라서 지카바이러스가 길랭-바레증후군의 원인일 가능성이 매우 높다. 흥미롭게도 뎅기열 환자 가운데 길랭-바레증후군이 발생한다는 보고가 있다.

잘못된 작명으로 잊힌 두 사람

그런데 길랭-바레증후군이라는 병명에는 문제가 있다. 즉 이 병을 진단하는데 길랭과 바레만큼(어쩌면 그 이상으로) 기여한 사람이 둘 더 있기 때문이다. 먼저 장 랑드리Jean Landry라는 프랑스 의사로 길랭과 바레, 스트롤이 논문을 낸 1916년보다 47년이나 앞선 1859년 길랭-바레증후군 환자 열 명에 대한 임상 사례를 정리한 논문을 발표했다. 이 가운데 두 사람은 호흡근육쇠약으로 질식해 사망했는데, 증세의 경중이 다양했음을 이때 이미 밝힌 셈이다. 따라서 일부 문헌에서는 길랭-바레증후군 대신 '랑드리증후군' 또는 '랑드리-길랭-바레증후군'이라고 쓰기도 했지만 이제는 잊힌 이름이 됐다.

다음으로 1916년 논문을 쓴 당사자인 앙드레 스트롤이다. 1927년 논문에서 저자들이 이 질병을 '길랭-바레증후군'이라고 부른 건 세 사람 이름을 다 쓸 경우 너무 길어서 그런 것 같은데, 아마도 셋 중 가장 나이가 어린 스트롤을 빼기로 한 것 아닐까. 그러나 아이러니하게도 이 질병을 진단하는 방법을 개발하는데 결정적인 기여를 한 사람은 스트롤이다. 즉 길랭-바레증후군의 진단기준 가운데 하나가 척수액의 조성 변화로, 단백질 함량은 늘어나는 데 비해 백혈구 수치는 큰 변화가 없다. 이를 전문용어로 '알부민세포해리'라고 한다.

흥미롭게도 길랭은 1953년 학술지 〈의학연감〉에 '길랭-바레증후군에 대한 고찰'이라는 제목의 글을 실었는데, 여기서 이 병명이 정당하다고 주장했다. 즉 랑드리가 50년 가까이 먼저 임상사례를 발표한 건 인정하지만 이 질환이라고 진단할 수 있는 방법을 자신들이 확립했기 때문에 그의 이름을 넣지 않은 건 당연하다는 말이다. 그럼에도 병명에 스트롤의 이름이 빠진 것이 부당하다는 언급은 없었다.

» 1859년 길랭-바레증후군 환자 열 명의 임상사례를 논문으로 발표한 장 랑드리(왼쪽)와 1916년 공동저자로 논문에 가장 큰 기여를 한 앙드레 스트롤은 불운하게도 병명에 이름이 오르지 못했다. (제공 위키피디아)

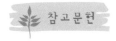
참고문헌

Enserink, M. *Science* 350, 1012-1013 (2015)

Vogel, G. *Science* 351, 110-111 (2016)

Fauci, A. S. et al. *The New England Journal of Medicine* 374, 601-604 (2016)

Vogel, G. *Science* 351, 1123-1124 (2016)

Rubin, E. J. et al. *The New England Journal of Medicine* 374, 984-985 (2016)

Anderson, W. & Mackay, I. R. *Intolerant Bodies*, Johns Hopkins University Press (2014)

1-3

이세돌, 컴퓨터 이창호 (알파고)와 붙는다![7]

"(알파고가) 굉장히 놀라운 프로그램이지만…. 분명히 약점이 있는 것 같아요…. 오늘의 패배는 이세돌이 패배한 것이지 인간이 패배한 것은 아니지 않나 그렇게 생각합니다."

— 이세돌, 알파고에게 3국까지 지고 나서 한 인터뷰에서

조훈현, 이창호, 이세돌.

우리나라를 대표하는 바둑기사 세 사람을 꼽으라면 열에 아홉은 위의 세 사람을 떠올릴 것이다. 1989년 세계대회인 응씨배 우승으로 한국 바둑을 일본, 중국과 대등하게 끌어올린 조훈현, 십 년 가까이 절대적인 세계 일인자로 군림한 이창호, 현란한 수로 국내외 정상급 기사들을 홀리고 있는 이세돌.

이들 가운데 한국 최고의 기사가 누구냐고 굳이 묻는다면 대답이 갈리겠지만, 현대 바둑사의 관점에서는 이창호를 꼽지 않을까. 중국 태

---

7 이 에세이는 '이세돌 대 알파고' 대전이 성사되고 며칠 뒤에 써 2016년 2월 1일 동아사이언스 사이트에 실었다. 예상하는 내용이 많은 글이어서 글 자체를 업데이트하는 대신 그 뒤 실제 전개상황을 각주로 처리하는 방식을 택했다.

» 2016년 3월 9일부터 15일까지 이세돌 9단과 알파고의 세기의 대결이 벌어졌다. 아쉽게도 이 9단이 1승 4패로 지면서 인공지능이 시대의 화두가 됐다. (제공 연합뉴스)

생으로 일본에서 활약하며 신포석新布石을 만들어 현대 바둑의 창시자로 불리는 우칭위안吳淸源(지난 2014년 100세에 타계했다)이 가장 위대한 기사라면, 누구도 주목하지 않았던 끝내기의 중요성을 일깨운 이창호가 그 뒤를 이을 것이다.[8] 참고로 바둑은 포석, 중반, 끝내기로 순으로 전개된다.

　그렇다면 이 세 사람 가운데 누가 가장 실력이 좋을까. 이 역시 대답하기 어려운 문제인데, 나잇대가 달라 각자의 전성기가 다르기 때문이다. 그럼에도 1975년생인 이창호 9단과 1983년생인 이세돌 9단은 여덟 살 차이이기 때문에 상당 기간 전성기가 겹친다(조훈현 9단은 1953년생).

8　이창호 9단에 대한 얘기는 《과학 한잔 하실래요?》(과학카페 1권) 195~200쪽 '바둑 천재 이창호의 비밀' 참조.

그렇다면 두 사람 사이의 전적은 어떻게 될까.

이세돌은 1995년 열두 살에 입단했지만 1999년에야 처음 이창호와 마주앉았다. 그 뒤 2015년까지 두 사람은 66판을 뒀는데 31승 35패(이세돌 기준)를 기록하고 있다. 2000년까지 1승 2패를 기록했고 이창호의 하락세가 시작된 2011년 이후는 7승 4패다. 두 사람의 전성기가 겹치는 기간이라고 볼 수 있는(물론 필자의 의견일 뿐이다) 2001년(이해 이세돌은 세계대회인 제5회 LG배 결승에서 이창호에게 먼저 2승을 하고 3연패 해 아깝게 우승을 놓쳤다)에서 2010년까지 10년 동안 전적은 23승 29패다.

여담이지만 이세돌은 2002년 19세에 제15회 후지쓰배에서 세계대회 첫 우승을 한 뒤 "이창호 사범님은 가장 어려운 상대이긴 하지만 세계 최강자는 나인 것 같다"고 말하기도 했다. 그리고 2003년 제7회 LG배 결승에서 이창호를 3:1로 누르고 우승했다. 그럼에도 이세돌은 훗날 자신이 끝내 이창호를 극복하지 못했다며 씁쓸해했다고 한다.

평소 과학에세이를 이렇게 쓰면 '이 사람, 지금 바둑칼럼 쓰나?'라고 생각하며 독자들이 필자의 정신상태를 의심하겠지만, 2014년 바둑을 모티브로 한 드라마 〈미생〉이 인기를 끌었고 최근(2016년 1월 16일) 종영된 〈응답하라 1988〉에서 이창호를 모델로 한 '최택 6단'이 등장해 화제가 됐기 때문에 한번 외도를 해봤다.

딥러닝으로 실력 쌓아

그런데 지난주 바둑이 또 한 번 대중의 주목을 받았다. 구글이 2014년 인수한 영국 소재 자회사 딥마인드DeepMind가 개발한 인공지능 바둑프로그램 알파고AlphaGo(바둑이 영어로 Go다)로 이세돌 9단에게 도전장을 내밀었고, 이 9단이 흔쾌히 받아들여 3월 '역사적인' 대회가 열린

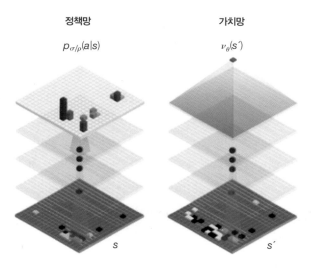

정책망   가치망

$p_{\sigma/\rho}(a|s)$ $\nu_\theta(s')$

s s'

» 학술지 <네이처> 2016년 1월 28일자에는 2015년 10월 알파고와 유럽챔피언인 판후이의 대국 결과를 바탕으로 알파고의 알고리듬을 설명한 논문이 실렸다. 알파고는 신경망 구조를 지닌 딥러닝이라는 기계학습 범용 프로그램이다. 즉 바둑뿐 아니라 패턴을 인식하는 다른 작업에도 적용할 수 있다. 알파고는 정책망(policy network)과 가치망(value network)이라는 두 가지 네트워크를 조합해 최적의 수를 찾는다. 정책망은 경험(학습)을 통해 직관적으로 유력한 다음 수 후보들을 제시한다. 가치망은 이 수들이 진행될 때 시뮬레이션을 통해 승리할 가능성(가치)을 예측하고 다음 착수점을 결정한다. 정책망(왼쪽)과 가치망의 개념도. (제공 <네이처>)

다는 뉴스가 나왔다.[9] 구글은 지난 10년 동안 경기를 분석한 결과 이세돌 9단을 최고수라고 결론 내리고 시합을 제안했다고 한다.

이 소식에 필자는 귀를 의심했는데, 다른 게임과는 달리 바둑은 컴퓨터 프로그램이 여전히 아마추어 수준이라고 생각하고 있었기 때문이다. 그런데 알파고는 이미 2015년 10월 유럽 챔피언인 프로선수 판후이 2단과 시합을 가졌고 다섯 판을 다 이겼다고 한다. 물론 바둑은 동아시아 3국, 그 가운데서도 우리나라와 중국이 주도하고 있고 유럽 챔피언

9 모두 다섯 판의 대국이 2016년 3월 9일, 10일, 12일, 13일, 15일 서울에서 열렸다. 한국(이세돌) 대 미국(구글의 서버가 있는) 대신 영국 국기가 붙은 건 알파고를 개발한 딥마인드가 영국회사이기 때문이다.

이라도 이세돌 9단에 비교하면 한 수 아래이지만 그래도 상당한 실력자일 텐데 영패를 했다니 믿어지지가 않았다.

알파고는 기계학습machine learning의 하나인 딥러닝deep learning을 채택한 인공지능 프로그램이다. 딥러닝은 1980년대 개발됐지만 당시 여건이 맞지 않아 빛을 보지 못하다가 2000년대 들어 재조명됐다. 기계학습은 컴퓨터의 인공지능이 사람처럼 경험을 통해 스스로 학습해 패턴을 찾고 판단을 내리는 능력을 향상시키는 알고리듬이다. 기계학습이 제대로 되려면 수많은 데이터를 입력하고 이를 분석해야 한다. 그런데 1980년대에는 디지털데이터도 많지 않았고 컴퓨팅 속도도 못 미쳤다.

지금까지 인공지능 분야에서 바둑이 난공불락으로 여겨진 건 경우의 수가 엄청나기 때문이다. 따라서 1997년 당시 체스 챔피언을 이긴 딥블루처럼 일정 범위 내의 모든 경우의 수를 시도해보고 최선의 답을 얻는 방식으로 작동하는 알고리듬으로는 아무리 성능이 뛰어난 컴퓨터로도 사실상 무한한 시간이 필요하다. 따라서 인공지능이 바둑에서 사람과 대등해지려면 사람의 전략, 즉 패턴을 인식해 확률적으로 이길 가능성이 높은 수를 찾는 방식을 도입해야 했고 바로 딥러닝이 그런 일을 가능하게 했다. 즉 알파고는 '디지털 직관digital intuition'을 지닌 프로그램이라는 말이다.

연구자들은 알파고에게 일류 프로선수들의 기보를 학습시켰고(무려 3,000만 수) 알파고 프로그램끼리 대국을 시켜 승리한 판의 수들에 가중치를 부여하는 방식으로 실력을 쌓아나갔다. 그 결과 기존에 나와 있는 바둑프로그램들을 초토화시켰고(495전 494승 1패), 2015년 10월 유럽바둑챔피언 프로기사 판후이 2단과 대국을 벌여 5:0으로 완승했다. 알파고는 48개 CPU(중앙처리장치)를 사용하며 다른 바둑 프로그램과 맞섰지만 판후이와의 대국에서는 1,202개 CPU를 사용해 실력을 더 높였다.

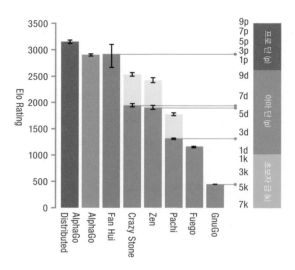

이 대회의 참관인이었던 토비 매닝은 알파고와 판후이의 대국을 지켜보고 알파고가 공격적인 기풍이 아니라 보수적인 기풍을 갖게 개발된 것 같다고 평가했다. 이는 어찌 보면 당연한 얘기인데, 집이 많은 쪽이 이기는 바둑에서 기존 데이터와 실전 경험을 통해 이길 확률이 조금이라도 더 높은 수를 선택하게 프로그램화돼 있기 때문이다.[10]

---

10   이세돌 9단과의 대결에서도 기본적으로는 국면을 단순화하는 전략을 썼지만 이세돌 9단의 공격에 물러서지 않았고 종종 싸움을 걸기도 했다.

신산神算이 되려는 전산電算

문득 알파고의 기풍(바둑 두는 스타일)이 이창호와 닮지 않았을까 하는 생각이 들었다. 별명이 '제비'일 정도로 발 빠른 수를 두는 조훈현의 기풍이나 '너 죽고 나 살자' 식으로 박진감 있는 전투를 즐기는 이세돌과는 달리 이창호는 평범해 보이는 수를 두며 균형을 맞춰가며 정교한 끝내기로 '약간'만 이기는 스타일이기 때문이다.[11] 상대 대마를 잡아 수십 집을 이기나 반집을 이기나 이기는 건 마찬가지란 말이다. 균형감각과 계산력이 워낙 뛰어나다 보니 이창호의 별명이 '신산神算'인데, 흥미롭게도 예전에 컴퓨터학과를 '전산電算'학과라고 불렀다.

물론 이창호가 평범한 수를 둔다고 평범한 기사로 생각해(물론 그럴 기사는 없지만) 조금이라도 무리한 수를 두면 바로 응징을 당한다.[12] 즉 이창호는 현란한 수를 몰라서 안 두는 게 아니라 무난한 수를 둬도 이길 거라는 '계산'이 나와 있기 때문에 그렇게 두는 것뿐이다. 그리고 이창호가 늘 평범한 수를 두는 것도 아니다. 가끔 뜬금없는 수를 둬(이를 바둑용어로 '응수타진'이라고 한다) 의미를 파악하지 못한 상대방이 '뭐지?'라며 당황하게 해 재미를 많이 봤다.[13] 한편 이세돌 9단은 평소에도 기발한 수를 즐겨 두지만 특히 불리할 때면 상당히 공격적인 수를 던져(이를 바둑용어로 '흔든다'라고 한다) 역전승을 많이 이끌어냈다.[14]

---

[11] 실제 이세돌 9단과의 대결에서도 형세가 유리하다고 판단되면 한두 집 손해를 보더라도 안전한 길을 택하는 전략을 보여줬다. 이세돌과 알파고의 첫 대결을 본 뒤 조훈현 9단은 "놀랍다는 말밖에 나오지 않는다. 예상보다 세다. 끈질기고, 계산에 밝고, 불리해도 흔들리지 않고 이길 수 있다면 약간의 손해는 감수하는 게 이창호 9단과 비슷하다"고 평가했다(《동아일보》 2016년 3월 10일자).

[12] 알파고와의 첫 대국 초반에서 이세돌 9단이 이런 모습을 보여 어려움을 자초했다. 판후이와의 기보를 보고 알파고를 얕잡아본 것 같다.

[13] 이창호 9단과 방식은 꽤 달랐지만 알파고도 가끔 응수타진으로 이세돌 9단을 당황하게 만들었다.

[14] 알파고와의 3국에서도 집으로 불리해지자 하변 거대한 백진에 뛰어들었지만 결국 실패했다.

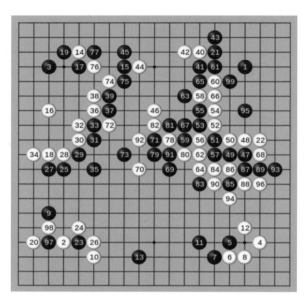

» 이세돌(백)과 알파고(흑)의 4국 99수까지 장면도. 불리한 형세였던 이세돌은 뒤에 '신의 한 수'로 불리는 끼우는 수(백 78)를 두며 형세를 단숨에 역전시켰다. 앞선 세 대국에서 이 9단은 지나친 부담감에 위축돼서인지 이런 모습을 보이지 못해 평소 그의 기풍을 잘 아는 바둑팬들을 안타깝게 했다. (제공 위키피디아)

 딥러닝으로 바둑을 배운 알파고는 이세돌처럼 기상천외한 수를 두지는 못하겠지만[15] 확률에 기반한 정교한 계산을 바탕으로 착수할 지점을 결정하고 무엇보다도 사활을 다툴 때 수읽기 실수를 하지 않는 강점이 있다.[16] 반면 이세돌은 사람인 이상 실수를 할 수 있고 특히 초읽기에 몰릴 경우 더 그렇다.[17] (바둑에 시간제한을 두지 않을 경우 대국이 끝나

---

15 예상외로 기상천외한 수를 많이 뒀는데, 이 가운데 프로기사들의 고정관념을 깼다는 찬사를 받은 수도 있었지만 다수는 사실 좋은 수는 아니었다. 그런데 극도의 심적 부담감으로 위축돼 있던 이세돌 9단이 제대로 응징하지 못해 '악수'가 '묘수'가 된 경우가 몇 차례 있었다.

16 국지적인 사활에서는 이세돌 9단을 제대로 응징했지만 폭넓은 중앙에서 사활이 벌어진 4국에서는 이세돌의 묘수에 무릎을 꿇었다.

17 실제 이세돌 9단은 2국과 3국 후반 초읽기에 몰리면서 크고 작은 실수를 범했다.

» 알파고의 '아버지'인 구글 딥마인드의 데미스 허사비스(Damis Hassabis) 대표. '지구에서 가장 똑똑한 사나이'로 불리는 허사비스는 열세 살 때 세계소년체스대회에서 2위를 했고 열다섯 살에 고교를 졸업하고 게임 회사에 들어가 시뮬레이션 게임 '데마파크'를 개발했다. 그리고 케임브리지대학에서 컴퓨터를, 유니버시티칼리지런던에서 뇌과학을 연구했다. 이를 바탕으로 2011년 딥마인드를 창업해 뇌를 모방한 인공지능 개발에 뛰어들었고 알파고를 만들었다. 구글은 2014년 딥마인드를 인수했는데 인수 대금이 6,000억 원이 넘는 것으로 알려져 있다. (제공 구글 딥마인드)

지 않을 수도 있으므로 각자 생각할 시간을 정한다. 그리고 이 시간을 다 쓴 뒤에는 수십 초 안에 수를 둬야 하는데 이를 초읽기라고 부른다. 논문에서 알파고와 판후이 대국의 시간조건은 각자 생각시간 1시간, 초읽기 30초 3회였다. 아마도 이세돌과 알파고 대국의 초읽기는 60초가 될 것이다.)[18]

약간 걱정스러운 점은 이창호가 그랬듯이 이세돌도 30대에 접어든 뒤 초읽기에 몰렸을 때 어이없는 수를 둬 판을 그르치는 경우가 가끔 나오고 있다는 것이다. 반면 알파고는 60초 '생각시간'이면 최소한 터무니없는 실수를 하지는 않을 것이다.[19]

인간 실력 넘어서는 건 시간문제일 듯

그렇다면 3월 열리는 이세돌과 알파고의 대결은 어떤 결과가 나올까. 지난 10월 대국해 0:5로 완패한 판후이의 경우 프로2단이라지만 실

18 각자 생각시간 2시간, 초읽기 60초 3회, 중국식 룰(흑이 덤 일곱 집 반)로 정해졌다.
19 5국에서 알파고도 초읽기에 들어갔지만 워낙 판이 다 정리된 상태라 그런지 실수는 나오지 않았다.

력은 우리가 생각하는 현역 프로2단에는 한참 못 미칠 것이다. 1981년 중국에서 태어난 판후이는 15세에 입단해 활약하다 19세인 2000년 프랑스로 건너갔고 그 뒤 바둑보급에 주력했다. 즉 알파고와 대결할 때까지 15년 동안 거의 실전경험(물론 동아시아의 프로들과)이 없었다는 말이다.[20]

따라서 판후이와 이세돌이 승부가 되려면 두세 점을 깔고 둬야 할 것이다. 참고로 실력차가 나는 두 사람이 시합을 할 때 약한 사람에게 유리하게 조건을 만들어 대국하는 걸 '접바둑'이라고 한다. 바둑은 집이 많은 사람이 이기는 게임이므로 미리 바둑알이 놓여 있으면 당연히 유리하다. 실력차가 좁아질수록 깔고 두는 숫자가 줄어들고 나중에는 정선定先이라고 해서 약한 쪽이 흑을 쥐고 먼저 둔다. 만일 흑이 여섯 집 이기면 흑승이다.

대등한 조건인 맞바둑, 즉 호선互先은 먼저 두는 흑이 나중에 집계산을 할 때 여섯 집 반(한국과 일본의 경우이고 중국은 일곱 집 반)을 빼야 한다.[21] 먼저 두는 사람이 유리하기 때문이다(평균 0.5수를 더 두는 셈이다). 따라서 호선에서 흑이 여섯 집을 남기면 반집패하게 된다(6−6.5=−0.5). 판후이와 알파고는 호선의 조건에서 알파고가 5전 전승을 했으므로 아무래도 알파고를 한 수 위로 봐야 할 것 같다. 따라서 이세돌과는 두 점 어쩌면 정선 정도의 차이가 아닐까. 물론 알파고는 판후이와 이세돌 대국 사이 5개월 동안 딥러닝을 열심히 할 테니 정선까지 끌어올릴지도 모른다.[22]

---

20 실제로 판후이는 2016년 2월 중국 장쑤성 화이안시에서 열린 제1회 IMSA 엘리트마인드게임에 유럽대표로 출전해 5전 전패했다.

21 반집을 만든 건 무승부를 없애기 위해서다.

22 실제 이세돌도 알파고 판후이 대국을 보고 알파고와 자신의 실력차를 두 점 또는 정선이라고 평가하며(〈조선일보〉 2016년 2월 16일자) "다섯 판 가운데 한 판만 져도 내 패배"라고 자신했다. 그러나 대회가 임박해지자 둘의 차이가 정선 이하일 거라며 한 판 정도는 질 수도 있다고 한 발 물러섰다.

설사 기풍이 이창호를 닮았더라도 실력으로는 알파고가 전성기의 이창호에 한참 못 미칠 것이다.[23] 어쩌면 꼭 30년 전인 1986년 11세 소년 이창호가 프로에 막 들어섰을 때 실력 정도가 되지 않을까. 알파고를 당시 이창호로 본다면 올해 33세인 이세돌은 스물두 살 아래의 갓 입단한 천재 프로기사와 대국을 벌이는 셈이다. 흥미롭게도 조훈현과 이창호의 나이차가 스물두 살이다. 이번 대국에서 30년 전 33세 조훈현과 11세 이창호 대결을 떠올린다는 건 지나친 비약일까(실제 두 사람은 1988년 처음 대국했다).

이창호가 스승 조훈현을 꺾고 첫 우승을 차지한 게 1990년이다(제 29회 최고위전). 그리고 2년 뒤인 1992년 제3회 동양증권배에서 일본에서 활약하는 대만 기사 린하이펑林海峰 9단을 3:2로 꺾고 세계대회에서 처음 우승했다. 이창호의 17세 세계대회우승 기록은 여전히 깨지지 않고 있다. 알파고가 이번에는 이세돌에게 지겠지만(이세돌의 실수로 한 판 정도는 이길 수 있을지도 모른다),[24] 6년 또는 4년 뒤(어쩌면 더 이른 시기에) 최고수에게 다시 도전한다면(그때 상대는 다른 선수일 가능성이 높다) 알파고가 전성기 이창호의 실력을 보이며 승리하지 않을까 하는 생각도 든다.[25]

---

23 필자의 예상을 완전히 빗나갔다. 이세돌 알파고 5번기 결과 알파고의 초반은 아직 초일류기사에 못 미치지만 형세판단능력(계산력)은 전성기의 이창호와 대등하거나 더 나을지도 모른다는 평가다.

24 필자의 예상을 깨고 이세돌에 4 대 1로 이겼다. 다만 처음 세 판은 시합이 '인간 대 인공지능'의 대결로 세계적인 관심이 되면서 극도의 압박감을 느낀 이세돌 9단이 의외로 강한 알파고에 당황하면서 제 실력을 발휘하지 못해 패배한 측면이 크다. 5국 역시 흑을 잡은 이세돌이 유리하게 나가다가 초읽기 상황에서 아쉬운 수가 몇 개 나왔고 결국 역전을 허용해 돌을 던졌다. 계가를 했다면 이세돌이 대여섯 집 남겼을 것이다(즉 한 집 반이나 두 집 반 졌을 것이다).

25 이세돌 9단이 연패하자 구글이 알파고의 상대로 2015년 세계대회 3관왕으로 실질적인 세계 1위인 중국의 커제를 선택하지 않은 것에 대해 말이 많았다. 커제 역시 알파고와의 시합 제의가 들어온다면 응할 것이라고 밝혔다. 지금 바로 대국한다면 다섯 판을 지켜봤고 포석이 강한 커제가 이길 가능성이 높아 보인다. 그러나 2017년 초 알파고와 세계 1위의 대결이 성사된다면 알파고가 훨씬 더 강해져 전성기 이창호 또는 그 이상의 실력이 돼 있지 않을까.

그리고 인간 이창호는 나이가 듦에 따라 젊은 기사들에게 밀려났지만 컴퓨터 이창호는 시간이 지날수록 점점 더 강해져(더 많은 데이터와 실전경험이 쌓이므로) 사람은 도저히 대적할 수 없는 '신의 경지'에 오르게 될 것으로 보인다. 물론 그렇다고 해서 10년 뒤 필자가 최고수들의 판을 보겠다고 사람들이 벌이는 바둑시합을 젖혀두고 컴퓨터 프로그램끼리 하는 시합을 시청하지는 않겠지만.

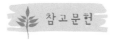 참고문헌

Gibney, E. *Nature* 529, 445-446 (2016)
Silver, D. et al. *Nature* 529, 484-489 (2016)

육류가
발암물질이라고?

» (제공 강석기)

필자는 채식주의자는 아니지만 고기를 별로 먹지 않는다. 집에서도 미역국이나 김치찌개에 고기가 들어있으면 피해서 먹는다. 기회가 될 때마다 고기를 넣지 말라고 부탁하지만, 생일 때를 빼면 반영이 거의 안

된다. 점심 약속에 메뉴 선택권이 있으면 파스타 집을 즐겨 간다. 아무튼 필자가 먼저 고기가 먹고 싶다고 말한 기억이 없다. 복날도 있고 해서 집에서 종종 닭백숙을 하므로 닭고기는 어느 정도 먹지만(달걀은 좋아해서 하루 한두 개 먹는다), 소고기와 돼지고기는 1년에 먹는 양을 다 합쳐도 열 근(6kg)이 되지 않을 것이다.

필자가 다소 장황하게 식성을 밝힌 건 앞으로 전개할 이야기에서 한 발 뒤로 물러난 제삼자의 입장임을 강조하기 위해서다. 2015년 10월 26일 세계보건기구WHO 산하 국제암연구소IARC는 붉은 고기와 가공육을 발암물질로 분류한 충격적인 보고서를 발표했다. 술이나 담배도 아니고 남녀노소가 늘 먹는 음식재료를 두고 발암물질이라니, 그것도 WHO 같은 권위 있는 기관의 발표다 보니 국내외적으로 여파가 대단하다.

붉은 고기는 포유류의 근육이다. 우리나라 사람들에게는 사실상 소고기와 돼지고기다(다른 포유류 고기는 거의 안 먹으므로). 가공육은 소시지, 햄 같은 식품이다. 사실 붉은 고기와 가공육이 암을 일으킬 수 있다는 주장이 새로울 것도 없다. 그동안 이런 육류와 암의 연관성을 밝혔다는 연구결과를 소개한 뉴스가 여러 차례 나왔다. 그럼에도 이번 발표가 충격적인 건, 고기를 많이 먹으면 암 위험성이 높아진다는 얘기와 고기가 발암물질이라는 얘기의 뉘앙스가 전혀 다르기 때문이다.

국제암연구소의 보고서는 아직 인터넷에 올라와 있지 않은 것 같고 대신 이번 발표와 관련한 Q&A 형식의 문서가 보인다. 또 학술지 〈랜싯 종양학〉 사이트에는 이번 발표의 의미를 다룬 글이 실렸다. 이를 바탕으로 이번 IARC의 발표가 과연 적절했는가에 대해 생각해본다.

안전한 섭취량은 제시하지 않아

먼저 이번 발표는 IARC가 수행한 실험 또는 역학조사의 결과가 아니다. 육류소비와 암의 연관성을 다룬 800여 건의 연구결과를 분석해 내린 결론이다. 즉 메타연구다. 붉은 고기에 대한 연구가 700여 건, 가공육에 대한 연구가 400여 건이다. 즉 이 가운데 300건은 둘 다 조사한 연구라는 말이다.

지구촌 사람들의 육류소비량은 정말 천차만별이다. 붉은 고기의 경우 전체 칼로리 섭취량의 5% 미만에서 100%에 이르는 곳도 있고, 가공육 역시 2% 미만에서 65%에 이르는 곳이 있다. 세계 평균을 보면 붉은 고기의 경우 하루 섭취량이 50~100그램이라고 한다. 참고로 우리나라 사람들의 연간 소고기, 돼지고기 섭취량은 각각 10.3kg, 20.9kg(2013년)으로 합치면 31.2kg, 즉 하루 섭취량 85g에 해당한다.

먼저 붉은 고기와 암의 관계를 조사한 연구를 보면 대장암(직장암 포함)과 연관성을 알아본 대규모 역학조사 14건 가운데 절반에서 육류 섭취량과 암 위험성이 양의 상관관계를 보인다. 가공육의 경우는 18건 가운데 12건에서 관계가 있었다. 이런 연구결과들의 데이터를 합쳐 다시 분석한 결과 붉은 고기의 경우 하루 100g을 먹을 때마다 대장암에 걸릴 위험성이 17% 증가하고 가공육의 경우 50g을 먹을 때마다 18% 증가한다는 '통계적' 결과를 얻었다. 한편 15가지가 넘는 다른 유형의 암에 대해서도 조사했는데 붉은 고기의 경우 췌장암, 전립선암과 관계가 있고 가공육은 위암과 관계가 있다는 결론을 얻었다.

아무튼, 이런 분석을 토대로 IARC의 실무단(미국인 8명을 포함해 10개국 22명의 전문가)은 가공육에 대해서는 '섭취할 때 암을 유발한다는 증거가 충분해' 1급 물질(사람에게 암을 유발하는 물질)로 분류했고 붉은 고기에 대해서는 '섭취할 때 암을 유발한다는 증거가 제한적이어서' 2A급 물질(사람에게 아마도 암을 유발할 물질)로 분류했다.

IARC에서 배포한 Q&A 문서에는 이번 발표와 관련된 다양한 가상의 질문과 그에 대한 답이 있는데 읽다 보면 고개를 갸웃하게 하는 대목이 꽤 된다. 먼저 발암 위험성의 증가 폭으로 붉은 육류는 하루 100g당 17%, 가공육은 50g당 18%로 그렇게 뚜렷한 수치로 보이지 않는다. 70%(1.7배), 80%(1.8배)라면 모를까 매일 50g, 100g이라는 상당량을 더 먹을 때 위험도가 이 정도 늘어난다고 발암물질이라고 규정할 수 있을까.

이에 대해 IARC는 암 위험성이 소폭의 증가세를 보이는 건 사실이지만 어쨌든 통계적으로 유의미하므로 충분히 발암물질로 볼 수 있다고 한다. 그리고 그 위험성을 연간 암 환자 사망자 수로 환산했는데, 1급 물질인 가공육 섭취로 암에 걸려 죽은 사람이 세계에서 34,000명, 2A급 물질인 붉은 육류로 죽은 사람이 5만 명(발암물질로 확증될 경우) 수준이다. 참고로 담배(흡연)로 인한 암(주로 폐암)으로 매년 100만 명이 죽고 술(음주)로 인한 암(주로 간암)으로 매년 60만 명이 죽는다고 한다.

한편 가공육이 담배와 석면이 속해있는 1급 물질에 속한 게 발암성이 그만큼 큰 것이냐는 물음에 대해서는 "그렇지 않다"며 "분류는 암을 일으킨다는 과학적 증거의 확실성에 따른 것이지 위험성의 크기에 따른 것이 아니다"라고 설명하고 있다.

그런데 발암물질 규정 얘기를 듣고 보통 사람들이 궁금해할 내용에 대해서는 대답이 좀 맥빠진다. 즉 "그렇다면 고기를 먹지 말아야 하느냐?"는 질문에 "육류섭취는 건강에 좋은 면도 있다. 다만 각 나라는 붉은 고기와 가공육 섭취를 제한하라고 권고하는데, 심장병과 당뇨병 등으로 인한 사망 위험성을 높이기 때문"이라고 답했다. "그렇다면 얼마나 먹어야 안전한가?"라는 질문에는 "위험성은 섭취량이 많을수록 커지지만 안전한 수준이 있느냐에 대해서는 결론을 내릴 수 있는 데이터가 없다"고 답했다. 즉 육류를 먹되 조금 먹는 게 좋다(필자처럼?)는 말이다.

한편 붉은 고기와 가공육이 암을 일으키는 이유를 묻는 질문에 대해서는 요리와 가공 과정에서 발생하는 분자들(다환방향족탄화수소PAH, 헤테로고리방향족아민HAA 등)이 작용한 결과로 보인다고 답하면서도 아직 그 이유를 제대로 이해하지 못하고 있다고 답하고 있다. 그렇다면 육회 같은 날고기를 먹으면 괜찮을까? 이에 대해서는 "관련 데이터가 없어 답을 줄 수 없다"며 "하지만 날고기를 먹을 때는 감염 위험성을 고려해야 할 것"이라고 덧붙였다.

이 결과에 대해 각국 정부는 어떻게 대응해야 하느냐는 질문에 대해서는 "IARC는 발암성에 대한 증거를 평가할 뿐 보건정책에 대한 권고는 하지 않는다"며 "각국 정부는 이번 새로운 정보를 바탕으로 육류의 다른 장단점을 고려해 육류섭취에 대한 권고사항을 업데이트할 수 있을 것"이라고 답했다. Q&A를 읽다 보니 이 정도 상황에서 붉은 고기와 가공육을 굳이 발암물질(또는 가능성이 큰 물질)로 분류해 사람들의 혼란을 유발할(뻔히 예상되는) 필요가 있었을까 하는 의문이 들었다.

물론 오늘날 과도한 육류 섭취는 큰 문제다. 인류의 건강에도 위협이 될 뿐 아니라 무엇보다도 지구촌 환경에 상당한 악영향을 미치고 있다. 각각 10억 마리가 넘는 소와 돼지를 키우느라 들어가는 곡물과 물, 이 동물들이 내놓는 똥오줌, 메탄의 양은 어마어마하다. 특히 인구가 많은 개도국에서 육류 섭취량이 무서운 속도로 늘고 있다. 우리나라의 경우도 1980년 소고기 돼지고기 연간 소비량은 8.9kg이었지만 불과 한 세대가 지난 2013년에는 세 배가 넘는 31.3kg에 이르렀다(다행히 최근에는 성장세가 둔화했다).

이번 발표와 그에 따른 반응을 보면서 자기 건강(이익)에는 그렇게 민감하면서도 삶의 터전인 지구의 건강에는 무관심한 사람들의 일면을 보는 것 같아 씁쓸하기도 하다. 다른 많은 경우처럼 이번 사태도 시간이 지나면 사람들의 뇌리에서 잊히면서 일시적으로 주춤한 육류소비도 회복될 것이다. 내 건강은 둘째로 치고라도 지구의 건강을 위해서도 지나친 육류섭취는 자제해야 하는 게 21세기를 살아가는 인류의 의무라는 말로 글을 마친다면 너무 도식적인 구성일까.

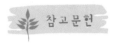 참고문헌

Bouvard, V. et al. *Lancet Concology* 16, 1599-1600 (2015)
http://www.iarc.fr/en/media-centre/iarcnews/pdf/Monographs-Q&A_
　　　Vol114.pdf

PART **2**
건강/의학

2-1
암은 여전히
은유로서의 질병인가

질병은 그저 질병이며, 치료해야 할 그 무엇일 뿐이다.

— 수전 손택

'뉴욕 지성계의 여왕'으로 불리며 미국 최고의 문필가로 이름을 날린 수전 손택Susan Sontag은 글을 쓰는 직업을 꿈꾸는 많은 여성의 본보기일 것이다. 손택은 에세이, 소설, 희곡 등 다양한 분야에서 활약했는데 특히 에세이는 타의 추종을 허락하지 않는다. 수년 전 손택의 에세이집 ≪강조해야 할 것≫을 읽으며 '이렇게 지적인 여성과 카페에서 커피 한 잔 마시며 담소를 나누면 근사할 텐데…' 라는 생각을 잠시 했던 기억이 난다.

손택은 의학에 관련된 책도 썼다. 1978년 출간한 ≪은유로서의 질병Illness as Metaphor≫과 1989년 출간한 ≪에이즈와 그 은유AIDS and Its Metaphors≫다. 둘 다 분량이 짧은 편이라 두 권을 합쳐 ≪은유로서의 질병≫이라는 제목으로 2002년 번역서가 나왔다.

은유로서의 질병이란 무슨 뜻일까. 손택은 아리스토텔레스가 ≪시학≫

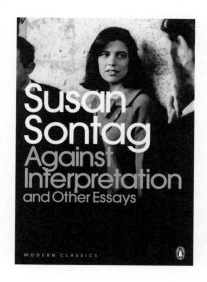

» 1966년 평론집 ≪해석에 반대한다≫(사진를 출간한 뒤 '대중문화의 퍼스트레이디'로 활동한 수전 손택은 1978년 출간한 책 ≪은유로서의 질병≫에서 질병을 질병 이상의 그 무엇으로 대하는 문화를 강력하게 비판했다. (제공 Penguin)

에서 제시한, '어떤 사물에다 다른 사물에 속하는 이름을 전용轉用하는 것'이라는 은유의 정의를 따른다고 설명한다. 즉 어떤 질병이 본질적으로 그 질병과는 전혀 관계가 없는 의미를 갖게 되면서 그 질병을 앓는 환자들에게 병으로 인한 고통 이상의 영향력을 미친다는 것. 손택은 이런 식의 은유가 전혀 바람직하지 않은, 즉 환자를 이중으로 괴롭히고 회복하려는 의지마저 꺾는 결과를 낼 수 있다고 주장했다.

심리학적 이해는 질병의 실체를 가려

손택은 은유로서의 질병으로 결핵과 암을 집중적으로 다뤘다. 한국 근대문학을 이끈 작가들 가운데 이상, 김유정, 나도향 등 폐결핵(폐병)으로 요절한 천재들이 있듯이 서구문학계도 체코의 소설가 프란츠 카프카를 비롯해 영국의 시인 존 키츠와 소설가 D. H. 로렌스 등 여러 작가가 결핵으로 세상을 떠났다. 또 많은 문학작품이 결핵을 중요한 주제로 다뤘다. 프랑스 작가 빅토르 위고의 ≪레미제라블≫에서 코제트의 어머니인 팡틴느가 결핵으로 세상을 떠나자 장발장이 양아버지가 된다. 결핵 문학의 최고봉은 독일 작가 토마스 만의 ≪마의 산≫이 아닐까. 친구 병문안 차 결핵 요양소에 들른 한스 카스토르프는 우연히 자신도 결핵에 걸렸음을 알게 돼 눌러앉아 7년간 머물며 정신적으로 성숙한 인간이 되지만 결국 죽음을 맞는다.

손택은 20세기 전반까지 결핵이 은유로서의 질병을 대표한 이유를 다각적으로 제시한다. 즉 전염병으로 환자를 고갈시켜 많은 경우 죽음으로 몰아가는 결핵은 당시로서는 마땅한 치료법이 없었기 때문에 두려움의 대상이었지만 동시에 신비로운 질병으로 여겨졌다. 많은 예술가가 결핵으로 쓰러지면서 이런 환상은 더욱 강화됐다.

낭만주의자들은 결핵이 "천한 육체를 분해해 인격을 영묘하게 만들어 주며 의식을 확장해 준다"고 미화했다. 결핵은 정념情念의 질병으로 여겨졌고, 결핵 환자는 육체의 소멸을 가져오는 열정으로 소모되는 사람이었다. 토마스 만은 ≪마의 산≫에서 한 등장인물의 입을 빌려 "이 질병의 증세는 사랑의 힘이 드러나는 것을 감출 뿐입니다. 질병이란 게 원래 변형된 사랑일 뿐이죠"라고 쓰고 있다.

또 결핵은 천성적인 희생자들, 즉 살아남기에 충분할 만큼 삶에 애착을 지니지 않는 민감하고 수동적인 사람들의 질병이라고 찬미되곤 했다. 그 자신도 결핵 환자였던 영국의 시인 퍼시 셸리는 키츠에게 "폐병은 자네처럼 멋진 시를 쓰는 사람들을 특히 좋아하는 병이라네"라고 말했고 20세기 말의 한 비평가는 결핵이 사라지는 바람에 문학과 예술이 쇠퇴했다고 설명할 정도였다고 손택은 쓰고 있다.

그러나 1944년 항생제 스트렙토마이신이 발견되고 1952년 강력한 약물인 이소니아지드가 나오면서 결핵은 치료되는 질병으로 '추락'했고 더는 은유의 힘을 갖지 못했다. 이제 사람들은 암으로 눈길을 돌렸다.

치명적이었지만 낭만성도 있었던 결핵과는 달리 암은 전적으로 부정적인 은유로 넘쳐났다. 손택은 "결핵은 연약함, 감수성, 슬픔, 무력함을 나타내는 은유였다. 반면에 냉혹하고 무자비하며, 타인의 희생을 가져오는 것은 그 무엇이든지 암에 비유됐다"고 쓰고 있다.

암은 냉정하고 억제력이 강하며 억압된 성격을 지닌 사람들이 그 반대급부로 얻게 되는 질병이라는 믿음이 널리 퍼져있다(지금도 그런 것 같다). "질병은 부분적으로 외부의 세계가 희생자에게 무슨 일인가를 저지른 결과이긴 하지만, 대개의 경우에는 희생자가 자신의 세계와 자신스스로에게 저지른 일의 결과이다"라는 관점이 득세했다. 손택은 "이처럼 터무니없고 위험한 관점은 질병의 책임을 환자에게 덮어씌우는 짓"이라고 주장했다.

손택은 "질병을 인과응보로 여기는 관념은 오랜 역사가 있는데, 특히 암의 경우 기승을 부렸다"며 "어떤 질병에 도덕적 의미를 부여하는 것만큼이나 가혹한 일은 없다"고 쓰고 있다. 손택은 책에서 "언젠가 나도 미국이 베트남에서 자행하고 있는 전쟁에 절망한 나머지, '백인종은 인류 역사의 암이다'라고 쓴 적이 있다"고 고백했다. 드라마에서 악역이 막판에 암에 걸려 "왜 내가?"라며 저항하다가 마침내 참회하며 죽음을 맞는 건 여전히 단골 설정이다.

손택은 암을 상처받은 생태계의 반란으로 보는 시각, 즉 자연이 기술을 숭배하는 사악한 세계에 복수하고 있다는 주장은 궤변이라며 "암 환자의 90%가 '환경 요인'으로 암에 걸렸다느니, 경솔한 다이어트와 흡연이 암 사망률의 75%를 차지한다느니 하는 조악한 수치들에 휘둘린 나머지, 일반 대중들은 헛된 희망을 품거나 무지 속에서 공포에 떨곤 한다"고 쓰고 있다. 손택은 "오늘날에는 제대로 처리되지 못한 감정 때문에 암이 발생한다고 했던 말만큼이나, '환경 요인' 때문에 암이 발생한다는 말이 일종의 상투어가 됐다"고 덧붙였다.

대장암이 소장암보다 흔한 이유

학술지 〈사이언스〉 2015년 2월 13일자 서신란은 흔치 않은 구성으로 편집됐다. 보통은 이전에 실린 논문 서너 편에 대한 독자 반응(저자의 답신이 있는 경우도 있다)을 싣는데 이번에는 1월 2일자에 실린 한 논문에 대한 서신과 답신으로만 채워졌다. 독자의 서신은 여섯 편이나 되는데 하나같이 논문에 대한 문제 제기다. 도대체 무슨 논문이기에 이렇게 난리인가 싶어 읽어보니 암의 발생 원인에 대한 통계연구결과를 놓고 벌어진 일이다.

미국 존스홉킨스의대의 암 유전학자 버트 보겔스타인Bert Vogelstein 교수와 수리생물학자 크리스티안 토마세티Cristian Tomasetti 박사는 신체

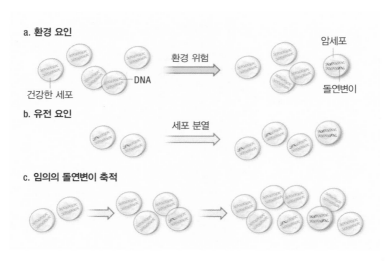

» 암은 유전자 변이의 질환으로 그 원인은 크게 세 가지로 나뉜다. 먼저 환경 요인으로 발암물질이나 자외선 등에 노출돼 세포의 DNA가 손상된 결과 암세포가 생길 수 있다(위). 변이 유전자를 물려받은 경우 세포가 분열하다가 암세포로 바뀌기가 쉽다(중간). 정상 세포가 분열하는 과정에 임의로 생긴 변이가 축적돼 암세포가 나오기도 한다(아래). 현대의학은 환경과 유전을 큰 비중으로 다루고 있지만 2015년 초 임의의 변이가 더 큰 요인이라는 연구결과가 나오면서 논쟁이 벌어졌다. (제공 〈네이처〉)

조직에 따라 암 발생률이 왜 그렇게 큰 차이를 보이는가에 대한 의문에 답하기 위해 연구를 시작했다. 즉 오늘날 암 발생의 주요 원인으로 널리 받아들여지고 있는 환경 요인과 유전 요인이 정말 그렇다면 이렇게 편차가 클 리가 없다는 것이다.

예를 들어 음식물에 포함된 발암물질(환경 요인)이 소화기암을 일으킨다면 장기에 따라 암 발생률이 최대 24배나 차이가 나는 걸 설명하기 어렵다고. 음식이 지나가는 소화기관 순서대로 보면 평생 걸릴 위험성이 식도암은 0.51%, 위암이 0.86%, 소장암이 0.2%, 대장암이 4.82%다. 연구자들은 이 문제를 풀기 위해 진화생물학의 이론, 즉 암은 '다세포 생물이 진화하며 치러야 하는 대가'라는 측면에 주목했다. 즉 세포가 분열(DNA 복제)을 하다 보면 실수가 생기기 마련이고 실수가 쌓이다 보면 암이 생긴다는 것이다.

이들은 신체조직에 따른 줄기세포의 평생에 걸친 분열횟수를 추측한 논문들을 추적했고 동시에 조직별 암 발생률 데이터도 모아 둘 사이의 상관관계를 조사했다. 암 발생률 데이터는 넘쳤지만, 줄기세포 분열횟수 데이터가 많지 않아 31가지 암만 조사했다. 유방암, 전립선암 등 흔한 암들이 이번 연구에서 제외된 이유다.

연구자들은 둘 사이에서 0.804라는 높은 상관계수를 얻었다. 상관계수가 1이면 두 변수가 100% 비례하는 것이고 0이면 전혀 관계가 없다는 뜻이다. 두 변수 사이가 인과관계라면 상관계수의 제곱이 한 변수가 다른 변수에 미치는 영향력이라고 한다. 즉 암 발생의 65%는 줄기세포의 분열횟수로 설명할 수 있다는 말이다. 세포분열이 왕성한 조직일수록 실수가 일어나는 횟수도 많으므로 암이 생길 가능성도 높다는 것이다.

다음으로 연구자들은 '기타 위험성 지수(extra risk score, 줄여서 ERS)'를 정의했다. 즉 평생에 걸친 특정 유형의 암 발생률과 해당 조직의 줄기세포 분열 횟수(상용로그값)를 곱한 값이다. 어떤 암의 ERS가 클수록 암 발생에서 환경 요인이나 유전 요인이 차지하는 비중이 크다는 말이다. 연구자들은 31가지 암 가운데 ERS가 큰 순서대로 9가지를 묶어 D-종양(D는 deterministic(결정론적)을 뜻한다)이라고 불렀고 나머지 22종을 묶어 R-종양(R은 replicative(복제하는)를 뜻한다)이라고 분류했다.

ERS가 18.49로 가장 크게 나온 가족성선종성용종FAP대장암은 말 그대로 유전적 영향이 큰 암으로 어찌 보면 당연한 결과다. 대장암의 98%를 차지하는 대장선암은 ERS가 2.58로 D-종양에 속해있지만, R-종양과 경계선에 있다. 연구자들은 전체 암 발생에서 유전 요인이 차지하는 비율은 5~10%라고 쓰고 있다.

논문을 읽다 보니 흥미로운 구절이 보였다. 즉 사람에서는 대장암이 소장암보다 훨씬 흔하지만, 생쥐에서는 그 반대라는 것. 그런데 사람은 대장에서 줄기세포분열 횟수가 훨씬 많지만, 생쥐에서는 어떤 이유에서인지 소장에서 더 많다고 한다. 문득 예전에 한 한의사가 암은 '음陰의 질환'이라며 대장은 음의 장기이고 소장은 양의 장기이기 때문에 소장암이 없다고 설명하던 걸 본 기억이 났다. 그렇다면 생쥐는 소장이 음의 장기이고 대장이 양의 장기란 말인가.

연구자들은 이런 결과를 바탕으로 암 발생은 대부분 세포분열 시 일어나는 임의의 돌연변이라는 '불운bad luck'의 결과라고 결론 내렸다. 따라서 생활습관을 개선해 암을 예방하려는 노력도 중요하지만, 여기에는 한계가 있다는 사실도 인식해야 한다고 덧붙였다.

한편 같은 호에 이 연구를 소개한, '암이라는 불운The bad luck of cancer'이라는 제목의 기사도 실렸다. 기사에서 네덜란드 후브레쉬트연구소의 줄기세포·암생물학자인 한스 클러베스Hans Clevers는 이번 연구에 대해 "암 발생이 임의로 일어난다는 사실이 두려운 일일 수도 있지만, 긍정적인 측면도 있다"며 "암 환자 대부분은 운이 없었던 것일 뿐이므로 암에 걸린 게 자신들의 탓이 아니라는 위안을 줄 수 있다"고 평가했다.

암 발생 대부분은 진화의 부작용일 뿐

필자가 보기에는 참신한 연구에 메시지도 좋았는데 왜 이렇게 격렬한 반발을 불러왔을까. 서신들을 읽어보니 주로 실험설계를 잘못했다는 지적과, 해석이 틀렸다는 언급이다. 첫 서신은 환경의 역할을 강조한 것으로 나라나 직업에 따라 발생률이 큰 차이가 나는 암이 많다는 주장이다. 다음 서신은 믿을 만한 줄기세포 분열 횟수 데이터가 없어 위암과 유방암, 전립선암처럼 흔한 암들이 배제된 상태로 얻은 결론은 신뢰도가 떨어진다는 얘기다. 세 번째 서신은 논문이 적용한 줄기세포 분열 횟수 데이터도 믿을 만한 게 못 된다는 주장이고, 그다음 서신은 암 예방 노력은 여전히 매우 중요하며 줄기세포 분열과 오류 횟수가 단순히 시간과 우연의 곱은 아니라고 언급했다.

1월 2일자 논문의 저자인 토마세티와 보겔스타인은 한쪽 반 분량의 답신에서 "이번 논쟁은 '암을 일으키는 돌연변이의 원인이 무엇인가?'라는 질문을 놓고 벌어지고 있다"고 운을 뗐다. 이어서 "환경 요인, 유전 요인과 함께 세포분열과정에서 임의로 일어나는 변이도 원인이라는 건 이미 오래전부터 알려졌지만, 그 상대적인 중요성을 알 방법이 없었다"며 "우리가 처음으로 그 일을 했고 암 발생에서 복제 변이의 비중이 상당히 크다는 사실을 밝혀낸 것"이라고 설명했다.

저자들은 "우리가 논문에서 '불운'이라는 말을 쓴 건 많은 암 환자와 가족들이 병에 걸린 데 대해 통제할 수 없는 죄의식을 느끼고 있다는 사실을 알기 때문"이라며 "특히 자녀들이 암에 걸린 경우 암을 생기게 한 생활습관이나 환경을 방치한 데 대한 죄의식에 시달린다"고 언급했다. 저자들은 "많은 경우 발암 요인은 외부에서 온 게 아니라 복제

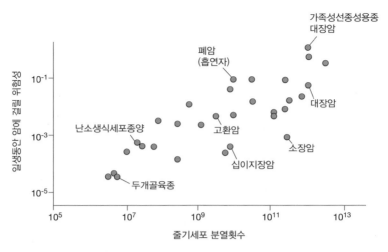

» 2015년 초 발표돼 화제가 된 암 발생의 '불운 가설'은 데이터(위의 그래프)를 잘못 해석한 결과라고 주장하는 논문이 <네이처> 2016년 1월 7일자에 실렸다. 즉 암 발생률(세로축)과 줄기세포 분열횟수(가로축)의 관계를 나타내는 그래프에 분포된 여러 암 가운데 아래쪽에 있는 것들만을 임의의 돌연변이로 일어났다고 가정할 경우 많은 암에서 외부요인이 차지하는 비율이 90%를 넘는다. (제공 <네이처>)

과정의 실수 때문"이라며 "이는 불가피한 일로 진화의 부작용일 뿐"이라고 덧붙였다.

1939년 수전 손택이 다섯 살 때 아버지가 결핵으로 사망했다. 당시 어머니는 아버지가 죽었다는 사실을 숨겼고 나중에 알게 되자 죽음의 원인을 숨겼고 아버지의 무덤이 어디에 있는지도 가르쳐주지 않았다.

1966년 서른세 살 나이에 평론집 ≪해석에 반대한다≫를 출간해 '뉴욕 지성계의 여왕'이라는 찬사를 받으며 승승장구하던 손택은 1976년 유방암 진단을 받는다. 투병생활을 하며 손택은 암이라는 질병에 찍힌 낙인이 환자의 재활 의지를 꺾는 현실을 절감했고 이에 대한 투쟁의 글을 1977년 〈뉴욕타임스〉에 기고했다. 이를 이듬해 책으로 엮어 낸 게 ≪은유로서의 질병≫이다.

유방암을 이겨낸 손택은 그러나 1998년 자궁암에 걸렸고 역시 강한 의지로 투병생활을 버텨냈다. 그러나 2004년 백혈병으로 사망했다. 손택이 살아있어 이번 연구결과를 알았다면 이렇게 얘기하지 않았을까.

"그래 맞아. 난 그저 운이 없어 암에 세 번 걸렸을 뿐이야…."

PS. 1년 만에 암 발생의 '불운 가설' 반박하는 논문 나와

영국의 과학논문 조사기관인 알트메트릭Altmetric은 학술적인 평가뿐 아니라 언론이나 일반대중의 반응까지 포함해 논문지수를 산정한다. 즉 기사, 블로그 포스트, 트위터, 페이스북 포스트, 구글플러스 포스트, 비디오, 위키피디아 참고문헌 등의 인용횟수를 수치화한다. 따라서 알트메트릭 논문지수가 높을 경우 그만큼 화제가 됐다는 뜻이다. 2015년 연말 발표한 '인기논문 베스트 100'에서 암에 대한 기존 과학상식에 도전한 위의 논문이 4위에 선정됐다.

논문이 나가고 1년이 지나 〈사이언스〉의 라이벌인 〈네이처〉(2016년 1월 7일자)에 이를 반박하는 논문이 실렸다. 즉 세포분열 과정에서 임의적인 실수로 암이 발생하는 경우는 전체의 10~30% 미만(통계 방식에 따라 편차가 있다)일 뿐이라는 주장이다. 실제 논문을 읽어보면 사실상 10% 미만이라는 내용이다. 이게 맞다면 암은 생활습관의 질병이라는 기존 과학상식은 부활해야 한다!

미국 스토니브룩대의 연구자들은 현재 암 발생의 '불운 가설bad luck hypothesis'로 불리는 〈사이언스〉 논문의 내용은 데이터를 잘못 해석한 결과라고 주장했다. 즉 세포 분열 과정에서 일어나는 실수가 임의로 일어난 것인지 외부요인으로 일어난 것인지 구분할 수 없으므로 이를 바탕으로 암 발생률과 줄기세포 분열횟수 사이의 상관관계를 분석해 전체 암 발생의 65%가 불운의 결과라고, 즉 임의의 변이 때문이라고 볼 수 없다는 말이다.

이 문제를 해결하기 위해, 즉 분열과정에서 임의로 일어난 오류만을 고려하기 위해 연구자들은 암 발생률(세로축)과 줄기세포 분열횟수(가로축)의 관계를 나타내는 그래프에 분포된 여러 암 가운데 아래쪽에 있는 것들만을 임의로 일어난 경우로 가정했다. 그리고 위에 있는 것들은 임의 변이와 외부요인으로 인한 변이가 섞여 있는 걸로 봤다.

예를 들어 평생 1,000억 회 이상 세포 분열하는 소장에서 일생 암에 걸릴 위험성이 0.01%인데 비슷한 횟수로 분열하는 간에서 일생 암에 걸릴 위험성이 0.1%라고 하자. 이 경우 소장암이 100%로 임의로 발생한다고 해도 간암은 10%에 불과하다. 즉 간암의 90%는 외부요인 때문이라는 말이다. 이런 식으로 데이터를 재해석하자 대부분의 암에서 발생의 90% 이상이 외부요인 때문이라는 결과가 나왔다.

이어서 연구자들은 새로운 해석에 부합하는 연구결과들을 소개하고 있다. 먼저 암 발생의 역학으로, 잘 알려진 얘기다. 즉 서유럽의 유방암 발생률은 동아시아나 중앙아프리카의 거의 5배이고(현재 우리나라는 예외가 됐을 것이다), 특히 전립선암의 경우 호주와 뉴질랜드가 동남아시아의 25배나 된다고 한다. 대장암의 75% 이상이 음식 때문으로 추정되고 흑색종의 65~89%는 자외선 때문이라고 본다.

한편 감염이 암 발생에 미치는 영향도 간과할 수 없다. 인간유두종바이러스HPV는 자궁경부암 발생원인의 90%를 차지할 뿐 아니라 항문암의 90%, 구강인두암의 70%를 차지한다. 여성만 조심할 일이 아니라는 말이다. 간염바이러스(B형인 HBV와 C형인 HCV)는 간암 발병원인의 80%를 차지하고 헬리코박터 파일로리는 위암의 65~70%를 일으킨다. 1930년에서 2011년 사이 폐암으로 인한 사망률 통계를 보면 15배가 넘게 늘어났다. 최근 하루가 멀다고 한반도를 덮치는 미세먼지도 폐암 증가에 '기여'할 것이라고 생각하면 우울해진다.

두 번째로 돌연변이의 성격을 분석한 결과다. 즉 각종 암에서 확인된 30여 곳의 돌연변이 자리를 분석한 결과 나이에 비례해 증가하는, 즉 임의적인 변이는 두 곳에 불과했다. 나머지 변이들의 발생률은 나이와 별 상관이 없었다. 즉 외부요인이 변이의 원인이라는 뜻이다.

끝으로 임의의 변이가 암으로 이어질 확률에 대한 문제다. 대략 세 포분열 1억 번에 한 번꼴로 돌연변이가 일어난다. 그런데 돌연변이가 한 곳 일어났다고 정상 세포가 바로 암세포가 되는 건 아니다. 이와 관련해 흥미로운 연구결과가 지난해 〈미국립과학원회보〉에 실렸는데, 이에 따르면 폐암과 대장암의 경우 결정적인 유전자에서 '단지 세 곳'의 변이만 있으면 암세포가 될 수 있다는 내용이었다. 이 논문 자체는 유전자 변이로 암이 생기기 쉽다는 주장이지만, 한 세포에서 '세 곳이나' 임의의 변이가 생길 확률은 높지 않다.

결국 데이터 재해석과 이를 뒷받침하는 다른 연구결과들을 고려할 때 암 발생에서 임의의 돌연변이, 즉 불운이 원인일 경우는 10% 미만일 것이라는 게 저자들의 결론이다. 암에 대처하는 데 예방이 여전히 중요한 전략이라는 말이다. 귀가 몹시 얇은 필자는 지난해 논문을 보면서 무릎을 쳤지만 이번 논문을 읽으며 '이게 훨씬 더 설득력이 있네…'라며 고개를 끄덕였다.

설사 암 발생에서 불운이 차지하는 요인이 10%가 아니라 65%라도, 즉 2015년 논문이 맞더라도 예방노력을 게을리하지 말아야겠다는 생각이 문득 든다. 진인사대천명盡人事待天命이라는 말도 있지 않은가.

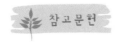

참고문헌

≪은유로서의 질병≫ 수전 손택, 이재원 옮김, 이후 (2002)

Tomasetti, C. & Vogelstein, B. *Science* 347, 78-81 (2015)

Couzin-Frankel, J. *Science* 347, 12 (2015)

Wu, S. et al. *Nature* 529, 43-47 (2016)

2-2
병원체에 대한 고찰[26]

현재 서아프리카에서 벌어지고 있는 에볼라 사태에서 환자와 사망자에 관심이 쏠려 있지만, 이 질병을 꺾을 수 있는 결정적인 실마리는 바이러스에 노출됐음에도 건강을 잃지 않은 사람들에게서 발견될지도 모른다.

— 아르투로 카사데발 & 리제안느 피로프스키

　미국의 미생물학자 폴 드 크루이프Paul de Kruif는 대중을 위한 과학 저술의 선구자다. 그가 1926년 발표한 책 ≪소설처럼 읽는 미생물 사냥꾼 이야기≫는 18개 외국어로 번역됐다. 2005년 한글판도 나왔지만 아쉽게도 지금은 절판된 상태라 중고책을 구입할 수 있을 뿐이다. 책은 현미경을 발명해 미생물을 처음 본 안톤 판 레이우엔훅으로 시작해 각 장 별로 미생물학자들의 삶과 업적을 소개하고 있다. 이 가운데 로베르트 코흐Robert Koch의 이야기가 특히 감동적이다.

　1866년 23세에 독일 괴팅겐대 의대를 졸업하고 시골에서 개업의로 바쁘게 지내던 코흐는 반복되는 일상에 무료함을 느끼고 있었다. 이런

26　이 에세이는 한국외국어대 2016학년도 수시모집 논술고사(영어대학/중국어대학/일본어대학/사회과학대학)에서 제시문으로 쓰였다.

모습을 지켜보던 아내 에미Emmy는 남편의 28세 생일선물로 현미경을 선물한다. 그런데 이 현미경이 코흐의 인생을 바꾼다. 당시는 탄저병으로 많은 가축이 죽었는데 어느 날 코흐는 우연히 탄저병으로 죽은 양과 소의 혈액을 현미경으로 관찰하다 이상한 현상을 발견했다. 혈구 주위에 작은 막대기와 이것이 이어진 것으로 보이는 실처럼 생긴 물체가 보였기 때문이다.

당시 미생물의 존재는 이미 알려져 있었지만 질병과의 관계는 불명확한 상태였다. 코흐는 이 물체가 탄저병을 일으키는 미생물일지도 모른다고 가정하고 이를 입증하기 위한 다양한 실험을 진행한다. 1876년 코흐는 막대 모양의 세균이 탄저병을 일으킨다는 사실을 발표했고, 1880년 베를린 보건국 특별연구원으로 초빙된다.

이곳에서 코흐는 오늘날 미생물 실험의 기본이 되는, 배지에 콜로니colony를 배양하는 기법을 개발했고 결핵균(1882년)과 콜레라균(1883년)을 잇달아 발견했다. 코흐는 특정한 세균이 특정한 질병을 일으킨다는 '세균이론germ theory'의 창시자가 됐고 훗날 '세균학의 아버지'로 불리게 된다. 코흐는 결핵균 발견 업적으로 1905년 노벨생리의학상을 받았다.

» 1870년대 독일 볼슈타인의 개업의인 로베르트 코흐는 세균이 가축에서 탄저병을 일으킨다는 사실을 입증해 현대의학의 지평을 열었다. 그러나 최근 병원체에 대한 지나친 강조는 의학발전에 걸림돌이 된다는 의견이 나오고 있다. (제공 위키피디아)

그런데 글 말미에 흥미로운 에피소드가 나온다. 당시 떠오르던 세균이론에 반감을 갖고 있던 막스 폰 페텐코퍼Max von Pettenkofer라는 노교수가 코흐에게 콜레라균을 요청했고 배달된 병의 내용물을 그 자리에서 다 마셔버렸다. 페텐코퍼는 "세균은 콜레라와 관계가 없다. 중요한 것은 각 개인의 기질이다"라며 자신의 주장을 입증하기 위해 실험동물을 자처한 것이다. 놀랍게도 엄청난 양의 콜레라균을 마셨음에도 페텐코퍼는 콜레라는커녕 배탈도 나지 않았다.

책에서 저자는 "제정신이 아니었던 페텐코퍼가 콜레라에 걸리지 않은 일은 지금까지도 설명할 수 없는 수수께끼로 남아 있다"고 쓰고 있다. 그러면서 "살인적인 세균들은 어디에나 있고 우리 몸속으로 숨어들어온다. 그러나 우리 중 일부만 죽일 수 있을 뿐이다. 나머지 사람들이 가진 이상한 저항성은 아직도 풀리지 않는 수수께끼로 남아 있다"고 덧붙였다.

병원체는 상대적인 개념?

메르스 사태가 두 달째로 접어들고 있다.[27] 지난주를 고비로 신규 환자 수가 줄어들고 있어 수습국면으로 보이지만 아직 경계를 늦출 수는 없다. 전염성이 높은 신종플루 때와는 달리 메르스는 감염력이 낮다 보니 개별 환자를 감시하는 특수상황이 이어지고 있다. 매일 업데이트되는 소식 가운데 가장 특이한 건 메르스의 병독성이 큰 편차를 보인다는 점 아닐까. 기저질환이 없는 사람도 사망하는 사례가 나오는가 하면 한 환자는 퇴원 인터뷰에서 "미열에 잔기침이 났을 뿐 퇴원을 기다리는 게 지루했다"고 말하기도 했다. 사우디아라비아의 한 연구결과를 보면 우리나라에서도 무증상이거나 증상이 가벼워 신고하지 않은 감염자도 있을 것이다. 유전자 변이는 없다고 하는데 어떻게 똑같은 바이

---

27 이 글은 2015년 6월 23일 동아사이언스 사이트에 실렸다.

러스에 어떤 사람은 치명적인 타격을 입고 어떤 사람은 감염되었는지도 모를 수 있을까.

학술지 〈네이처〉 2014년 12월 11일자에는 '병원체라는 용어를 버려라Ditch the term pathogen'라는 특이한 제목의 기고문이 실렸다. 미국 알버트아인슈타인의대 아르투로 카사데발Arturo Casadevall 교수와 리제안느 피로프스키Liise-anne Pirofski 교수가 쓴 글로, 질병을 일으키는 미생물을 지나치게 강조한 의학 패러다임이 오히려 전염병을 이해하는 데 장애가 되고 있다는 주장을 담고 있다.

Germ theory를 세균이론으로 부르는 것도 올바른 번역은 아니지만 사실 'germ'이라는 용어 자체가 부적절한 측면이 있다. 따라서 현대의학에서는 병원체라는 용어를 쓴다. 병원체는 세균뿐 아니라 병을 일으키는 모든 미생물(메르스의 경우 바이러스)과 심지어 프리온prion 같은 단백질도 포함한다.

카사데발과 피로프스키는 "숙주(사람) 없이 미생물 혼자서 질병을 일으킬 수는 없다"며 "질병은 숙주와 미생물의 상호작용으로 나타나는 여러 가능한 결과들 가운데 하나"라고 설명한다. 그러면서 병원체라는 용어가 연구자나 의사의 관심을 미생물에만 집중하게 해 효과적인 치료법의 발견을 방해할 수 있다고 주장했다. 미생물이 무엇을 할 수 있고 무엇을 할 수 없는지에 초점을 맞추는 대신, 숙주와 미생물의 상호작용이 숙주에게 손상을 줄 수 있는지, 있다면 왜 그런지를 연구해야 한다는 말이다.

'너무 추상적인 얘기 아닌가?' 이렇게 생각할 독자도 있을 텐데 패러다임의 힘은 생각보다 크다. 필자는 최근 ≪Intolerant Bodies불관용의 몸≫라는, 자가면역질환의 역사에 대한 책을 보고 있는데, 세균이론 때문에 이 분야의 발전이 늦어졌다는 대목이 나온다. 참고로 자가면역질환이란 면역계가 외부 침입자가 아닌 자기 몸을 공격한 결과 생기는 병이다.

이 책에서는 대표적인 자가면역질환인 다발성경화증과 루퍼스, 류머티스 관절염, 유형1 당뇨병의 역사를 다루고 있다.

많은 사람이 겪고 있는 병임에도 1957년에야 자가면역autoimmunity 이란 용어가 만들어졌다고 한다. 이처럼 병의 원인이 늦게 밝혀진 건 병원체가 이들 질환을 일으킨다는 믿음이 워낙 강했기 때문이다. 원래 이들 질환은 '기질의 병'으로 여겨졌지만 19세기 후반 세균이론이 나오면서 연구자들이 병원체 사냥에 몰두했고 다른 가능성을 시사하는 연구 결과들은 무시했다.

미생물과 숙주의 상호작용에 주목해야

다시 기고문으로 돌아와서 카사데발과 피로프스키는 절대적인 병원체도 없고 절대적인 유익균(또는 무해균)도 없다며 중요한 건 '맥락'이라고 강조한다. 예를 들어 아스페르길루스 푸미가투스Aspergillus fumigatus 라는 곰팡이는 건강한 사람들에게는 해가 없지만 백혈병 환자들에게는 중증의 폐 질환을 유발할 수 있다. 황색포도상구균이 비강에 감염돼도 세 사람 가운데 한 명에서는 아무 증상도 생기지 않는다.

필자들은 오늘날에도 많은 연구가 여전히 환원론적 접근법을 고수하고 있다고 말한다. 즉 미생물학자들은 미생물을 변수로 숙주는 상수로 잡고 문제를 다루고, 면역학자들은 숙주를 변수로 미생물을 상수로 잡고 실험을 설계한다. 그러다 보니 둘 사이의 다이내믹한 관계를 잊게 된다는 것이다.

필자들은 "미생물 변수와 숙주 변수를 동시에 분석할 분석방법이 개발돼야 한다"며 "아울러 숙주와 미생물 사이의 상호작용으로 일어나는 염증반응이나 생화학반응으로 인한 손상의 정도를 평가할 수 있는 새로운 방법론이 개발돼야 한다"고 촉구했다.

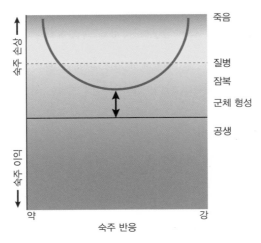

죽음

질병

잠복

군체 형성

공생

숙주 손상

숙주 이익

약

강

숙주 반응

» 면역력을 강화한다는 건 면역반응을 강하게 한다는 뜻이 아니다. 많은 전염병에서 면역반응 세기(가로축)와 환자가 입은 손상(세로축)의 관계는 'U'자 형을 보인다. 면역반응이 너무 약하면 미생물에 무너지지만 너무 강해도 자멸하기 때문이다. (제공 <네이처 미생물학 리뷰>)

참고문헌을 보면 필자들이 2003년 학술지 〈네이처 미생물학 리뷰〉에 실은 논문이 있는데 미생물 감염으로 일어난 숙주의 손상에 대해 고찰하고 있다. 이에 따르면 감염 질환으로 인한 손상은 크게 두 가지로 나눌 수 있다. 하나는 미생물이 직접 타격을 입힌 결과이고 다른 하나는 면역계의 과잉반응으로 인한 손상이다.

논문 가운데 나오는 그래프가 인상적인데, 가로축은 숙주의 (면역) 반응이고 세로축은 숙주의 손상 정도다. 숙주의 반응이 미약할수록 미생물의 타격을 받아 손상이 심해지고 숙주의 반응이 커질수록 면역계의 타격을 받아 역시 손상이 심해진다. 즉 'U' 자형 곡선을 그린다. 메르스로 인한 손상의 개인차도 이 곡선이 어느 정도 설명할 것 같다. 그렇다면 최근 각 매체에서 면역계를 강화한다며 소개하는 건강식품들을 면역력이 적당한 사람들이 먹었다가는 오히려 역효과가 나는 건 아닐까.

중용의 길을 찾아서

사실 면역학의 패러다임도 바뀌고 있다. 예전에는 '나와 남'이라는 이분법적 구도 아래서 면역계는 우리 몸을 순찰하며 이물질을 찾아 없애는 헌병 역할을 한다고 생각했지만 실제 상황은 그렇게 간단하지 않다. 무엇보다도 우리 몸 자체가 수십조 마리의 미생물이 사는 집이다. 즉 기존 패러다임에 따르면 인체거주미생물의 존재를 설명하기 어렵다.

최근 장내미생물 연구가 급격히 이뤄지면서 이들과 면역계가 밀접한 관계가 있다는 사실이 속속 밝혀지고 있다. 그 가운데 조절T세포를 주목할 만하다. 십여 년 전 교과서를 보면 T세포는 조력T세포와 세포독성T세포 두 가지가 있어 각각 우리가 익숙한 면역작용, 즉 몸 안에 침입한 이물질을 없애는 역할을 한다고 알려져 있었다.

그런데 조절T세포라는 또 다른 종류가 있다는 사실이 밝혀졌다. 조절T세포는 전투부대원인 조력T세포나 세포독성T세포와는 달리 면역반응을 억제하는 역할을 한다. 최근 급증하는 알레르기나 자가면역질환 같은 면역계 과민 질환의 배후에는 조절T세포가 제 역할을 하지 못하기 때문이라는 가설이 힘을 얻고 있다. 학술지 〈면역〉 2015년 6월 16일자에 발표된 논문에 따르면 조절T세포가 어떤 요인으로 조력T세포로 성격이 바뀌면서 인터페론감마 같은 사이토카인cytokine을 대량 분비하면 결국 과도한 염증반응으로 이어질 수 있다고 한다.

흥미롭게도 면역계가 조절T세포를 제대로 만들게 하는데 장내미생물이 중요한 역할을 한다는 사실이 밝혀졌다. 성숙한 조절T세포들은 혈관을 타고 온몸으로 퍼져 과도한 염증반응을 억제한다. 최근 아토피 같은 면역계 과민 질환을 표적으로 한 프로바이오틱스probiotics 의약품이 나와 있는 것도 이런 경로를 통해서 작용하기 때문이다. 메르스 퇴원자의 분변을 채취해 장내미생물 분포를 조사해보면 증상의 정도와 어떤 상관관계가 있을지도 모를 일이다.

사스 치료에 중의학 도움돼

결국 면역력을 강화한다는 건 면역계가 힘 조절을 해가며 분별 있게 행동할 수 있게 한다는 의미일 것이다. 즉 모자라면 더해주고 넘치면 빼 줘야 한다는 말인데, 이 시점에서 한의학의 철학이 떠오르지 않을 수 없다. 감염 질환의 실체를 몰랐던 시절 한의학은 '사기邪氣가 침입했다' 라는 식으로 감염을 표현했지만, 그랬기에 오히려 개별 환자의 상태에 더 초점을 맞춰왔는지도 모른다. 한의학을 비과학적이라는 말 한마디로 외면하기에는 수천 년 동안 쌓여온 지식이 아깝다는 생각이 든다. 사실 현대의학에 쓰이는 약물의 60%는 천연물 또는 천연물을 살짝 변형한 분자이고 대부분 식물에서 얻은 것이다.

2002~2003년 중국을 강타했던 사스SARS가 물러난 뒤 2004년 세계보건기구WHO는 흥미로운 보고서를 한 편 발표했다. 무려 194쪽에 이 보고서의 제목은 '전통중의학과 서구의학을 조합한 치료 임상사례'로 사스 환자 치료에 중의학이 긍정적인 역할을 했음을 인정하고 있다.

중국은 우리나라처럼 전통의학과 서구의학이 각을 세우고 있지 않기 때문에 이런 일이 가능했을 것이다. 보고서는 열세 편의 세부 보고서로 이뤄져 있는데 첫 번째 보고서가 종합요약이라고 할 수 있다. 여길 보면 총 5,327명의 환자 가운데 3,104명이 조합치료를,

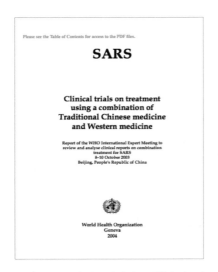

» 2002~2003년 사스 사태 때 중의학과 서구의학을 조합한 치료가 효과적이었다는 내용을 담은 세계보건기구의 보고서 표지. 194쪽에 이르는 보고서는 사이트에서 내려받을 수 있다. (제공 WHO)

나머지가 서구의학 단독치료를 받았다.

보고서별로 상황이 다른데 2번 보고서의 경우 조합치료를 받은 318명에서는 사망자가 나오지 않았고 서구치료를 받은 206명 가운데 7명이 사망했다. 중증 환자를 대상으로 한 3번 보고서를 보면 조합치료를 받은 25명 가운데 5명이 사망했고 서구치료를 받은 20명 가운데 6명이 사망했다. 이런 식으로 조합치료를 받은 쪽의 사망률이 낮았다.

뿐만 아니라 중의학 처방을 받은 환자들은 전반적으로 증상이 완화돼 스테로이드 같은 약물의 사용량이 줄어들었고 입원 기간도 짧았다. 그만큼 환자들이 덜 힘들었다는 말이다. 그 결과 치료비용도 줄어들었는데, 5번 보고서에 따르면 조합치료의 경우 한 사람당 7,024위안(약 120만 원)으로 서구의학치료만 했을 때인 1만 8,867위안(약 330만 원)보다 훨씬 적었다.

2009년 신종플루가 지나가고 6년 만에 메르스가 왔듯이 또 언제 어떤 전염병이 한반도를 덮칠지 알 수 없다. 그럴 때마다 새로 등장한 병원체에만 초점을 맞춘다면 우리는 늘 제자리걸음을 할 것이다. '미생물과 숙주의 상호관계'라는 좀 더 넓은 관점으로 사태를 바라봐야 한다는 카사데발 교수와 피로프스키 교수의 주장에 공감이 가는 이유다.

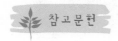 참고문헌

≪소설처럼 읽는 미생물 사냥꾼 이야기≫, 폴 드 크루이프, 이미리나 옮김, 몸과마음 (2005)

Casadevall, A. & Pirofski, L. *Nature* 516, 165-166 (2014)

SARS, Clinical trials on treatment using a combination of Traditional Chinese medicine and Western medicine, WHO (2004)

2-3

대머리의 과학,
남성호르몬 역설을 아시나요?

» 제공 <shutterstock>

머리카락이 얼굴의 윤곽을 결정한다.

― 니콜 로저스 & 마크 아브람

생로병사라고 나이가 들면서 질병(그리고 죽음)에 대해 생각하는 때가 점점 잦아지는 것 같다. 보통 병에 걸리면 몸이 아프다고 생각하기 쉽지만, 질병이 꼭 고통을 수반하는 건 아니다. 즉 고통을 유발하지는 않지만 신체기능에 지장을 주는 병도 많은데, 특히 감각기관의 질병이 그렇다. 예전에 급성축농증에 걸려 수일 동안 냄새를 못 맡은 적이 있었는데, 커피향을 음미하지 못한 것 말고는 별 불편함이 없었지만 내심 만일 회복되지 못하면 큰일이다 싶었다. 커피향을 다시는 맡을 수 없다는 상실감은 물론 상한 음식도 모르고 먹을 테니까.

그런데 신체기능에 문제가 생겼다고 해서 꼭 질병이라고 할 수 있을까. 예를 들어 신부나 승려가 발기부전이 된 경우 이중생활을 하지 않는 이상 병원을 찾을 필요가 없을 것이다(물론 다른 질병으로 인한 증상의 하나일 수 있다). 반면 성생활을 관계유지의 중요한 요소로 생각하는 배우자(또는 애인)를 둔 남성에게는 발기부전이 심각한 질병이 된다.

한편 통증도 기능장애도 동반하지 않지만 종종 질병으로 취급되는 증상이 있다. 바로 대머리(남성형 탈모)다. 물론 엄격히 말하자면 탈모는 기능장애일 수 있다. 즉 머리카락은 충격이나 햇빛, 추위로부터 머리를 보호하는 역할을 어느 정도 하기 때문이다. 하지만 도시생활을 하는 사람들은 이런 위험성이 미미하므로 머리카락이 좀 없다고 해서 별문제는 안 될 것이다. 즉 대머리는 심리 측면의 질병이 아닐까.

탈모는 마음의 병?

한 십 년 전부터 탈모와 탈색(흰머리)이 시작된 필자는 '언제 와도 오는 거 아닌가'라는 심정으로 '변화'를 담담히 받아들였다. 단골 미용실의 사장님은 머리를 깎으러 갈 때마다 "파마를 하면 머리숱이 풍성해 보인다", "왜 염색을 안 하느냐?"며 잔소리를 했지만 필자는 웃어넘겼다.

그런데 한 5년 전 탈모로 심리적 타격을 입은 사건이 일어났다.

"아니, 머리가…. 어쩌다가…."

몇 년 만에 만난 옛 직장동료가 필자를 보더니 자신도 모르게 이런 말을 하는 게 아닌가.

"나도 이제 사십 대야…."

아무렇지 않은 듯 대답을 하면서도 그 친구의 망연자실한 눈빛에 가슴이 철렁했다. 그동안 필자가 탈모에 대해 대범했던 건 어쩌면 그때까지 누구도 이처럼 심각하게 문제를 제기하지 않았기 때문이 아닐까. 미용실 사장님 얘기야 파마나 염색을 해야 매출을 더 올리는 측면이 있으므로.

갑자기 머리에 신경을 쓰게 된 필자는 머리를 감고 나서 거울을 보고 한 번 더 놀랐다. 물에 젖은 머리카락이 다 합쳐도 한 줌이 안 돼 보였다. '어떡하지….' 먼저 떠오른 생각은 도올 김용옥 선생처럼 머리를 빡빡 깎는 거였다. 그런데 주변 사람들이야 곧 적응하겠지만 취재할 때마다 상대방들이 좀 당황스러워할 것 같았다. 게다가 겨울에 모자를 쓰고 다니는 것도 좀 번거로울 것이다.

그래서 머리를 더 기르는 쪽으로 방향을 바꿨다. 그동안은 귀가 다 드러나게 머리를 깎았지만 이때부터 귀를 덮을 정도로 머리를 길렀다. 그랬더니 정말 머리숱이 좀 많아진 것처럼 보였다(필자의 착각일 수 있다). 게다가 수년 전 회사를 그만두고 프리랜서로 지내면서부터는 탈모가 더는 진행되지 않는 것 같다(역시 착각일지 모른다). 생활이 느슨해지면서 스트레스가 줄어서일까.

아무튼 대머리, 즉 남성형 탈모는 많은 남성의 주요 관심사다. '제대로 된 발모제만 만들면 돈방석에 앉는 건 물론 노벨상도 탈 것'이라는 농담 반 진담 반 얘기도 있다. 가끔 어떤 물질이 발모효과가 있더라는 연구결과가 발표되면 화제가 되기도 한다. 얼마 전 관절염치료제와 혈액질환치료제의 발모효과가 뛰어나다는 연구결과가 나와 주목을 받았다. 이번 연구를 계기로 탈모와 발모의 과학을 들여다보자.

수염과 머리카락에 반대로 작용

머리카락을 포함해 우리 몸에서 털이 나는 걸 보면 신비롭다. 아기가 태어나서 사춘기를 맞을 때까지 우리 몸의 털로는 머리카락과 눈썹, 속눈썹, 코털, 솜털이 있다. 그런데 사춘기를 맞이하면서 놀라운 변화가 일어난다. 생식기 주변과 겨드랑이에 상당한 규모의 털이 나고 팔, 다리에도 털이 꽤 난다. 어떤 사람은 가슴에도 털이 난다. 그리고 주로 남성에서 수염이 난다. 이런 털을 남성형 털androgenic hair이라고 부른다. 즉 발모에 남성호르몬이 관여한다는 말이다.

사춘기 소녀에서 나는 털도 남성호르몬 때문이라는 게 좀 의아할 수도 있겠지만, 이때 여성호르몬이 왕창 나와서 그렇지 남성호르몬도 꽤 나온다. 사춘기 때 남성호르몬이 잘 안 나오는 '너무 여성적인' 소녀의 경우 음모가 나지 않거나(무모증) 거의 없는 상태(빈모증)가 된다. 흥미롭게도 어느 부위의 털이냐에 따라 관여하는 남성호르몬도 다르다.

예를 들어 환관(내시)의 경우 수염이 나지 않는다. 그러나 음모나 겨드랑이털은 그대로다. 수염이 나려면 남성호르몬 가운데 테스토스테론(고환에서 대부분을 만듦)이 있어야 한다. 반면 겨드랑이털은 부신에서 분비되는 약한 남성호르몬인 DHEA가 주로 작용한다. 그런데 테스토스테론(정확히는 DHT)이 머리카락에는 정반대로 작용한다. 즉 발모가 아니라 탈모를 촉진한다. 이런 현상은 고대 그리스의 의학자 히포크라테스도 알고 있었다. 그는 환관 가운데 대머리가 없다는 관찰을 남겼다. 이처럼 남성호르몬이 신체 부위에 따라 털에 정반대 작용을 하는 현상을 '남성호르몬 역설androgen paradox'이라고 부른다.

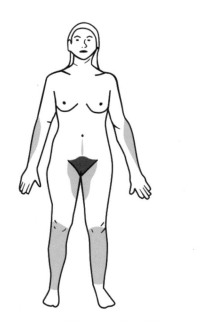
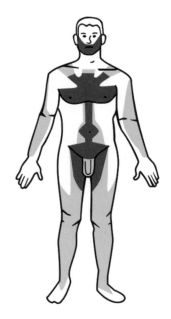

» 사춘기가 되면 남녀 모두에서 남성호르몬 분비가 늘어나면서 몸 이곳저곳에서 털이 난다. 털이 무성한 곳은 짙게 표시했다. 백인을 기준으로 한 그림으로 동아시아 남성들 대부분은 가슴에 거의 털이 나지 않는다. (제공 위키피디아)

　　그렇다면 왜 남성호르몬은 머리카락과 수염에 대해서 정반대로 작용할까. 수염을 만드는 모유두세포에서는 발모를 촉진하는 IGF-1의 생성을 자극하는 반면, 머리카락을 만드는 모유두세포에서는 탈모를 촉진하는 TGF-β1, TGF-β2, dikkopf1, IL-6의 생성을 자극한다. 이처럼 발모와 탈모에 관여하는 신호메커니즘은 꽤 복잡해서 아직까지도 완전히 이해하지 못하고 있다.

　　많은 사람이 획기적인 발모제의 등장을 기다리고 있지만 사실 발모제(또는 탈모억제제)가 이미 여럿 나와 있고 이 가운데 두 가지는 미 식품의약국FDA의 승인까지 받았다. 다만 작용이 발모제라기보다는 탈모억제제에 더 가깝기 때문에 이미 선을 넘어선 사람들로서는 별 소용이 없는 게 현실이다. 아무튼 이 가운데 FDA 승인을 받은 두 약물에 대해 알아보자.

복용군은 7% 증가, 대조군은 13% 감소

먼저 미녹시딜minoxidil은 혈관을 확장하는 작용이 있어 1970년대 고혈압 치료제로 시장에 나왔다. 그런데 많은 환자에서 다모증, 즉 털이 많이 나는 부작용이 나왔고 연구자들은 이로부터 발모제 가능성을 검토했다. 처음에는 먹는 약으로 임상을 했지만 부작용으로 저혈압(고혈압 치료제이므로)이 보고되자 바르는 약으로 제형劑形을 바꾸었다. 1984년 첫 임상이 시행됐고 남성형 탈모 환자의 60%(5명에서 3명)에서 발모효과가 나왔다.

두피마사지를 하면 혈액순환이 잘 돼 탈모가 예방된다는 얘기가 있지만, 미녹시딜의 효과를 혈관 확장만으로 설명하기는 어렵다. 추가 연구를 통해 미녹시딜이 혈관생성과 세포분열촉진, 항남성호르몬작용도 한다는 사실이 밝혀졌다. 그럼에도 미녹시딜의 효과는 개인차가 큰데, 그 이유 가운데 하나는 이 약물 자체가 작용을 하는 게 아니라는 데 있다. 즉 세포로 들어온 미녹시딜은 황산전달효소sulfotransferase에 의해 황산미녹시딜로 바뀌어야 작용을 하는데, 사람에 따라 두피의 효소 수치에 편차가 크다. 즉 황산전달효소 수치가 낮은 사람은 미녹시딜을 발라도 별 효과가 없을 가능성이 크다.

다음으로 피나스테라이드finasteride(상품명 프로페시아Propecia)는 탈모 메커니즘에 입각한 치료제다. 탈모에 직접 관여하는 남성호르몬은 테스토스테론이 아니라 DHT이다. DHT는 5-α환원효소2가 테스토스테론을 변화시켜 만든다. 이 효소는 두피 모낭과 전립선에 집중적으로 분포한다. 피나스테라이드는 5-α환원효소2의 억제제다. 즉 테스토스테

» 두피탈모를 촉진하는 남성호르몬인 DHT의 생합성을 억제하는 약물인 피나스테라이드는 지금까지 개발된 발모제(탈모 억제제) 가운데 가장 효과가 뛰어난 것으로 평가되고 있다. 1년 기간의 임상에 참여한 일란성 쌍둥이의 모습으로, 왼쪽은 위약을 먹은 대조군에 속한 남성이고 오른쪽은 진짜 약을 먹은 복용군에 속한 남성이다. (제공 <유럽피부학저널>)

론이 DHT로 바뀌지 못하게 해 탈모를 억제하는 것이다.

피나스테라이드는 1997년 FDA의 승인을 받았는데, 임상데이터를 보면 꽤 흥미롭다. 즉 약을 복용하고 1년 정도까지는 어느 정도 발모도 일어나고 그 뒤로는 상태를 유지한다. 반면 위약을 먹은 대조군은 안타깝게도 머리카락 밀도가 지속적으로 줄어든다. 한 임상 결과를 보면 192주(약 4년)가 지났을 때 복용군은 모발개수가 7.2% 늘어난 반면 대조군은 13%나 줄어들었다. 한편 약을 먹으면 모발이 어느 정도 굵어지기 때문에(반면 대조군을 갈수록 가늘어진다) 실제 효과는 복용군이 21.6% 더 풍성해 보이고 대조군은 24.5% 더 빈약해 보인다. 한 논문에 실린 일란성 쌍둥이 사진을 보면 대조군이었던 사람의 정수리가 훨씬 휑하다.

그럼에도 피나스테라이드에 대해서는 거부감이 꽤 있는데 바로 남성호르몬을 억제하는 약물이기 때문이다. 그 결과 성기능에 악영향을 줄까 걱정하는 사람이 많은데 그럴 가능성은 희박하다. 이 약을 먹으면 남성호르몬이 안 만들어지는 게 아니라 여러 남성호르몬 가운데 하나(테스토스테론)가 다른 유형(DHT)으로 바뀌는 효율만이 떨어지기 때문이다. 실제 임상 결과를 보면 복용군에서 2%만이 성기능장애를 호소했다(대조군은 1%). 그나마 이 결과도 노세보nocebo, 즉 부작용을 예상한 결과 그렇게 느끼는 심리적인 부작용이라고 주장하는 연구자도 있다. 다만 피나스테라이드 역시 초기에만 발모효과가 반짝 있을 뿐 그 뒤로는 탈모 억제제로 작용하므로 때를 놓친 사람들에게는 별 매력이 없다.

학술지 〈사이언스 어드밴시스〉 2015년 10월 23일자에 발표된 발모촉진물질은 위의 두 가지 약물에 비해 발모제로서 잠재력이 더 커 보인다. 즉 모낭의 줄기세포에 직접 작용하기 때문이다. 원래 이 연구는 원형탈모에서 출발했다. 원형탈모는 남성형 탈모(대머리)와는 발병메커니즘이 좀 다른데, 일종의 자가면역질환이라는 게 밝혀졌다. 즉 면역계가 착오를 일으켜 모근을 공격해 털이 빠지는 것이다.

2014년 미국 컬럼비아대 피부과 안젤라 크리스티아노Angela Christiano 교수팀은 역시 자가면역질환인 류머티스관절염의 치료제인 토파시티닙tofacitinib과 골수섬유증의 치료제인 룩솔리티닙ruxolitinib이 원형탈모에 효과가 있다는 연구결과를 학술지 〈네이처 의학〉에 발표했다. 당시 연구자들은 이들 약물이 면역계인 T세포와 인터류킨-15가 관여하는 JAK 신호전달체계를 방해해 자가면역작용이 일어나지 않도록 해서 원형탈모를 치료한다고 제안했다.

그런데 추가 연구를 통해 JAK신호전달체계가 면역계와는 별개로 모발에 영향을 미친다는 사실을 발견했다. 즉 JAK와 STAT경로가 활성화되면 모낭에 있는 줄기세포가 잠복기에 들어가는데, 이들 약물이

JAK-STAT경로를 억제해 줄기세포가 깨어나면서 발모가 촉진된다는 것이다. 쥐를 대상으로 한 동물실험에서 극적인 효과를 보인 만큼 실제 임상에 적용했을 때 어떤 결과가 나올지 주목된다.

200개 뽑으니 1,200개 나

필자처럼 털이 빠져서 고민인 사람도 있지만, 털이 많아(또는 있어서) 성가신 사람들도 있다. 요즘 젊은 여성 대다수는 겨드랑이털을 깎고 팔 다리에 털이 많을 경우 면도를 하거나 뽑기도 한다. 그러나 면도를 하 면 털이 굵어지고 뽑으면 나중에 더 무성하게 난다는 속설이 있다. 필 자는 이런 얘기를 들으면 늘 일종의 착시라고(없어졌다가 다시 생기는 것 이므로) 설명하면서 기껏해야 원래 수준으로 돌아오는 것이라고 '과학적

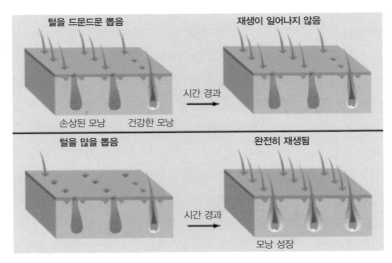

» 털을 드문드문 뽑을 경우 털이 다시 나지 않지만, 많이 뽑으면 오히려 털이 더 많이 난다는 동물실험결과가 나왔다. 손상된 모낭의 빈도가 어느 선을 넘어야 몸이 손상을 입었다고 판단해 복구시스템을 가동하기 때문이다. (제공 <셀>)

으로' 설명하곤 했다.

생명과학 분야의 학술지 〈셀〉 2015년 4월 9일자에는 이들 속설 가운데 적어도 하나는 진실일지도 모른다는 놀라운 연구결과가 실렸다. 즉 멀쩡한 털을 뽑을 경우 더 무성하게 털이 난다는 게 동물실험으로 입증된 것이다.

미국 서던캘리포니아대 쳉밍 추옹 교수팀은 생쥐의 털을 뽑았을 때 재생되는 과정을 연구했다. 먼저 털을 드문드문, 즉 지름이 5밀리미터인 영역에서 50개 미만을 뽑았다. 그 결과 생쥐의 피부에서는 아무 일도 일어나지 않았다. 즉 털이 뽑힌 모낭은 손상된 상태 그대로였다. 털이 뽑힌 빈도가 낮아 전체적으로는 피부에 이렇다 할 영향을 미치지 않았기 때문이다.

다음으로 털을 뽑는 빈도를 높였다. 즉 지름이 5밀리미터인 영역에서 200개나 뽑은 것. 그러자 놀라운 일이 일어났다. 털이 뽑힌 자리(모낭)에서 다시 털이 자라기 시작했을 뿐 아니라 주변의 쉬고 있는(털이 빠진 상태) 모낭에서도 새로 털이 자란 것이다. 그 결과 털 200개를 뽑은 곳에서 최대 1,200개가 새로 나왔다. 사진을 보면 털을 뽑았던 자리(빨간 점선 안)가 주변보다 털이 더 무성함을 알 수 있을 것이다. 그런데 도대

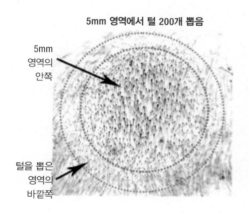

5mm 영역에서 털 200개 뽑음

5mm
영역의
안쪽

털을 뽑은
영역의
바깥쪽

» 동물실험 결과 어느 빈도 이상으로 털을 뽑을 경우 그 영역에 복구 신호가 작동하면서 그 이전에 털이 빠진 모낭에서도 털이 생기면서 주변보다 오히려 털이 더 빽빽해진다. (제공 <셀>)

체 왜 이런 일이 일어날까.

털이 뽑혔을 때 모낭은 손상을 알리는 신호물질 CCL2를 내놓는다. 뽑힌 털이 많지 않을 경우 이 신호가 미약해 생리반응을 일으키지 못한다. 그런데 털이 뽑힌 모낭의 빈도가 어느 선을 넘게 되면 이 신호가 합쳐져 우리 몸은 피부가 손상을 입었다고 판단해 이를 복구하는 메커니즘을 작동시킨다.

즉 M1대식세포라는 면역세포가 발모가 일어난 피부로 몰려오면서 모낭의 줄기세포를 자극하는 물질을 내놓고 그 결과 줄기세포가 왕성하게 분열하면서 새로운 털이 자라기 시작한다. 이때 자연과정(모낭에서는 털이 성장기, 퇴행기, 휴지기를 거치며 자라고 빠지는 순환을 한다)으로 모발이 빠져 쉬고 있던 모낭도 덩달아 자극을 받아 한꺼번에 발모가 일어난다.

이 연구결과는 털을 뽑아 제모하는 여성들로서는 반갑지 않은 소식이다. 반면 탈모로 걱정이 많은 남성에게는 탈모를 역전시킬 '과격하지만 효과적인' 방법이 될지도 모르겠다. 물론 '의사의 동의' 없이는 절대로 실행해서는 안 된다!

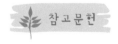 참고문헌

Inui, S. & Itami, S. *Experimental Dermatology* 22, 168-171 (2012)

Rogers, N. E. & Avram, M. R. *Journal of American Academy of Dermatology* 59, 547-566 (2008)

Harel, S. et al. *Science Advances* 1, e1500973 (2015)

Maire, T. & Youk, H. *Cell* 161, 195-196 (2015)

Chen, C. et al. *Cell* 161, 277-290 (2015)

2-4

수혈도 과유불급過猶不及
예외 아니다

» (제공 강석기)

　피 보는 걸 두려워하는 필자는 건강검진을 하면서 채혈을 할 때도 차마 주사기를 보지 못한다. 그러다 보니 이보다 수십 배 많은 양의 피를 뽑아야 하는 헌혈은 도저히 할 엄두가 나지 않는다. 결국 비겁한 행동을 한 것 같은 마음이 들면서도 헌혈을 할 상황에 맞닥트리면 용케

피하곤 했다. 그나마 아직 수혈을 받아본 적이 없는 게 다행이라고 위로하면서.

예전에 한 잡지에서 우리나라의 경우 늘 피가 부족하다 보니 의료현장에서는 혈액 재고를 확보하느라 매일매일 전쟁을 치른다는 기사를 본 적이 있다. 사실 우리나라는 군대가 있기에 그나마 버티는 거지 아니면 매혈賣血을 허용하는 걸 심각하게 고려해야 했을지도 모른다. 하지만 앞으로 고령화가 점점 더 진행돼 수혈의 수요는 늘어나는데 젊은이 숫자는 갈수록 줄어들다 보면 군인의 헌혈로도 피가 부족한 상황이 올지도 모른다. 줄기세포를 분화시켜 만든 혈액이든 인공혈액이든 대체할 수 있는 게 빨리 상용화돼야 하는 거 아닌가 하는 초조한 마음이 생긴다.

시스템 바꾸자 수요 24% 줄어

학술지 〈네이처〉 2015년 4월 2일자에는 수혈과 관련된 놀라운 기사가 실렸다. 많은 병원에서 수혈이 남발되고 있으며 그 결과 환자의 건강에도 안 좋은 영향을 미친다는 것이다. 그리고 이런 문제를 인식한 일부 병원이 수혈 가이드라인을 만들어 실시한 결과 수혈 횟수를 크게 줄였을 뿐 아니라 환자는 입원 기간이 줄고 사망률까지 떨어졌다는 내용이다. 피가 부족해 수혈이 제때 이뤄지지 않아서 문제가 되면 됐지 지나쳐서 부작용이 생길 수 있다는 생각은 꿈에도 해보지 않은 필자로서는 믿을 수 없는 이야기였다.

기사는 미국 스탠퍼드병원의 사례로 시작한다. 2009년 이 병원은 한 해 동안 수혈용 혈액을 사느라 680만 달러(약 80억 원)를 지출했다. 2010년 병원은 의사가 수혈 여부를 결정할 때 컴퓨터 프로그램을 통해 주문하는 시스템을 도입했다. 예전에는 수혈을 해야겠다고 판단하면 바로 주문을 했지만 이 시스템을 통해 여러 항목을 체크하며 다시 생각하는 과정을 거치자 수혈을 결정하는 비율이 떨어졌다. 그 결과 2013년에는 수혈 건수가 24% 떨어지면서 160만 달러(약 19억 원)를 절감하는 효과를 봤다. 더 놀라운 건 수혈 건수의 감소와 맞물려 환자 사망률과 평균 입원 기간까지 줄어들었다는 사실이다.

미국의 여러 병원에서 수혈을 자제하는 움직임이 늘어나면서 미국은 2010년 이래 매년 3% 정도씩 수혈 수요가 줄어들고 있다고 한다. 우리나라의 경우는 잘 모르겠지만, 스탠퍼드병원의 시스템을 도입하면 십중팔구 수혈 건수가 줄어들 거라는 예감이 든다. 그렇게 되면 피 부족으로 늘 안절부절못하는 상황도 어느 정도 개선되지 않을까. 그런데 수혈 기준이 어떻게 바뀌었기에 수혈 건수가 이렇게 줄 수 있었고 왜 수혈을 자제한 게 결과적으로 환자들의 회복에 도움이 되는 결과로 이어진 것일까.

수혈은 다양한 상황에서 이뤄진다. 외상을 입어 피를 너무 많이 흘린 경우 빠른 수혈은 곧 목숨을 구하는 일이다. 반면 빈혈 등 급박한 상황

수혈 가이드라인의 효과

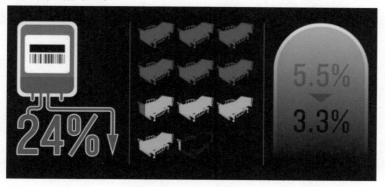

» 수혈 가운데 상당 부분이 꼭 필요한 건 아니라는 연구결과들이 최근 수년 사이 여럿 나왔다. 미국의 한 병원은 의사가 수혈 여부를 결정할 때 한 번 더 생각하게 하는 프로그램을 운영한 결과 4년 만에 수혈 건수가 24% 줄었다. 아울러 수혈을 받은 환자들의 평균 입원일수가 10.1일에서 6.2일로 줄었고 수혈을 받은 환자의 사망률도 5.5%에서 3.3%로 떨어졌다. (제공 <네이처>)

은 아닌 환자들의 경우는 채혈을 해 혈액 내 헤모글로빈 농도를 보고
수혈 여부를 결정한다. 건강한 남자는 리터당 130그램 내외이고 건강
한 여성은 120그램 정도. 보통 헤모글로빈 수치가 100 이하로 떨어지
면 수혈을 결정하는 게 관행이라고 한다.

수혈에는 잠재적 위험성 늘 있어

1980년대와 1990년대 C형 간염과 에이즈가 만연하고 이들 질병을
일으키는 바이러스가 혈액을 통해 옮겨진다는 사실을 밝혀지면서 이때
까지 별 주의 없이 관행적으로 이루어지고 있던 수혈이 주목을 받기 시
작했다. 무조건 좋은 거로만 알았던 수혈이 자칫 치명적인 결과를 낳을
수도 있기 때문이다. 그 결과 혈액의 감염 여부를 밝히는 다양한 진단
방법이 개발됐지만, 그 결과 피의 가격이 급등했다. 영국의 경우 수혈
한 단위의 가격이 121파운드(약 20만 원)나 한다. 결국 비용이나 혹시나
생길지도 모를 부작용을 고려하다보니 수혈을 자제해야 하는 것 아니
냐는 움직임이 일기 시작했다.

1994년 캐나다의 연구자들은 관행적으로 따르던 수혈 여부를 판단
하는 기준(1942년 발표된 한 논문에서 헤모글로빈 100그램 미만을 가이드라
인으로 제시했다)이 과연 타당한가를 재조사했고 그 결과 70그램으로 내
려도 전혀 문제가 없을 거라는 결론을 얻었다. 연구자들은 환자를 두
그룹으로 나눠 한쪽은 기존 기준을 적용하고 다른 한쪽은 새로운 기준
을 적용했다. 그 결과 기존 기준을 따른 환자들은 평균 5.6단위(한 단위
는 약 500mL)의 수혈을 한 반면 새 기준을 적용한 환자는 평균 2.6단위
의 수혈을 했다. 그럼에도 사망률은 차이가 없었다.

이 연구결과는 1999년 〈뉴잉글랜드의학저널〉에 발표돼 큰 반향을
불러일으켰다. 그 뒤 여러 나라에서 비슷한 실험이 행해졌고 비슷한 결

과를 얻었거나 심지어 수혈 기준을 엄격히 적용한 그룹이 환자 건강에도 더 도움을 줬다는 결과도 나왔다.

스탠퍼드대 의학센터의 로렌스 팀 구드너프Lawrence Tim Goodnough 교수는 2014년 〈영국의학저널〉에 발표한 논문에서 수혈을 제한하는 게 환자에게 오히려 더 도움이 된 이유를 설명했다. 즉 헤모글로빈이 부족해 산소를 제대로 공급하지 못하면 인체에 악영향을 주므로 수혈이 불가피한 것이지만 수혈에는 잠재적인 위험성이 늘 따른다. 따라서 아무리 조심해도 수혈에 따른 예기치 못한 위험한 상황이 발생할 수 있으므로 굳이 안 받아도 되는 환자까지 수혈을 받게 되는 기존 시스템에서는 수혈 부작용의 역효과가 꽤 있다는 말이다.

수혈 부작용으로는 먼저 감염을 들 수 있다. 물론 다양한 검사법이 있어 바이러스나 균에 감염된 혈액은 부적격 판정을 받지만 검사로는 확인하지 못하는 미지의 바이러스 등이 감염될 여지는 여전히 있다. 또 수혈로 면역반응이 유발될 수도 있다. ABO형과 Rh형을 맞추지만 이밖에도 혈액형 유형은 30여 가지나 되므로(물론 대부분 면역 반응이 강하지는 않은 것으로 알려져 있다) 민감한 사람은 문제가 될 수 있다.[28] 또 행정적인 착오나 의료인의 실수로 잘못된 혈액을 수혈할 수도 있다.

이런 움직임에도 불구하고 여전히 많은 의사들은 수혈의 관행을 고치지 못하고 있다고 한다. 한 번 든 습관을 고치기가 어려울 뿐 아니라 이런 최신 연구결과에 대한 피드백을 제대로 받고 있지 못하기 때문이다. 논문을 보면 다섯 가지 수혈 가이드라인이 제시돼 있는데, 혹시 관심이 있는 사람들이 있을지 몰라 아래에 적는다.

---

28 다양한 혈액형에 대해서는 ≪사이언스 소믈리에≫(과학카페 2권) 83~87쪽 '진짜 혈액형 이야기' 참조.

- 아주 필요할 때가 아니면 한 단위 넘게 수혈하지 말 것. 특별한 상황이 아니면 기준(헤모글로빈 70~80그램/리터)을 지킬 것.
- 철분 결핍인 사람에게 수혈하지 말 것(철분 영양제 섭취).
- 와파린(항응고제) 복용 뒤 회복을 위해 습관적인 수혈을 하지 말 것(비타민K 섭취로 충분).
- 상태가 안정적인 환자에게 연속해서 혈액수치검사를 하지 말 것.
- Rh-O형인 피는 같은 혈액형인 환자나 태아의 혈액형을 모르는 응급 임신부를 제외하고는 수혈에 쓰지 말 것(피가 모자랄 수 있으므로).

 참고문헌

Anthes, E. *Nature* 520, 24-26 (2015)
Goodnough, L. T. & Murphy, M. F. *BMJ* 349, g6897 (2014)

PART 3

식품

3-1
식품첨가물 유화제 알고 보니….

며칠 전 모 방송사 다큐멘터리 작가에게서 전화를 받았다. 모유에 대한 프로그램을 만들고 있는데 몇 달 전 필자가 번역한 ≪가슴이야기≫란 책을 보고 몇 가지 묻기 위해 연락을 한 것이다.[29] 모유에 팝스POPs (잔류성유기화합물)가 포함되기 쉬운 이유를 설명하는 과정에서 '젖을 현미경으로 보면 작은 기름방울이 물에 분산된 상태'라고 무심코 말했는데 의아해하는 눈치다.

"구글에서 'milk & microscope'를 쳐보시면 이미지가 나올 겁니다."

통화를 마치고 나서 '혹시 안 나올 수도 있나….'라는 생각이 들어 검색해봤다. 다행히 이미지가 많았다. 고등학교 때 화학을 열심히 공부하지 않은 사람들은 뿌연 물 같이 보이는 젖을 확대해 보면 이런 물방울 (실제로는 기름방울)이 떠 있는 상태라는 게 놀랍게 보일지도 모르겠다. 이처럼 수용액에 미세한 기름방울이 떠 있거나 기름에 물방울이 분산된 상태를 '유화emulsion'라고 부르는데, 젖을 뜻하는 라틴어에서 왔다.

---

29 ≪가슴이야기≫ 플로렌스 윌리엄스, 강석기 옮김. MID (2014).

우유와 로션은 같은 상태

알다시피 물과 기름은 서로 섞이지 않는다. 따라서 지방이 4% 내외인 모유를 그릇에 짜면 위에 기름층이 떠 있어야 한다. 정말 그렇다면 엄마 젖가슴 안에 물(당과 단백질이 포함된)과 유지방이 따로 저장돼 있다가 아기가 젖을 빨 때 절묘하게 비율에 맞춰 나온다는 말이다. 물론 소젖(우유)을 보면 그렇지 않다는 걸 쉽게 알 수 있다.

액체나 고체를 이루는 분자 사이에 친화력이 클 경우 표면에 놓이는 분자들은 반쪽이 다른 물질 또는 공기에 노출되므로 열역학적으로 불안정한 상태가 된다. 따라서 이런 물질은 표면적이 가장 작은 상태로 존재하려는 경향이 강하다. 즉 표면장력이 크다.

물과 기름이 섞이지 않는 것도 표면장력으로 설명할 수 있다. 표면장력이 큰 물과 표면장력이 작은 기름을 섞으면 결국은 두 층으로 분리되는데(보통 기름이 비중이 낮기 때문에 위에 뜬다), 두 물질이 층을 이루는 게 물의 입장에서 표면적을 최소화하는 배치이기 때문이다. 젖에는 이런 구조적인 딜레마를 해결한 절묘한 '구조'를 한 분자가 들어있다. 한쪽은 물과 친하고 다른 쪽은 기름과 친한 구조를 한 인지질이나 단백질 분자다. 결국 젖(우유)은, 표면이 이런 분자들로 덮인 작은 기름방울이 분산된 액체다.

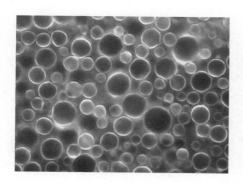

» 우유의 현미경 사진(4,200배). 우유는 수용액에 기름방울(지방과 립)이 분산된 유화 상태로 지방과 립의 크기는 대체로 3~5마이크로 미터다. 우유가 이런 상태로 안정하게 존재할 수 있는 건 천연유화제인 인지질과 단백질 덕분이다. (제공 The Weston A. Price Foundation)

젖의 기름방울 속에는 유지방뿐 아니라 기름에 잘 녹는 비타민A, E, K 등 각종 영양성분이 녹아있고 유감스럽지만, 팝스처럼 해로운 분자 대다수도 여기에 들어있다. DDT, PCB, 트리클로로에틸렌, 디벤조퓨란 등 많은 분자가 지용성이기 때문이다.

물과 기름의 혼합물이 유화 상태가 되게 만들어주는 분자를 '유화제 emulsifier'라고 부른다. 사실 젖이 투명하지 않고 희게 보이는 게 바로 미세한 기름방울이 분산돼 있다는 증거다. 유지방 방울은 지름이 수 마이크로미터 내외로 가시광선의 파장인 0.4~0.7마이크로미터 보다 크기 때문에 빛이 산란해 불투명해져 하얗게 보이는 것이다.

매일 아침 얼굴에 바르는 로션이나 크림도 유화 상태다. 현미경으로 보면 젖과 비슷한 모습이라는 말이다. 단지 기름의 비율이 더 높아 기름방울이 더 크고 이를 안정화하기 위한 원료들이 이것저것 들어가다 보니 더 걸쭉할 뿐이다.

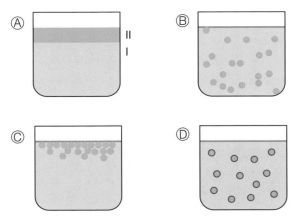

» 물과 기름은 섞이지 않는다(A). 그런데 막대로 세게 저어주면 기름이 작은 방울로 분산되면서 물과 섞여 뿌연 액체가 된다(B). 유화제가 없을 경우는 기름방울이 뭉치면서 바로 원래 상태로 돌아가지만(C), 유화제가 기름방울 표면을 덮고 있을 경우 이 상태가 오래 유지될 수 있다. 많은 가공식품에 유화제가 들어있는 이유다. (제공 위키피디아)

사실 우유뿐 아니라 많은 식품이 유화 상태로 존재한다. 우유는 원래부터 그런 상태이지만 가공식품은 대부분 사람들이 여러 음식재료를 섞어 제품으로 만드는 과정에서 유화제를 첨가한다. 가공식품 대부분이 설탕물에 기름을 섞은 상태라고 볼 수 있으므로 유화제 없이는 1년 정도의 유통기한을 버틸 수 없다. 성분표시란을 보면 '유화제'가 없는 제품을 찾기가 쉽지 않은 이유다.

물론 유화제는 합법적인 식품첨가물로 달걀에서 추출한 레시틴 같은 천연분자도 있고 사람들이 합성한 분자도 있다. 유화제 대부분은 그라스GRAS, 즉 '일반적으로 안전하다고 간주되는generally regarded as safe' 물질로 분류돼 있다. 사실상 사용량에 제한이 없다는 말이다.

선천적으로 장이 약할수록 영향 많이 받아

학술지 〈네이처〉 2015년 3월 5일자에는 식품첨가물로 쓰이는 유화제가 장염이나 대사증후군을 일으킬 수 있다는 동물실험 결과가 실렸다. 미국 조지아주립대 생의과학연구소 앤드류 지워츠Andrew Gewirtz 교수팀은 식품의 유화제로 널리 쓰이는 CMCcarboxymethylcellulose나 P80polysorbate-80이 1% 농도로 들어있는 물을 마신 생쥐와 그냥 맹물

$$w+x+y+z=20$$

» 식품과 화장품에 널리 쓰이는 유화제 P80의 분자구조. 왼쪽은 극성을 띠어 물과 친하고 오른쪽은 비극성으로 기름과 친하다. (제공 위키피디아)

을 마신 생쥐 사이의 차이를 조사했다. 1% 농도는 가공식품에 들어있
는 유화제 수준이다.

12주 동안 비교 실험을 한 결과 유화제를 탄 물을 먹은 생쥐들은 맹
물을 먹은 생쥐에 비해 대장을 덮고 있는 점막층이 얇아졌고 장내미
생물의 분포도 달라졌다. 그 결과 약간의 염증 증상이 생겼고 몸무게
가 10% 정도 더 나갔다. 그리고 포도당불내성 같은 초기 당뇨 증상
이 나타났다.

다음으로 선천면역계와 관련이 있는 유전자가 고장 난 생쥐를 대상
으로 같은 실험을 했다. 즉 사이토카인인 인터류킨10(IL10)을 만들지
못하는 *Il10*^{−/−} 생쥐와 톨유사수용체5 유전자가 고장이 난 *Tlr5*^{−/−} 생
쥐로, 이들은 염증성 장 질환에 취약한 것으로 알려져 있다. 관찰 결과
원래 장이 약한 변이 쥐들은 유화제에 더 민감하게 반응해 80% 이상
에서 장염 증상이 나타났다(대조군은 40%대). 체중이 증가하고 포도당
대사에 이상이 나타나는 것도 마찬가지였다.

필자는 유화제가 직접 점막에 영향을 미쳐 이런 결과가 나왔을 거로
생각했는데, 장내미생물이 없는 무균생쥐를 대상으로 한 실험을 보니

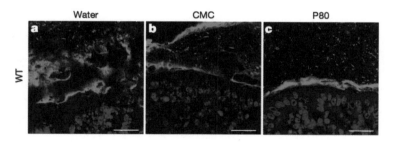

» 맹물(왼쪽)과 유화제인 CMC(가운데), P80(오른쪽)이 1% 들어있는 물을 먹은 생쥐의 장벽 단
면의 공초점현미경 사진. 파란색이 상피세포, 녹색이 점막, 빨간색이 장내미생물이다. 맹물을 먹
은 생쥐의 경우 장내미생물이 상피세포에 접근하지 못하지만 유화제를 탄 물을 먹은 생쥐의 경
우는 점막이 얇아져 꽤 가까이 침투했음을 알 수 있다. (제공 <네이처>)

그런 건 아닌 것 같다. 즉 이 녀석들은 맹물을 먹으나 유화제를 탄 물을 먹으나 별 차이가 없었다. 대신 앞에 실험한 쥐들의 분변을 이식하자 차이가 나타났다. 즉 맹물을 먹은 쥐의 분변을 이식받은 쥐와 유화제를 탄 물을 먹은 쥐의 분변을 받은 쥐의 점막이나 체중 패턴이 이식한 쥐들과 비슷하게 나왔다. 유화제는 장내미생물을 통해서 인체에 영향을 미친다는 말이다.

유화제가 인체의 건강에 좋은 방향으로 장내미생물에 영향을 준다면 좋았을 텐데 생태에 관련된 일들이 대부분 그렇듯이 인위적인 변화의 결과는 십중팔구 더 나쁜 쪽으로 향하기 마련인가 보다. 연구자들은 동물실험이라는 한계를 인정하면서도 이를 바탕으로 흥미로운 가설을 제안했다.

20세기 후반기 들어 비만과 염증성 장 질환을 호소하는 사람들의 비율이 가파르게 상승했는데, 가공식품이 식단에서 차지하는 비율이 급격히 늘어난 것과 맥을 같이 하고 있다. 즉 가공식품 속의 유화제가 장내미생물의 조성을 바꾸면서 대부분의 사람에게서 체중증가를 일으키고(이번 동물실험에 따르면 유화제가 식욕을 촉발하는 장내미생물의 비율을 높여 숙주인 생쥐가 더 많이 먹게 한다) 선천적으로 장이 약한 사람들에게 염증성 장 질환을 유발했다는 것이다.

그리고 유화제가 가공식품에 사실상 제한 없이 쓰일 수 있게 안전한 식품첨가물로 허가가 난 건 수십 년 전 시험법에 문제가 있었기 때문이라고 주장했다. 즉 당시는 급성독성과 발암성 여부에만 신경을 썼기 때문에 염증이나 비만 같은 애매한 증상은 고려의 대상이 아니었다는 말이다. 이는 또 다른 식품첨가물인 인공감미료의 경우도 마찬가지다.

앞으로 사람에 대한 임상연구가 진행돼봐야겠지만 비만이나 특히 염증성 장 질환으로 고생하고 있는 사람들은 평소 식단에서 가공식품이 차지하는 비율이 얼마나 되는지 알아볼 필요가 있다. 사실 이번 연구가 아니더라도 1년 동안 겉모습이 변함없게 하려고 이것저것 집어넣은 가공식품이 부엌에서 신선한 제철 음식재료로 만든 음식과 건강 면에서는 비교가 안 될 거라는 건 생활상식 아닐까.

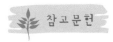
참고문헌

Chassaing, B. et al. *Nature* 519, 92-96 (2015)

3-2
이제 과학도 요리가 대세?

우리의 문명을 돌아볼 때 금성 대기의 온도를 측정할 수 있는 인류가 수플레(달걀흰자로 거품을 내 몇몇 재료를 섞어 오븐에 구워낸 요리)가 만들어질 때 안에서 무슨 일이 일어나는지 모른다는 건 유감스러운 일이다.

— 니콜라스 쿠르티, 영국 옥스퍼드대 물리학과 교수

얼마 전 끝난 〈삼시세끼 어촌편〉이라는 프로그램이 화제가 됐다. 출연자인 차승원 씨의 요리 솜씨가 보통이 아니었기 때문이다. 사내들 두세 명이 하루 세끼를 해결하느라 쩔쩔매는 모습을 보여준다는 프로그램의 취지가 무색할 정도였다.

예전에는 맛집 탐방이나 '오늘의 요리' 정도가 전부였는데 요즘은 다양한 컨셉의 요리 관련 프로그램이 부쩍 늘었다. 그러다 보니 스타 요리사들이 예능프로그램에 출연하는 일도 잦아지고 있다. 사업가이면서 요리연구가인 백종원 씨의 인기는 진부한 표현이지만 정말 '하늘을 찌를 듯'하다. 바야흐로 요리의 전성시대다.

그런데 이런 추세가 딱딱한 자연과학의 영역에서도 시작된 것일까. 생명과학 분야의 권위지인 〈셀〉 2015년 3월 26일자는 '식품의 생물학'

을 특집으로 다뤘다. 그런데 이게 보통 특집이 아닌 게 3월 26일자 전체를 할애했다. 170여 쪽에 걸쳐 20편 가까운 글이 실렸고 다들 흥미로운 주제를 다루고 있다. 한마디로 지난 10년 동안 식품과 직간접적으로 관련된 과학발견이 엄청나게 쏟아져 나왔음을 보여주고 있다. 이 방대한 내용을 다 소개할 수는 없고 여기서는 분자 요리의 생물리학을 다룬 글과 다중감각적 맛(풍미) 지각에 대한 리뷰를 소개한다.

1도만 차이 나도 달걀 상태 달라

앞에 인용한 옥스퍼드대 니콜라스 쿠르티Nicolas Kruti 교수의 말처럼 아직까지도 요리가 진행될 때 물리화학적으로 어떤 일들이 일어나는지에 대한 엄밀한 연구가 그렇게 많지는 않다고 한다. 미국 하버드대 공학응용과학부 마이클 브레너Michael Brenner와 피아 쇠렌센Pia Sörensen은 기고문에서 그 한 예로 달걀 요리를 들고 있다. 우리는 보통 끓는 물에 달걀을 삶기 때문에 시간에 따라 삶아진 정도가 다를 뿐이다. 그런데 60~70도인 물에 달걀을 둘 경우 불과 1도 차이에도 달걀의 상태가 꽤 다르게 나온다. 즉 이 온도 범위가 달걀에서 생물리적 전이가 일어나

» 조리 과정에서 물의 온도에 따라 달걀의 상태가 민감하게 영향을 받는다. 단백질의 변성과 엉킴에 미치는 영향이 다르기 때문이다. (제공 'Modernist Cuisine')

» 젤화제 같은 기능성 식재료나 진공회전농축기 같은 실험기기를 이용하면 기존 요리법으로는 불가능한 식감이나 풍미를 지닌 요리를 만들 수 있다. (제공 Ferran Adria(위) & Blua Producers(아래))

는 구간이라는 말이다.

달걀을 삶으면 액체 상태인 투명한 흰자가 희고 불투명한 고체(젤)로 바뀐다. 이 과정을 분자 차원에서 들여다보면 온도가 올라감에 따라 단백질이 변성되면서 풀린 뒤 다시 네트워크를 이뤄 엉키기 때문이다. 그런데 펄펄 끓는 물의 경우 모든 단백질이 이런 과정을 거치지만 60~70도 범위에서는 단백질 종류에 따라 변성 여부가 다르다. 즉 60도에서는 일부 단백질에서만 변성이 일어나 네트워크가 미약해 흰자도 반투명하고 흐물흐물하지만 70도에서는 대부분에서 변성이 일어나 백탁에 단단한 형태가 된다는 것. 그러나 이런 개괄적인 설명만 할 수 있을 뿐 온도에 따라 구체적으로 어떤 단백질들이 변성되고 다시 뭉쳐지는가는 아직 모르는 상태다.

글에서는 지난 10여 년 동안 활발하게 연구돼 온 분자 요리molecular gastronomy의 예들도 여럿 소개하고 있다. 천연 음식재료에서 다양한 젤화제를 찾아 액체 음식재료를 젤로 만든 막 안에 가두는 요리들이 탄생했고 화학실험실에서 진공을 걸어 용매를 날려 시료를 농축하는 기구인 진공회전농축기rotovap를 써서 기존의 요리과정에서는 잃어버릴 수밖에 없는 향기 분자를 유지한 음식재료를 이용한 요리를 개발할 수 있게 됐다. 또 새로운 조합의 발효를 시도하기도 한다. 즉 석류 씨앗을 유산균으로 발효시키기도 하고 통보리에 사케(일본전통주)를 만드는 누룩곰팡이를 접종시키기도 한다. 분자 요리는 아직 시작단계이고 분자 요리를 제공하는 식당도 몇 곳 없지만 이런 시도를 하는 요리사들은 과학자라고 저자들은 주장하고 있다.

와인 전문가도 틀릴 수밖에 없는 이유

몇 달 전 질소충전과자봉지로 만든 배를 타고 한강을 건너는 모습을 담은 동영상이 화제가 됐다. 질소를 채워 빵빵한 과자봉지를 열어봤더니 정작 과자는 한 줌밖에 안 되더라는 것이다. 물론 도가 지나친 측면이 있지만 감자칩 같은 과자의 경우 외국 제품처럼 단단한 원통 포장용기를 쓰지 않는 이상 봉지에 질소를 가득 채우는 건 불가피한 일이다. 그래야 유통과정에서 내용물이 부서지지 않기 때문이다.

'좀 부서지면 어떤가. 씹는 수고도 덜고.' 이렇게 생각할 수도 있지만 감자칩 같은 과자의 경우 입에 넣고 씹었을 때 나는 소리와 감촉이 맛을 평가하는 데 결정적인 역할을 한다. 즉 감자칩을 입안에 넣고 씹을 때 적당히 저항하다 바스러지면서 나는 경쾌한 소리가 없다면 감자칩을 먹는 맛이 반감되기 때문이다. 이처럼 우리가 음식을 먹을 때 맛이라고 느끼는 현상은 단순히 미각만 관여하는 게 아니라 오감이 전부 동원되면서 지각된 결과다.

옥스퍼드대 실험심리학과 찰스 스펜스Charles Spence 교수는 '다중감각적 풍미 지각multisensery flavor perception'이라는 글에서 맛의 이런 측면에 대한 최근 연구결과들을 소개하고 있다. 그런데 필자가 앞 문장에서 쓴 풍미와 맛 모두 영어 'flavor'의 번역어로 넓은 뜻에서의 맛이다. 좁은 뜻, 즉 미각을 통한 맛은 'taste'다. 예를 들어 '매운맛은 맛이 아니다'라고 할 때 맛이 좁은 의미의 맛이다. 사실 일상에서 맛이라고 하면 좁은 의미의 맛보다는 넓은 의미의 맛을 뜻하는 경우가 더 많다. 그러나 용어의 혼란을 피하고자 여기서는 넓은 뜻의 맛은 풍미라고 쓰겠다.

음식의 풍미에 가장 크게 기여하는 게 미각이 아니라 후각이라는 사실이 알려진 지는 꽤 됐다. 즉 후각 정보가 80~90%를 차지하기 때문에 냄새를 맡지 못할 경우 음식의 정체성을 알 수가 없을 정도다. 흥미롭게도 후각 정보와 미각 정보는 독립적으로 작용하는 게 아니라 서로에게 영향을 미친다는 사실이 밝혀졌다.

예를 들어 아몬드나 체리가 연상되는 향이 나는 벤즈알데하이드를, 감지할 수 있는 한계보다 약간 낮은 농도로 탄 용액을 제시하면 피험자들은 예상대로 아무 냄새도 나지 않는다고 답한다. 이때 단맛을 느끼는 한계보다 약간 낮은 농도로 사카린을 탄 물을 입에 머금게 한 뒤(피험자는 맹물이라고 느낀다) 냄새를 맡게 할 경우 달콤한 향이 난다고 답

» 똑같은 딸기 셔벗 디저트도 어떤 접시에 담기냐에 따라 풍미에 차이가 느껴진다. 둥글고 흰 접시일 경우 더 달고 풍미도 풍부하다고 평가한다. (제공 'Food Qual. Prefer.')

하는 사람이 나타난다. 반면 진짜 맹물이나 감칠맛을 느끼지 못할 정도의 MSG를 탄 물을 머금은 경우는 이런 현상이 나타나지 않는다. 즉 후각 정보와 미각 정보가 서로 궁합이 맞을 때(이 경우 달콤함) 민감도가 커진다.

논문은 미각과 후각 외에 시각과 촉각, 청각 등 다른 감각들도 음식의 풍미를 결정하는데 변수가 된다는 연구결과도 소개하고 있다. 촉각과 청각까지는 몰라도 시각은 풍미에 영향을 줄 수 없을 것 같다. 음식물을 씹고 있는 입안을 '볼 수는 없기 때문이다. 그러나 입에 넣기 전에 본 음식의 모습이 풍미에 영향을 미친다는 사실이 밝혀졌다. 예를 들어 체리향이 나는 무색투명한 음료를 만든 뒤 녹색 색소를 타면 많은 사람들이 라임향이 난다고 답한다. 반면 주황색 색소를 타면 오렌지향이 난다고 느낀다.

이런 지각 왜곡의 가장 고전적인 예가 2001년 발표된 와인실험이다. 소믈리에 과정인 학생들에게 자주색 색소를 탄 보르도 화이트 와인을 시음하게 한 뒤 평가를 하게 하면 레드 와인에 대한 전형적인 평이 나온다. 이 결과만 보면 와인 감별이 엉터리인가 싶지만 와인의 색이 안 보이는 용기에 담아 시음을 하면 화이트 와인으로 제대로 평가한다. 즉 시각 정보가 풍미의 한 요소로 강력하게 작용한다는 말이다.[30]

음식뿐 아니라 식기도 풍미에 영향을 미친다는 사실이 밝혀졌다. 딸기 셔벗 디저트를 검은 접시에 담느냐 흰 접시에 담느냐에 따라 단맛과 풍미에 큰 차이가 난다는 연구결과가 있다. 즉 흰 접시에 담긴 디저트를 10% 더 달게 느꼈고 풍미도 15% 더 풍부하다고 평가했다. 접시 모양도 영향을 미쳐 각진 접시보다 둥근 접시에 담긴 디저트를 더 달콤하게 느낀다. 한편 코코아의 경우 흰 컵보다 주황색 컵에 담겼을 때 더 진

---

30 이 실험에 대한 자세한 내용은 2015년 필자가 번역한 아담 로저스의 ≪프루프: 술의 과학≫ 215~216쪽 참조.

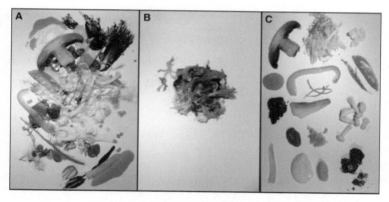

» 똑같은 식재료로 준비한 샐러드도 어떻게 배치하느냐에 따라 맛에 대한 평가가 달라진다. 칸딘스키의 작품 <그림 201번>을 따라 배치한 샐러드(왼쪽)가 한데 모아놓은 경우(가운데)나 개별 식재료로 나열한 경우(오른쪽)보다 더 맛이 좋다고 평가됐다. (제공 <Flavour>)

하다고 느낀다는 연구결과도 있다.

접시에 요리를 어떻게 담느냐도 맛에 영향을 주는 것으로 확인됐다. 2014년 발표된 한 연구에 따르면 러시아 태생의 추상화가 바실리 칸딘스키의 작품 〈그림 201번〉에 맞게 음식재료를 배치한 샐러드가 한 접시에 소복이 쌓는 전형적인 샐러드나 개별 음식재료를 펼쳐놓은 배치보다 더 맛있게 느껴진다고 한다. '보기 좋은 떡이 맛도 좋다'는 옛말이 허언이 아닌 셈이다.

풍미의 공감각

시각이나 청각 같은 별개의 감각이 서로 섞여 지각되는 현상을 공감각synesthesia이라고 부른다. 앞서 언급한 칸딘스키가 바로 공감각 소유자로 어떤 색을 보면 특정한 음을 들을 수 있었다고 한다. 이런 공감각 소유자는 드문 것으로 알려져 있지만 보통 사람들도 서로 다른 감각 정보 사이에 '궁합'이 있다는 걸 경험으로 느끼고 있다.

실제로 풍미의 공감각적 지각에 대한 연구도 진행됐는데 결과를 보면 수긍이 간다. 예를 들어 많은 사람이 단맛이 나는 음식을 고음과 피아노 소리에 어울린다고 평가했다. 반면 쓴맛이 나는 음식은 저음과 금관악기 소리와 매치했다. 디저트 카페에서 묵직한 색소폰 곡은 잘못된 선곡이라는 말이다.

스펜스 교수는 기고문 말미에서 "최근 발견들은 사람들이 건강한 식습관을 갖게 유도하는 데 유용하게 쓰일 수 있다"며 "풍미를 지각할 때 일어나는 다중감각적 상호작용을 식품을 설계할 때 반영해야 한다"고 주장했다.

영국에 기반을 둔 과학저널 및 DB 제공기관인 BMC는 2012년 공개 학술지 〈Flavour〉(영국식 영어를 썼다)를 창간했다. 사이트를 들어가 보면 '지방 맛은 여섯 번째 기본 맛인가?' 등 흥미로운 주제를 다룬 논문이 올라와 있다. 이런 움직임이 삭막하기만 한 과학에 풍미를 더하는 것 같아 더 반갑게 느껴진다.

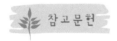
참고문헌

Brenner, M. & Sörensen, P. *Cell* 161, 8085 (2015)
Spence, C. *Cell* 161, 8090 (2015)

식품 속 설탕의 존재 이유

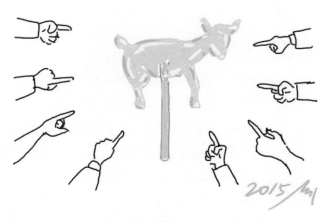

"희생양 캔디"

2015/제

» 지구촌에 만연하고 있는 비만의 주범으로 설탕이 지목되면서 규제움직임이 강화되고 있다. 그러나 이런 관점은 식품에서 설탕의 다양한 기능을 무시하고 그 대안의 문제점을 간과하고 있다는 주장을 담은 논문이 최근 발표됐다. (제공 강석기)

한 성분(설탕)을 대체하기 위해서 인공감미료, 지방, 물성개선제, 점증제, 향신료 등 여러 성분이 필요할 수도 있다.

— 골드 파인 & 슬라빈

지난 봄, 먹던 포도잼이 다 떨어져 가는데 문득 '이참에 웰빙 잼을 한 번 만들어볼까'하는 생각이 들었다. 마침 딸기가 제철이라 딸기잼을 만들기로 했다. 레시피를 보면 보통 딸기와 설탕이 1대 1이지만 필자는 딸기의 맛과 향을 최대화하고 단맛을 최소화하려고 설탕을 확 줄였다.

그런데 저어도 저어도 내용물이 엉길 조짐이 없다. 시간이 좀 더 걸릴 거라고 예상은 했지만, 막상 이론과 실제는 달랐다. 결국 지쳐서 '이정도면 됐겠지'라고 스스로를 속이고 유리병에 담았다. 결국 풍미는 더 좋았지만 빵에 바를 때 흘리지 않도록 조심해야 하는 잼 아닌 잼이 나왔다. 게다가 수주 지나자 위쪽의 색깔이 좀 누렇게 변한 것 같아 먹기에 찜찜했다.

설탕은 팔방미인

학술지 〈식품과학과 식품안전성 심층리뷰〉 2015년 9월호에는 필자처럼 설탕에 거부감을 가진 사람들이 식품에서 설탕의 존재 이유를 한 번 생각해보게 하는 논문이 실렸다. 미국 미네소타대 식품과학영양학과 카라 골드파인Kara Goldfein과 조안 슬라빈Joanne Slavin은 '왜 식품에 설탕을 첨가하는가'라는 논문의 제목에서 짐작할 수 있듯이, 그저 단맛을 더해 혀를 즐겁게 하는 게 설탕이 하는 일의 전부는 아니라고 설명한다.

먼저 맛의 측면이다. 설탕은 기본적으로 식품에 단맛을 높여주지만 풍미를 높여주는 기능도 한다. 예를 들어 맹물에 복숭아향을 소량 첨가하면 향이 느껴지지 않지만 설탕을 타면 향이 난다. 마찬가지로 채소나 고기를 요리할 때도 설탕을 약간

» 제공 <shutterstock>

넣으면 풍미가 강해진다. 저지방 아이스크림은 풍미가 떨어지는데 역시 설탕을 넣으면 균형이 돌아온다. 이런 현상은 뇌가 음식의 맛과 향을 엮어서 처리하기 때문이다.

한편 설탕은 식품의 색에도 영향을 준다. 즉 조리과정에서 열을 가하면 당분에서 캐러멜화 반응이 일어나 짙은 갈색이 나오고 아미노산이 있을 경우 마이야르 반응이 일어나 역시 갈색이 나오면서 풍미도 짙어진다.[31] 커피 원두를 볶으면 색이 짙어지고 향이 강해지는 건 이런 반응이 일어난 결과다.

설탕은 식품의 물성에도 큰 영향을 미친다. 필자가 잼을 만들 때 설탕을 너무 적게 넣어 고생했듯이 설탕은 잼의 젤화에 꼭 필요하다. 사과에 많이 들어있는 펙틴도 설탕이 있어야 젤을 형성할 수 있다. 또 설탕은 달걀 단백질과도 상호작용을 해 거품을 안정화한다. 카스텔라를 만들 때 설탕이 많이 들어가는 이유다. 또 물의 어는점을 낮추고 얼음 결정의 형성을 방해해 식감이 부드러운 아이스크림이 나올 수 있게 한다.

설탕은 발효를 통해서도 식품의 식감에 영향을 준다. 효모를 설탕을 넣지 않은 빵 반죽에 넣으면 먹을 게(단순당) 부족해 이산화탄소를 충분히 만들지 못하고 따라서 반죽이 제대로 부풀지 못한다. 반죽에 설탕을 좀 넣어줘야 효모가 제대로 활동한다. 한편 설탕은 농도가 어느 수준 이상이 되면 보존제 역할을 한다. 삼투압으로 물이 빠져나가 세포가 쪼그라들어 미생물이 자라지 못하기 때문이다. 몇 년을 둬도 꿀이 상하지 않는 이유다.

---

31 마이야르 반응에 대한 자세한 내용은 《사이언스 소믈리에》(과학카페 2권) 201~206쪽 '커피와 빵, 누룽지의 공통점' 참조.

'가당' 표기 필요한가?

저자들이 논문에서 다소 장황하게 설탕의 다양한 기능을 언급한 건 2014년 미 식품의약국FDA이 식품에 '가당added sugars' 여부를 표시하도록 권고하면서 이런 방향으로 법규가 바뀔 가능성이 커졌기 때문이다. 비만의 만연으로 골치가 아픈 미국은 그 주요 원인이 당분 과다섭취라고 보고 소비자의 현명한 소비를 도우려는 방안으로 가당 여부 표기까지 생각해낸 것이다.

저자들은 논문에서 이런 움직임이 실제 소비자들에게 별로 도움이 되지 않는다고 주장한다. 설탕의 칼로리 측면만 두드러지면 결과적으로 제조사들도 당을 넣지 않는 처방을 고민할 텐데 그 결과는 설탕을 넣는 것보다 더 안 좋을 수 있기 때문이다. 예를 들어 빵 반죽에 설탕을 안 쓰면, 대신 베이킹파우더 같은 다른 팽창제를 넣어야 한다.

잼을 비롯해 물성을 조절하는 목적으로 들어가는 설탕 역시 다른 식품첨가물로 대신할 수 있지만, 그 결과가 더 좋다고 볼 수는 없다. 예를 들어 솔비톨 같은 알코올류를 쓸 경우 그램당 2.5kcal로 설탕의 4kcal보다는 낮지만, 여전히 열량이 있어 식품의 칼로리를 낮추는데 별 도움이 안 된다. 또 설탕은 여러 기능이 있기 때문에 설탕 하나를 대체하려면 여러 가지 첨가물을 넣어야 한다고 지적했다.

설사 설탕의 칼로리 측면만 고려해도 식품에서 중요한 건 전체 설탕의 양이지 가당이 아니라고 저자들은 지적한다. 즉 '무가당' 오렌지 주스라고 설탕이 없는 게 아니라 추가로 넣어주지 않았다는 의미일 뿐인데 소비자들은 착각하기 쉽다고. 실제 국내 식품회사들은 '무가당' 또는 '설탕 무첨가' 같은 표기를 통해 마치 식품에 설탕이 들어있지 않은 것 같은 인상을 준다. 그러나 식품 원료 자체에 있는 설탕이나 처방에 추가된 설탕이나 우리 몸에는 마찬가지다.

저자들은 "비만에는 복잡한 요인, 즉 전체 에너지 섭취량, 체질량지

수, 성별, 나이, 신체활동, 인종, 가족력 등이 관여한다"며 "그런데 가당 같은 한 성분에 초점을 맞추는 건 비만 문제를 해결하는 데 도움이 되지 않는다"고 결론 내렸다. 설탕이 한 요인인 건 분명하지만, 논의를 단순화해 '희생양'으로 삼아서는 안 된다는 말이다.

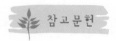 참고문헌

Goldfein, K. R. & Slavin, J. L. *Comprehensive Riviews in Food Science and Food Safety* 14, 644-656

3-4
개인영양학 시대 열린다

그 중요성에도 불구하고 식품의 식후당반응을 예측할 수 있는 마땅한 방법이 없다. 그 결과 식후당반응을 예상하는 데 별 도움이 안 되는 식품의 탄수화물 함량을 토대로 식단을 짜고 있는 게 현실이다.

— 〈셀〉 2015년 11월 19일자 논문에서

　　지난 2000년 인간게놈 초안이 발표되면서 많은 사람이 개인게놈에 기반한 개인의학 시대가 현실로 다가오고 있다며 흥분했다. 실제로 그 뒤 게놈분석비용이 급격히 떨어지면서 이제 1,000달러면 게놈을 해독하는 시대가 됐다. 개인정보유출 등 윤리문제로 일반화되고 있지는 않지만 암 환자 치료 등 의료분야에서는 이미 개인게놈에 기반한 치료가 진행되고 있다. 예전에는 의사가 선호하는 항암제를 투여한 반면 지금은 환자의 암세포에서 어떤 유전자가 변이됐는지 조사해 최적의 항암제를 선별해 투약하는 추세다. 앞으로 개인의학이 보편화하면 약효는 높고 부작용은 낮은 치료를 받고 싶은 모든 환자의 꿈이 현실화될 것이다.

혈당관리가 중요하지만….

그런데 이런 개인맞춤형 웰빙 트렌드가 영양 분야에서도 활짝 열릴 전망이다. 학술지 〈셀〉 2015년 11월 19일자에는 개인영양학을 이용해 혈당조절식단을 만드는 데 성공했다는 임상연구결과가 실렸다. 이스라엘 와이즈만연구소의 연구자들은 탄수화물 함량과 혈당지수에 기반한 기존 식단설계에 대한 문제점을 해결하기 위해 개인영양학을 개척했다.

혈당은 당뇨병을 비롯해 각종 대사질환에 걸릴 위험성을 예측하는 주요 인자다. 따라서 혈당수치가 급격히 오를 수 있는 식품은 섭취를 줄이는 게 좋다. 혈당지수는 특정 식품을 섭취한 직후 나타나는 혈당 수치의 변화를 나타낸다. 상식적으로 당 또는 탄수화물을 많이 함유한 식품이 혈당지수가 높을 것이다. 실제로 청량음료나 쌀밥, 빵, 감자 같은 식품은 혈당지수가 높다.

이들 데이터는 많은 사람을 대상으로 한 결과를 모아 분석한 평균값이다. 그런데 문제는 개인에 따라 특정 식품에 대한 혈당지수의 편차가 꽤 크다는 점이다. 혈당지수가 높다고 해서 감자를 잘 안 먹는 사람에

» 일상생활 속의 식사와 당 수치 변화를 측정한 방대한 데이터를 토대로 개인 맞춤형 건강식단을 제안하는 프로그램을 만드는 데 성공했다는 연구결과가 최근 발표됐다. (제공 〈셀〉)

게 막상 감자를 먹게 하고 측정을 해보면 별로 변화가 없을 수도 있다는 말이다. 심지어 똑같은 식품이 어떤 사람에게는 혈당지수를 높이고 어떤 사람에게는 낮추기도 한다.

이 문제를 궁극적으로 해결하려면 개인에 따라 혈당조절에 어떤 식품이 좋고 어떤 식품이 나쁜지 파악해서 맞춤형 건강식단을 제시해야 한다. 이번 논문은 이런 개인영양학이 가능함을 보여주고 있다.

스마트폰 앱에 실시간 데이터 입력

연구자들은 이스라엘 성인 평균을 대표하는 임상 참여자 800명을 뽑았다. 즉 33%는 과체중이고(체질량지수 25~30) 22%는 비만(30 이상)이다. 참여자들은 피부아래 당 수치를 측정하는 장치를 부착하고 일주일 동안 생활하면서 식단과 수면, 운동 등 각종 생활지표를 스마트폰 앱을 통해 실시간으로 기록했다.

장치가 기록한 식후당반응postprandial glycemic response, PPGR, 즉 식후

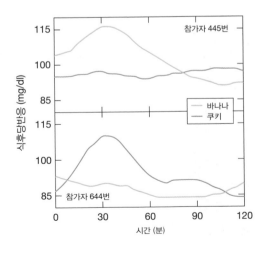

» 탄수화물 함량이 같은 바나나와 쿠키에 대한 식후당반응이 개인에 따라 정반대 패턴을 보인다. 참가자 445번은 바나나(노란선)에 민감한 반면(위), 참가자 644번은 쿠키에 민감하다. (제공 <셀>)

피부아래 당 수치는 혈당수치와 거의 같은 맥락으로 움직이기 때문에 개인에 따른 특정 식품의 혈당지수인 셈이다. 연구자들은 이렇게 얻은 방대한 데이터를 처리해 결과를 얻는 동시에 이를 토대로 개인에 따른 최적의 식단을 제안하는 프로그램도 개발했다. 또 참여자들의 대변시료를 얻어 장내미생물의 분포도 분석했다.

데이터를 분석하자 예상대로 특정 식품에 대한 평균 식후당반응은 대체로 그 식품의 혈당지수와 같은 패턴이었다. 그러나 개인에 따라서는 편차가 컸다. 예를 들어 탄수화물 함량이 똑같이 20그램인 바나나와 쿠키에 대해, 한 사람은 바나나를 먹을 때 혈당수치가 올라가고 쿠키를 먹을 때는 변화가 없는 반면 다른 사람은 정 반대의 패턴을 보였다. 연구자들은 이런 차이가 개인에 따른 유전과 생리, 생활습관, 장내미생물분포 등의 차이에서 비롯된다고 해석했다.

너에게 좋다고 나에게도 좋은 건 아냐

연구자들은 이런 정보를 토대로 만든 최적식단제안프로그램이 정말 실효성이 있는가를 알아보기 위해 별도로 참가자 100명을 모아 임상에 들어갔다. 프로그램을 만드는 데 데이터를 제공한 기존 참가자로 실험할 경우 일반화하기 어렵기 때문이다. 새 참가자들이 일주일 동안 동일한 과정을 통해 얻은 데이터를 프로그램에 넣자 각자의 혈당관리에 좋은 식단과 나쁜 식단이 나왔다. 참가자들은 일주일 동안은 좋다는 식단에서 골라 식사를 했고 일주일 동안은 나쁘다는 식단을 위주로 먹었다.

그 결과 실제로 프로그램이 좋다고 예측한 식단을 먹었을 때는 혈당관리가 잘 되었지만, 나쁘다고 예측한 식단을 먹었을 때는 혈당관리가 안 됐다. 즉 나한테 어떤 식품이 좋고 나쁜지 한 번 스크린을 하면 그 뒤 나에게 좋은 식품 위주로 식단을 설계할 수 있다는 말이다. 이는 기

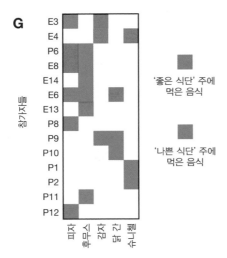

G

참가자들

E3
E4
P6
E8
E14
E6
E13
P8
P9
P10
P1
P2
P11
P12

피자 후무스 감자 닭간 슈니첼

'좋은 식단' 주에
먹은 음식

'나쁜 식단' 주에
먹은 음식

» 연구자들이 개발한 프로그램은 동일한 식품이라도 사람에 따라 혈당관리에 좋다고 제안하기도 하고 나쁘다고 제안하기도 한다. 예를 들어 피자의 경우 참가자 E3와 E6에게는 좋은 음식(녹색)이지만 참가자 P6, E8, P8, P12에게는 나쁜 음식(빨간색)이다. 후무스(hummus)는 병아리콩으로 만든 아랍음식이고 슈니첼(schnitzel)은 독일권의 고기요리다. (제공 <셀>)

존의 시스템, 즉 개별 식품의 혈당지수에 따른 일률적인 식단 설계와는 차원이 다른 얘기다. 즉 프로그램이 제안한 혈당관리에 좋은 식품과 나쁜 식품은 그 식품에 따라 결정되는 게 아니라 사람에 따라 결정된다. 즉 피자나 감자도 어떤 사람에게는 좋은 식품이, 어떤 사람에게는 나쁜 식품이 된다.

흥미롭게도 이렇게 분류된 식품을 먹을 경우 장내미생물의 조성에도 영향을 미쳤다. 즉 일주일 동안 혈당관리에 좋은 음식을 먹고 나면 로제부리아 이눌리니보란스*Roseburia inulinivorans*, 유박테리움 엘리겐스 *Eubacterium eligens*, 박테로이데스 불가투스*Bacteroides vulgatus* 같은 미생물이 늘어난다. 당뇨병 환자들에서는 이 녀석들의 수치가 낮다는 사실이 알려져 있다. 반면 비만인 사람들의 장에 많이 사는 비피도박테리움 아돌레슨티스*Bifidobacterium adolescentis*는 줄어든다. 결국 혈당조절에 좋은 식품은 장내미생물 분포에도 영향을 미쳐 각종 대사질환에 걸릴 위험성을 낮추는 것으로 보인다.

개인의 취향을 무시한 채 좋고 나쁜 걸 국가가 정해 일방적으로 통보하는 전체주의는 이제 누구나 눈살을 찌푸릴 과거 유산이 됐다. 아직 남아있는 몇몇 전체주의 나라들이 웃음거리인 이유다. 그럼에도 우리 실생활에는 여전히 전체주의적 사고의 유산이 많이 남아있다. 그것도 '과학'의 이름으로.

물론 대부분이 악의가 있어서 그런 건 아니고 현실적으로 통계에 기반한 평가가 최선이기 때문인 면이 있다. 그럼에도 많은 사람이 이런 측면을 인식하지 못한 채 이런 권고사항을 절대적인 진리로 받아들이는 건 문제 아닐까. 아울러 "이건 이래서 몸에 좋다" "저건 저래서 몸에 나쁘다" "이걸 먹었더니 암이 나았다" 등 요즘 많은 건강프로그램에서 나오는 얘기들은 설사 거짓이나 과장이 아니더라도 그 사람의 얘기지 일반화해 나에게도 적용할 수는 없다는 사실을 기억해야겠다. 머지않은 미래에 개인영양학의 혜택을 받게 되면 좋겠다는 생각이 문득 든다.

 참고문헌

Schwartzenberg, R. J. & Turnbaugh, P. J. *Cell* 163, 1051-1052 (2015)
Zeevi, D. et al. *Cell* 163, 1079-1094 (2015)

PART 4
고생물학/인류학

4-1
힘내라 브론토사우루스!

　미국 하버드대의 고생물학자이자 탁월한 과학저술가였던 스티븐 제이 굴드의 에세이집 ≪힘내라 브론토사우루스≫가 2014년 번역 출간됐다. 원서는 그보다 23년 전인 1991년 나왔다. 굴드가 2002년 세상을 떠난 뒤에도 여전히 많은 사람에게 짙은 그림자를 드리우고 있음을 짐작하게 한다. '힘내라 브론토사우루스'는 책에 실려 있는 에세이 35편 가운데 하나의 제목이기도 하다.

　공룡에 별로 관심이 없는 사람들도 티라노사우루스*Tyrannosaurus*와 함께 브론토사우루스*Brontosaurus* 정도는 알 것이다. 전자가 육식공룡을 대표한다면 후자는 초식공룡을 상징하고 있다. 코끼리가 연상되는 몸뚱이에 기린보다 긴 목과 역시 엄청나게 긴 꼬리가 달려있는 브론토사우루스는 미련해 보이면서도 왠지 안심이 된다.

　굴드가 브론토사우루스에 대한 에세이를 쓰게 된 계기는 1989년 미국 우정 공사가 발행한 공룡 우표 네 종 가운데 하나에 브론토사우루스를 그리고 브론토사우루스라는 이름을 붙이면서 논쟁이 벌어졌기 때문이다. 제대로 이름을 붙였는데 왜 문제인가 의아할 텐데 사실 브론토사우루스는 정식 학명이 아니다. 우표를 보고 몇몇 사람들이 공인된 이

» 1989년 미국 우정 공사는 25센트짜리 공룡 우표 네 종을 발행했다. 왼쪽 위에서부터 시계방향으로 티라노사우루스, 프테라노돈, 브론토사우루스, 스테고사우루스다. 그러나 브론토사우루스의 경우 공인된 이름인 아파토사우루스를 쓰지 않았다며 우표를 회수해 전량 폐기하라고 항의하는 사태가 벌어졌다. (제공 Paleophilatelie)

름인 아파토사우루스*Apatosaurus*를 쓰지 않았다며 우표를 회수해 전량 폐기하라고 항의를 한 것이다.

'아파토사우루스? 처음 들어보는데….' 이렇게 생각하는 독자들도 꽤 될 텐데 당시 미국 우정 공사가 아파토사우루스 대신 브론토사우루스를 쓴 것도 같은 이유에서다. 일반 대중들에게 친숙하기 때문이다. 굴드는 에세이에서 이런 혼란이 생기게 된 과정을 설명했다.

먼저 발표된 학명이 우선권 있어

때는 1877년으로 거슬러 올라간다. 당시 미국 고생물학계의 라이벌인 에드워드 코프Edward Cope와 오스니얼 마시Othniel Marsh는 누가 새로운 종의 이름을 더 많이 붙이느냐 같은 유치한 경쟁을 하고 있었고 따라서 발굴한 화석을 제대로 연구하지도 않고 학명부터 붙이고 봤다. 1877년 마시는 1억 5,000만 년 전 쥐라기 지층에서 나온 거대 용각류 공룡의 발견을 간단히 보고하며 아파토사우루스 아작스*Apatosaurus ajax*라는 학명을 붙였다. 아파토사우루스는 '속이는 도마뱀'이라는 뜻이다.

2년 뒤인 1879년 다른 논문에서 비슷한 시기의 용각류 화석에 대해 역시 간단한 언급만 한 채 브론토사우루스 엑셀수스*Brontosaurus excelsus*라는 학명을 지었다. 브론토사우루스는 '천둥 도마뱀'이라는 뜻이다. 마시는 두 공룡이 서로 꽤 비슷하지만 브론토사우루스는 몸길이가 21~24미터로 15미터로 추정한 아파토사우루스보다 큰 종이라고 믿었다. 아쉽게도 둘 다 머리뼈가 없었지만 브론토사우루스는 뼈가 많이 남

» 19세기 미국의 저명한 고생물학자인 오스니얼 찰스 마시. 그가 1879년 보고한 브론토사우루스가 112년 만에 이름을 되찾을 계기가 마련됐다. (제공 위키피디아)

아있어 거의 완전한 골격을 재구성할 수 있었다.

마시가 타계하고 4년이 지난 1903년 미국 시카고필드박물관의 엘머 리그스Elmer Riggs는 마시의 용각류 화석을 전면 재조사했고 마시가 코프와의 경쟁에서 이기려고 학명을 남발했음을 깨달았다. 즉 아파토사우루스 화석은 별도의 속이 아니라 아직 덜 자란 브론토사우루스라는 것. 그러나 당시 통용되던 우선권 규칙, 즉 먼저 발표된 학명이 우선권을

갖는 관행에 따라 리그스는 마시가 1879년 보고한 공룡의 학명을 아파토사우루스 엑셀수스로 바꿔야 한다는 논문을 발표했고 학계에서 지금까지 인정받고 있다. 그럼에도 그의 논문이 대중에게는 거의 알려지지 않았기 때문에, 사람들은 이 거대 초식공룡을 왠지 어울리는 이름인 브론토사우루스라고 불러왔다.

477가지 형태적 특징을 바탕으로 재분류

2015년 4월 7일 온라인 학술지 〈피어JPeerJ〉에는 마시가 1879년 보고한 브론토사우루스가 아파토사우루스와 꽤 달라 별개의 속屬, 즉 브론토사우루스라고 불러도 문제가 없다는 주장을 담은 논문이 실렸다. 포르투갈과 영국의 고생물학자 세 사람은 무려 298쪽에 이르는 방대한 분량의 논문에서 디플로도쿠스과Diplodocidae 용각류 공룡에 대한 분류를 업데이트한 결과를 담았다.

디플로도쿠스과는 아파토사우루스속에 속하는 종들을 포함해 12~15종으로 이루어져 있었다. 연구자들은 최근 발굴한 화석 시료를 비롯해 디플로도쿠스과 화석 49개체를 비롯해 모두 81개체에 대해 477가지나 되는 형태적 특징을 조사했다. 이를 바탕으로 아파토사우루스와

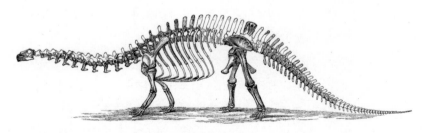

» 마시가 직접 그린, 브론토사우루스의 완전한 골격을 묘사한 그림. 다만 머리뼈는 브라키오사우루스의 화석을 토대로 그렸는데 발굴한 화석에 머리뼈가 없었기 때문이다. (제공 위키피디아)

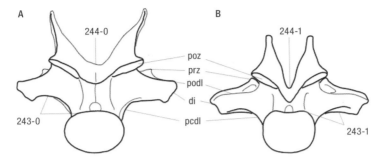

브론토사우루스를 비교하자 한 속으로 묶기에는 그 차이가 너무 컸다고. 따라서 마시가 1879년 보고한 화석은 당시 학명인 브론토사우루스 엑셀수스를 돌려받아야 한다고 결론지었다.

아울러 연구자들은 별개의 속으로 분류했던 에오브론토사우루스 야나핀*Eobrontosaurus yahnahpin*을 브론토사우루스속으로 편입했고(브론토사우루스 야나핀), 1902년 발굴 당시에는 엘로사우루스 파부스*Elosaurus parvus*라는 학명을 얻었다가 훗날 아파토사우루스속으로 재편된(아파토사우루스 파부스) 종 역시 브론토사우루스속으로 재분류했다(브론토사우루스 파부스). 결국 브론토사우루스속이 부활했을 뿐 아니라 세 가지 종으로 이루어진 셈이다.

한편 아파토사우루스속은 식구가 줄어 두 종뿐이다(아작스와 루이재 *A. louisae*). 이런 재분류 결과 디플로도쿠스과를 이루는 식구들도 15~18 종으로 늘어났다. 아직 이들의 주장이 학계에서 공식적으로 인정되지는 않았지만 위키피디아의 '브론토사우루스' 항목에 즉각적으로 반영되는 등 반응은 뜨겁다.

스티븐 제이 굴드는 에세이에서 브론토사우루스 우표 논란은 아파토사우루스 옹호자들의 음모였다며 이 사건을 계기로 대중들도 마음을 바꿀까 봐 걱정하고 있다. 굴드는 "언젠가 내 우표책의 잿더미 속에서 개정이 일어날지도 모른다는 희망의 신음과 함께 나는 이만 물러간다"며 글을 마무리했다. 굴드가 아직 살아있어 브론토사우루스가 아파토사우루스와 별개의 속이므로 이름을 되찾을 수 있다는 이번 연구결과를 듣는다면 얼마나 좋아했을까 하는 생각이 문득 든다.

 참고문헌

≪힘내라 브론토사우루스≫, 스티븐 제이 굴드, 김동광 옮김. 현암사 (2014)
Tschopp, E. et al. *PeerJ* 3, e857 (2015)

4-2
쥬라기 월드,
여전한 랩터 사랑

2015년 6월 11일 개봉한 영화 〈쥬라기 월드〉가 메르스라는 악재에도 불구하고 흥행돌풍을 이어가고 있다. 세계적으로도 13일 만에 10억 달러를 돌파해 〈분노의 질주: 더 세븐〉의 기존 기록인 17일을 갈아치웠다.[32] 〈쥬라기 월드〉는 지난 1993년 개봉한 〈쥬라기 공원〉의 4편에 해당한다. 2편인 〈잃어버린 세계〉가 1997년에, 〈쥬라기 공원 3〉이 2001년 개봉했으니 무려 14년 동안 사람들을 기다리게 한 셈이다.

〈쥬라기 공원〉의 원작은 동명의 SF소설로, 미국 작가 마이클 크라이튼이 1990년 출간했다. 하버드대 의대 출신이라는 특이한 경력의 크라이튼은 의학지식을 바탕으로 개연성이 높은 SF소설을 써 인기를 얻었는데, 〈쥬라기 공원〉이 영화화되면서 세계적으로 유명해졌다. 크라이튼이 2008년 66세에 암으로 갑작스럽게 타계할 때까지 세계에서 그의 소설들이 2억 부 이상 팔렸다고 한다.

영화 쥬라기 공원 시리즈 가운데 1편과 2편은 크라이튼의 소설이 원작이지만 3편과 이번에 개봉된 4편은 다른 사람들이 이야기를 짰다. 그

---

32 최종적으로 16억 7000만 달러(약 2조 원)의 매출을 올렸다.

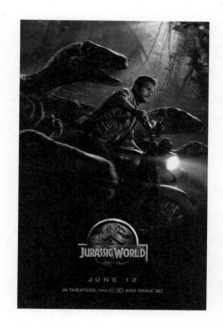

» 2015년 6월 개봉한 영화 <쥬라기 월드>의 포스터. 우리를 탈출한 거대육식공룡 인도미누스를 제압하기 위해 주인공 오웬이 길들인 랩터 네 마리와 출동하는 장면이다. (제공 유니버설픽처스)

럼에도 크라이튼의 영향이 여전히 느껴지는데, 그 가운데 하나가 '랩터'라는 줄임말로 더 잘 알려진 소형육식공룡 '벨로키랍토르*Velociraptor*'가 여전히 중요한 출연진으로 등장한다는 것이다.

영화 포스터를 장식하기도 하지만 쥬라기 공원의 주인공은 무시무시한 거대육식공룡 티라노사우루스다. 그런데 덩치가 티라노사우루스와 비교도 되지 않는 랩터가 어떻게 영화에서 약방의 감초 이상의 역할을 꾸준히 하는 걸까. 기억이 가물가물하지만 1편에서 정작 티라노사우루스에 희생당한 사람보다 랩터의 공격에 목숨을 잃은 사람이 더 많았던 것 같다. 게다가 커다란 티라노사우루스보다 몸집이 비슷한 랩터에게 당할 때 개연성이 높아 보여서인지는 몰라도 더 오싹했다.

이번 4편 〈쥬라기 월드〉에서 랩터의 비중이 더 커졌다. 주인공 오웬(크리스 프랫)이 바로 랩터 조련사로 나오기 때문이다. 영화 포스터도 랩터가 주인공이다. 섬에 있는 테마파크 쥬라기 월드의 생명과학자들은 티라노사우루스의 게놈을 조작해 더 크고 더 사나운 공룡 인도미누스를 탄생시켰다. 그런데 교활한 이 녀석이 우리를 탈출하면서 대혼란이 일어난다. 결국 오웬이 길들인 랩터 네 마리를 데리고 인도미누스를 제압하려고 현장으로 떠난다는 설정이다.

실제로는 칠면조 크기

사실 고생물학의 입장에서 이 영화는 좀 문제가 있다. 무엇보다도 랩터, 즉 벨로키랍토르가 영화에서처럼 몸집이 타조만 한 게 아니라 실제로는 칠면조만 하기 때문이다. 게다가 최근 발굴에서 깃털이 함께 나와 외모도 칠면조처럼 깃털에 덮여있었을 텐데 영화에서는 반영되지 않고 여전히 도마뱀 같은 피부다. 크기로만 보면 랩터의 친척인 데이노니쿠스Deinonychus로 설정하는 게 적절했을 것이다.

역시 옥의 티겠지만 사실 티라노사우루스와 벨로키랍토르는 쥐라기(쥬라기의 표준 표기법이다)가 아니라 백악기 공룡들이다. 앞장에 나온 브론토사우루스가 쥐라기 공룡이다. 지질학 시대구분에 따르면 중생대는 트라이아스기, 쥐라기, 백악기로 세분된다. 쥐라기는 2억 130만년~1억 4,500만 년 전의 기간이고 백악기는 1억 4,500만년~6,600만 년 전의 기간이다. 따라서 엄밀히 말하면 '백악기 공원'이라고 말해야 더 정확할 것이다.

이 사실을 모를 리 없는 크라이튼이 쥬라기 공원이라는 제목을 단 건 아마 백악기 공원Cretaceous Park이라는 발음이 맥이 빠지게 들리기 때문이었으리라. 그런데 왜 데이노니쿠스를 놔두고 굳이 덩치를 키우면서까지 랩터를 등장시킨 것일까.

코끼리 몇 마리를 합친 크기인 거대한 초식공룡 브론토사우루스나

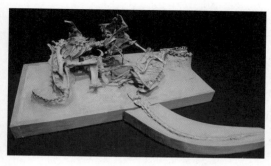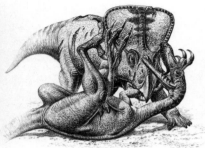

» 1971년 몽골에서 벨로키랍토르와 프로토케라톱스가 싸우고 있는 화석이 발굴돼 세상을 놀라게 했다(왼쪽). 이 장면을 그림으로 보면 상황을 좀 더 확실히 알 수 있다(오른쪽). 벨로키랍토르는 덩치가 작지만 강력한 발톱과 집단사냥으로 무시무시한 존재였다. (제공 유야 타마이 & 라울 마틴)

괴수 티라노사우루스의 화석이 깊은 인상을 주기는 하지만 지금까지 알려진 공룡화석 가운데 가장 극적인 장면을 연출한 건 아마도 1971년 몽골에서 발굴된 벨로키랍토르의 화석이 아닐까.[33] 벨로키랍토르가 초식공룡인 프로토케라톱스*Protoceratops*와 엉켜있는 이 화석은 오늘날로 치면 치타가 영양을 덮치는 장면에 해당할 것이다.

아마 당시에도 이 지역은 사막에 가까운 상태였을 것이고 벨로키랍토르의 습격을 받은 프로토케라톱스가 저항해 둘이 싸우는 와중에 모래 구덩이에 빠졌거나 갑작스럽게 모래 폭풍이 불어 그 속에 묻혀 죽은 걸로 보인다. 벨로키랍토르가 아래 깔린 걸로 봐서 돼지만 한 프로토케라톱스의 덩치에 밀리고 있는 것 같다. 자세히 보면 프로토케라톱스가 벨로키랍토르의 오른손을 물고 있고 벨로키랍토르는 왼발과 왼손으로 프로토케라톱스를 공격하고 있다.

지금까지 발굴된 벨로키랍토르의 화석들을 분석한 결과 이 녀석들

---

33 이 탐사를 이끈 폴란드 고생물학자 카일란-자우오로우스카의 삶과 업적에 대해서는 305쪽 참조.

은 덩치는 작지만 정말 교활한 사냥꾼이었음이 밝혀졌다. 즉 벨로키랍토르는 무리를 지어 사냥했는데 워낙 민첩해서 웬만한 크기의 동물들은 버티기 힘들었을 것이다. 특히 둘째 발가락의 발톱은 다른 발가락의 발톱보다 두 배 더 크고 위로 젖혀져 땅에 닿지 않는다.

벨로키랍토르는 영화에서처럼 덩치가 큰 먹이에 뛰어들어 단도 같은 둘째 발톱으로 깊숙이 상처를 내 피를 많이 흘리게 해 결국은 쓰러지게 만들었을 것이다. 사람도 일대일로 붙으면 어떻게 버틸 수도 있겠지만 서너 마리가 덤벼들면 꼼짝없이 당할 것이다. 아마도 크라이튼은 벨로키랍토르의 1971년 화석을 보고 깊은 인상을 받아 약간 무리를 해서 랩터를 중용한 건 아닐까.

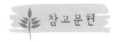 참고문헌

≪공룡의 종류≫ 폴 바렛, 라울 마르틴 그림, 이융남 옮김. 다림(2003)

4-3

아주 옛날엔 뱀도 네다리가 있었다!

　최근 귀농귀촌이 늘고 농촌체험프로그램이 많아지면서 뱀을 만나는 경우가 잦아지는 것 같다. 얼마 전 TV에서 뱀 출현 실태를 보도하며 만에 하나 뱀에 물렸을 경우 영화에서처럼 물린 데를 째서 피를 내지 말고 병원으로 직행하라는 조언을 덧붙이기도 했다. 필자 역시 수도권에 살지만 앞산을 산책하다 두세 차례 뱀을 본 적이 있다. 다행히 다들 수 미터 앞에서 뱀이 지나가는 상황이었다.

　자연 다큐멘터리에서 뱀을 많이 봤지만, 실제 바로 눈앞에서 뱀이 이동하는 모습을 보면 약간 오싹하면서도 꽤 아름답다는 생각이 든다. 뱀은 아무런 소리도 내지 않고 물이 흐르듯이 미끄러지면서 순식간에 어디론가 사라졌다. 뱀을 실제로 보면서 느낀 또 다른 사실은 몸통이 정말 가늘다는 것이다. 몸길이가 1미터는 되는 것 같은 뱀도 나무지팡이 굵기 정도다.

뱀을 닮은 도마뱀도 있어

　우리가 보통 뱀이라고 부르는 동물은 분류학적으로 뱀아목亞目Serpentes에 속하는 파충류로 남극대륙과 극지방, 몇몇 섬을 제외한 지구 곳곳에 살고 있는데 현재 3,000여 종이 알려져 있다. 분류학 범주로는 한참 위인 포유류(포유강綱) 전체가 5,000여 종인 걸 고려하면 엄청난 숫자다.

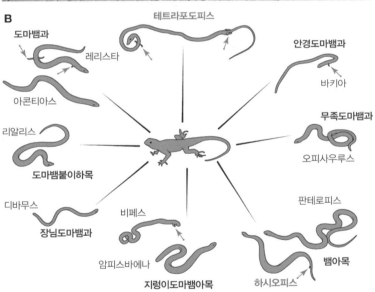

» 뱀목 파충류에서 뱀처럼 몸통이 길쭉하고 다리가 퇴화한 몸 구조가 나오는 진화는 여러 차례 독립적으로 일어났고, 그 가운데 하나가 오늘날 뱀아목(Serpentes, 오른쪽 아래)을 이루고 있다. 1억 1,300만 전 살았던 테트라포도피스(위, 맨 위에 화석 사진)는 여러 해부적 특성이 도마뱀보다 뱀에 더 가까워 '사지가 달린 뱀'으로 볼 수 있는데, 현생 뱀과의 관계는 아직 불분명하다. 나머지는 뱀처럼 보이는 도마뱀들이다. (제공 P. Huey/<사이언스>)

분류학 얘기가 나온 김에 한 단계 더 올라가면 뱀은 뱀목Squamata에 속한다. 즉 뱀목은 도마뱀아목과 뱀아목으로 나뉘는데, 도마뱀아목도 6,000종이 넘는다. 그렇다면 도마뱀과 뱀을 구분하는 기준은 무엇일까.

'다리가 있느냐 없느냐 아닌가?' 이렇게 생각하는 독자들이 많을 텐데 실망스럽게도 정답이 아니다. 뱀이 다리가 없는 건 맞지만 도마뱀 가운데서도 꼭 뱀처럼 생긴 종이 꽤 되기 때문이다. 즉 다리가 없는 건 뱀으로 분류하는 데 필요조건이지 충분조건은 아닌 셈이다.

흥미롭게도 뱀목 파충류의 진화역사를 살펴보면 적어도 26차례에 걸쳐 몸이 뱀처럼 가늘고 길쭉해지면서 다리가 작아지거나 심지어 없어지는 사건이 독립적으로 일어났다. 그 가운데 하나가 오늘날 뱀아목의 조상에서 일어난 셈이다. 이처럼 환경에 적응하는 과정에서 분류학적으로 떨어진 종이 비슷한 몸 구조를 갖게 되는 현상을 '수렴진화'라고 부른다.

그렇다면 뱀과 도마뱀을 구분하는 해부학적 차이는 무엇일까. 먼저 뱀은 척추가 200~400개나 된다. 또 척추를 좌우로 25도까지 굽힐 수 있어서 똬리를 틀 수 있고 먹이를 조여 질식시키기도 한다. 또 머리뼈와 갈비뼈가 느슨하게 연결돼 있어서 몸통보다 커다란 먹이를 삼켜 소화할 수 있다. 몸이 길고 다리가 없는 도마뱀은 얼핏 뱀처럼 보이지만 이런 특징이 없다. 그렇다면 뱀의 조상은 먼저 다리가 없어진 뒤 몸이 더 길어지고 뼈의 구조가 바뀐 것일까.

다리는 작지만 발가락 잘 발달해 있어

지난 2000년 학술지 〈사이언스〉에는 앞다리는 없지만 발가락까지 있는 작은 뒷다리가 달린 9,500만 년 전 백악기 뱀 하시오피스*Haasiophis*의 화석이 보고돼 화제가 됐다. 즉 해부학적으로 뱀이라고 볼 수 있는 구조를 갖춘 뒤에도 다리가 완전히 퇴화하지 않은 상태의 뱀이 존재했

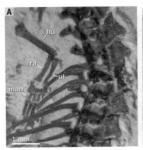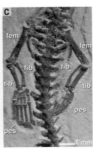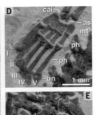

» 테트라포도피스 화석에서 사지 부분을 확대한 사진들. 왼쪽부터 앞다리, 앞발, 뒷다리와 골반, 뒷발(맨 오른쪽 위), 골반(아래). 다리가 비록 작지만 구조적으로 여전히 완벽한 상태임을 알 수 있다. (제공 <사이언스>)

다는 말이다.

그리고 15년이 지난 2015년 7월 24일자 〈사이언스〉에는 약 1억1300만 년 전 초기 백악기 뱀 화석을 보고한 논문이 실렸다. 테트라포도피스 암플렉투스Tetrapodophis amplectus라는 학명에서 짐작할 수 있듯이 이 뱀의 몸에는 네(tetra) 다리가 온전하게 달려있다. 다리 끝에는 발가락 다섯 개가 선명하다. 브라질 크라토 지층에서 발견된 이 화석은 보존상태가 꽤 좋아 척추와 갈비뼈 하나하나까지 다 보인다. 뒷다리 골반까지 몸통을 이루는 척추가 160개, 꼬리뼈를 이루는 척추가 112개다. 머리뼈의 형태도 오늘날 뱀에 가깝다. 지금까지 네 다리가 있는 뱀목 동물 가운데 몸통의 척추가 70개를 넘는 종은 없었다.

흥미롭게도 몸통 중간에서 뱀에게 잡아먹혀 소화되는 과정에 있는 척추동물의 존재가 확인됐다. 즉 사지가 있는 뱀도 자기 몸통보다 커다란 먹이를 삼켜 먹는 게 가능했음을 시사한다. 그렇다면 이 뱀은 왜 작은 다리를 여전히 지니고 있었을까.

아직 명쾌한 답은 없지만 일단 이동을 할 때 어떤 역할을 한 것 같지는 않다. 즉 몸의 구조가 이미 몸통의 움직임을 통해 이동하는 데 맞춰져 있으므로 작은 다리는 오히려 방해가 됐을 것이다. 연구자들은 여전히 잘 발달해 있는 다섯 발가락에 주목했다. 즉 네 다리 끝에 있는 발로 뭔가를 쥘 수 있었다는 말이다. 아마도 먹잇감이거나 짝짓기를 할 때 상대였을 것이다.

십수 년 전 뒷다리가 있는 뱀 화석이 발견되면서 다리가 없는 게 뱀으로 분류하는 필요조건조차 되지 않는 것으로 밝혀졌지만, 이번 네 다리 뱀의 존재는 뱀의 진화에서 몸이 먼저 길어지고 나중에 다리가 사라졌다는 시나리오를 좀 더 강력하게 지지하고 있다.

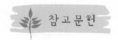
참고문헌

Evans, S. *Science* 349, 374-375 (2015)
Martill, D. M. et al. *Science* 349, 416-419 (2015)

4-4
요즘 사람들 수면 시간,
짧은 거 아니다!

백열전구(인공조명), 텔레비전, 인터넷, 스마트폰.

19세기 말부터 시작된 인류의 발명품을 나온 순서대로 열거했다. 이들 발명품의 공통점은 사람들의 잠을 빼앗아갔다는 것 아닐까. 기껏해야 모닥불이나 호롱불이 전부였던 인류는 전구의 등장으로 밤이 훤하게 밝아지자 활동시간이 대폭 늘어나고 동시에 수면 시간이 확 줄어들었다는 게 널리 알려진 얘기다. 여기에 텔레비전(20세기 중반), 인터넷(20세기 말), 스마트폰(21세기 초)이 나오면서 이런 경향이 점점 더 심화돼 오늘날 사람들은 심각한 만성 수면부족에 시달리고 있다는 것이다.

학술지 〈커런트 바이올로지〉 2015년 11월 2일자에는 우리가 당연한 사실로 받아들이고 있는 위의 설명이 별로 근거가 없다는 놀라운 연구결과가 실렸다. 미국 LA 캘리포니아대 정신행동과학과 제롬 시겔Jerome Siegel 교수팀은 현대 문명과 단절된 채(따라서 전기가 들어오지 않는다) 여전히 수렵채취에 의존해 살고 있는 3개 부족을 대상으로 수면 패턴을 연구했다.

연구대상인 3개 부족은 아프리카 탄자니아의 하드자족(남위 2도), 남아프리카 칼라하리사막에 살고 있는 산족(남위 20도), 남미 볼리비아의

에디슨은 무뎌?

내 탓이 아냐...ㅋㅋ

← 실험실에서 도먹잠 자는 토머스 에디슨

2015/강기

» 19세기 말 토머스 에디슨의 백열전구 발명은 현대인의 만성적인 수면부족의 1등 공신으로 지목돼 왔다. 이 논리에 따르면 수면패턴이 일출 일몰에 영향을 받았을 현생인류의 조상들은 수면시간이 현대인보다 훨씬 길었을 것이다. 그러나 오늘날에도 수렵채취인으로 살고 있는 사람들의 수면시간을 조사한 결과 산업화한 지역의 사람들과 별 차이가 없는 것으로 나타났다. (제공 강석기)

치메인족(남위 15도)이다. 아프리카의 두 부족은 현생인류의 기원지에 살고 있고 치메인족이 사는 곳은 거의 지구 반대편이다.

연구결과 이들의 수면시간은 평균 5.7~7.1시간으로 산업화한 사회에 살고 있는 사람들의 평균값과 그리 다르지 않았다. 이전 가설에 따르면 이들은 해가 진 뒤 곧 잠들 것이기 때문에(할 일이 없어서) 평균 수면시간이 훨씬 길 것으로 추정됐다. 해가 지는 시간과 잠이 드는 시간을 분석해보자 평균 3.3시간 차이가 났다. 즉 해가 진 뒤에도 세 시간은 깨어있다는 말이다. 한편 잠이 깨는 평균시간은 해가 뜨기 1시간 전으로 나타났다. 즉 밖이 여명일 때 대부분 깨어난다. 결국 산업화한 지역의 사람들과 차이는 절대 수면시간이 아니라 잠자는 시간대로, 전기

문명을 모르는 수렵채취인들은 우리보다 두세 시간 먼저 자고 먼저 일어난다는 말이다.

한편 계절에 따라 수면시간에 변화가 있었는데, 여름보다 겨울에 한 시간 정도 잠을 더 잤다. 그런데도 깨어나는 시간은 해가 뜨기 1시간 전 정도로 비슷했다. 그런데 이런 패턴에 예외가 하나 있었다. 산족의 경우 여름철 평균 기상 시간이 해가 뜨고 1시간 뒤였던 것. 대신 여름에는 밤에 잠드는 시간이 꽤 늦어졌다. 한편 위도가 비슷한 지역에 사는 치메인족에서는 이런 패턴이 보이지 않았다.

연구자들은 일몰 외에도 수면에 영향을 미치는 요인이 있을 것으로 추측하고 온도를 알아봤다. 참고로 세 부족은 열대(또는 아열대) 지역에 살기 때문에 집에 냉난방장치가 따로 없다. 조사결과 흥미로운 패턴이 나왔다. 즉 수면시간이 주변 온도가 떨어지는 시간대와 일치했던 것. 하루 중 주변 온도는 태양의 영향을 받는데, 해가 진 뒤 서서히 떨어져 해뜨기 직전 최저온도가 되고 해가 뜨면 급격히 올라간다. 그리고 해가 중천인 때에서 두세 시간 지난 오후에 가장 온도가 높다. 결국 인공조명이나 인공냉난방의 영향이 없을 때 사람들은 햇빛이 없는 기간 중에서도 온도가 가장 낮을 때 잠을 자는 것이다. 그런데 지형적인 영향으로 산족이 사는 지역은 여름철 해가 뜬 뒤에도 한 시간 이상 온도가 더 내려가는 것으로 나타났다. 따라서 이 영향으로 여름에는 기상 시간이 일출 시간보다도 늦어졌다고 연구자들은 해석했다.

그렇다면 인류의 수면 패턴은 왜 일출 일몰 패턴보다 온도주기에 더 정교하게 맞춰진 것일까. 연구자들은 진화의 관점에서 이를 설명했다. 즉 낮에 활동하는 인류는 기본적으로 밤에 자게 진화해왔지만 항온동물임을 고려하면 밤에도 온도가 가장 낮을 때 자는 게 에너지의 관점에서 유리하다. 온도가 낮을 때 깨어있으면 그만큼 에너지가 더 들기 때문이다. 이는 잠을 잘 때 체온이 약간 떨어지는 현상도 잘 설명해준다. 주위와 온도차를 조금이라도 줄여 열생성에 드는 에너지를 최소화할 수 있기 때문이다. 흥미롭게도 수면 호르몬으로 알려진 멜라토닌 역시 일몰을 신호로 분비가 시작돼 몇 시간이 지나야 효과가 나타난다.

수면치료에 영감 줘

이들 부족의 언어에는 '불면증'에 해당하는 단어가 없어서 연구자들은 그 증상을 설명한 뒤 불면증을 겪는 사람들의 비율을 조사했다. 그 결과 9%가 가끔 그런 경험을 하고 2% 정도가 자주 겪는다고 대답했다. 불면증으로 고생하는 사람 비율이 10~30%인 산업화한 사회와는 큰 차이가 난다.

연구자들은 산업화한 지역의 사람들에서 불면증 같은 수면장애가 많이 생기는 현상을 인공조명으로 인한 일출 일몰 패턴의 붕괴와 함께 냉난방 장치로 인한 온도주기의 붕괴가 주요인이라고 설명했다. 즉 지구자전에 따른 햇빛과 온도 변화라는 외부 신호가 교란되면서 수면의 리듬이 깨졌다는 말이다. 그 결과 대다수 사람은 수면 시간대가 두세 시간 뒤로 밀렸고 상당수 사람은 불면증으로 고생하고 있다.

이미 수면치료에서 빛을 조절하는 방법은 널리 쓰이고 있다. 즉 밤에는 되도록 조명의 세기를 낮추고 특히 짧은 파장(파란색)의 빛은 피해야 한다. 이번 연구는 여기에 더해 실내온도를 맞출 때 밤을 낮보다 좀 낮게 설정해 우리 몸이 자연의 온도패턴으로 착각하게 해줄 필요가 있음을 시사하고 있다.

이번 연구에서 밝혀진 또 다른 흥미로운 사실은 수렵채취인들이 햇빛에 가장 많이 노출되는 시간대가 아침이라는 사실이다. 햇빛의 세기로만 보면 당연히 정오 무렵이 가장 강하지만 이때와 오후는 너무 더우므로 그늘을 찾는다. 즉 거의 대부분의 기간 더운 지역에서 수렵채취인

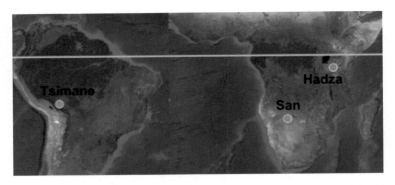

» 이번 수면조사가 행해진 세 부족이 사는 곳으로 왼쪽부터 남미의 치메인족, 아프리카의 산족, 하드자족이다. 이들은 전기가 들어오지 않는 지역에서 여전히 수렵채취로 살아가고 있다. (제공 <커런트 바이올로지>)

으로 살던 현생인류는 더위가 덜한 오전에 활발하게 수렵채취활동을 해온 것으로 보인다.

햇빛에 노출되는 정도와 우울증이 밀접히 관련돼 있다는 건 잘 알려져 있다. 겨울에 낮이 유난히 짧은 북유럽에서 겨울철 우울증 환자가 급증하는 이유다. 흥미롭게도 오전에 햇빛에 노출될 경우 우울증을 완화하는 효과가 크다는 연구결과가 있다. 이 역시 수렵채취인의 생활패턴을 보면 일리가 있는 결과다. 따라서 우울증이나 불면증이 있는 사람들은 가능한 오전에 밖에 나가 햇볕을 많이 쬐는 게 도움이 될 거라고 연구자들은 덧붙였다.

참고문헌

Yetish, G. et al. *Current Biology* 25, 2862-2868 (2015)

PART 5

심리학/신경과학

5-1
조삼모사朝三暮四의
긍정심리학

"줬다 뺏는 건 나쁜 거잖아요."

— 영화 〈하녀〉(2010)에서 은이(전도연)의 대사.

수년 전 두 칸짜리 카툰 '조삼모사'가 유행했다. 첫 칸에서 중국 춘추전국시대 송나라 저공狙公은 원숭이들에게 어떤 제안을 하는데 원숭이들이 반대하며 길길이 날뛴다. 다음 칸에서 저공은 그럼 할 수 없다며 다른 조치를 예고하고 당황한 원숭이들이 처음 제안도 감지덕지라며 태도가 180도 바뀐다.

물론 카툰은 원래 고사성어의 프레임만 빌렸다. 원전은 다음과 같다. 저공은 키우는 원숭이 숫자가 늘자 먹이를 대주는 게 부담스러워 하루는 원숭이들을 불러 모았다.

"이제부터는 아침에 도토리 세 개, 저녁에 네 개만 주겠다."

그러자 원숭이들이 난리가 났다.

"그러면 아침에 네 개, 저녁에 세 개는 어때?"

이번에는 원숭이들이 수긍하고 받아들였다. 실제로는 바뀐 게 없는데도 말에 현혹돼 잘 속는 사람들에게 교훈을 주는 고사성어다. 합리성의 관점에서 보면 물론 조삼모사는 수준 낮은 사기일 뿐이다. 그런데 정말 원숭이들이 저공의 말장난에 놀아난 것일까. '아침에 세 개 저녁에 네 개'와 '아침에 네 개 저녁에 세 개'는 덧셈의 교환법칙(3+4=4+3)의 한 예일 뿐일까.

긍정적인 프레임 선호

1981년 미국 스탠퍼드대 심리학과 아모스 트버스키와 캐나다 브리티시컬럼비아대의 심리학과 대니얼 카너먼은 학술지 〈사이언스〉에 '의사결정의 프레이밍과 선택의 심리학'이라는 제목의, 이제는 고전이 된 흥미로운 논문을 발표했다. 사람들이 합리적인 판단으로 의사결정을 한다는 경제학적 사고는 환상이며 실제로는 맥락 또는 형식, 즉 프레임frame에 따라 결정 방향이 크게 좌우된다는 내용이다. 논문에는 몇 가지 예가 나와 있는데 그 가운데 첫 번째 사례를 소개한다.

미국 당국이 아시아에서 시작된 괴질에 감염된 600명이 사망할 것으로 보이는 상황에 대처하기 위해 두 가지 프로그램을 마련했다. 이 가운데 어떤 걸 선택해야 할까.

1. 프로그램 A를 실행하면 200명을 살릴 수 있다.
2. 프로그램 B를 실행하면 600명을 다 살릴 확률이 3분의 1, 다 살리지 못할 확률이 3분의 2다.

맥락상 이게 조삼모사의 상황이라고 섣불리 판단하지 말기 바란다. 앞은 확정적인 표현이고 뒤는 불확실한 표현이다. 조사결과 72%가 프로그램 A를 선택했다. 기대치가 같을 때 사람들은 좀 더 확실한 상황을 선호하는데 이를 '위험회피risk averse'라고 부른다.

이제 프레임을 달리한 버전이다.

1. 프로그램 C를 실행하면 400명이 사망할 것이다.
2. 프로그램 D를 실행하면 600명에서 아무도 죽지 않을 확률이 3분의 1, 다 죽을 확률이 3분의 2다.

역시 기댓값은 똑같지만 이번에는 78%가 프로그램 D를 선택했다. 즉 위험회피 심리에 따르면 당연히 확실성이 큰 프로그램 C를 선호해야 하는데 그렇지 않았다. 600명 가운데 200명이 사는 것이나 400명이 죽는 것이나 똑같은 상황임에도 사람들이 다르게 받아들였기 때문이다. 바로 조삼모사 상황이다. 즉 사람들은 동일한 내용이라도 긍정적으로 묘사될 경우 이를 선호하는 경향이 있다. '아 다르고 어 다르다'는 속담이 있는 이유다.

남성이 프레임에 더 약해

그렇다면 이런 비합리적인 결정을 이끌어내는 '프레이밍 효과framing effect'는 사람에게만 적용되는 현상일까. 학술지 〈바이올로지 레터스〉 2015년 2월호에는 우리의 가장 가까운 친척인 보노보와 침팬지를 대상으로 프레이밍 효과를 알아본 연구결과가 실렸다. 현대판 조삼모사 실험인 셈이다.

미국 듀크대와 예일대 연구자들은 보노보 17마리, 침팬지 23마리 등 유인원 40마리를 대상으로 프레임을 달리해 먹이를 선택하는 실험을 진행했다. 이들은 대체로 과일을 땅콩보다 선호한다. 연구자들은 먼저 과일 1.5회분에 해당하는 땅콩의 분량을 정하는 실험을 했다. 즉 땅콩의 양을 달리하며 선택이 반반이 되는 지점을 찾았다.

첫 번째 프레임은 '획득 조건'이다. 유인원들은 과일 1회분과 과일 1.5회분에 해당하는 땅콩 사이에서 선택해야 한다. 처음엔 대부분 땅콩을 선택하겠지만 어쩌다 과일을 선택할 경우 2회분을 받기도 한다. 즉 유인원이 과일을 선택했을 때 1회분과 2회분(획득)이 반반의 확률로 주어져 결과적으로 기댓값이 1.5회분이 된다. 반복 실험을 통해 유인원들은 이를 깨달았다.

두 번째 프레임은 '손실 조건'이다. 유인원들은 과일 2회분과 과일 1.5회분에 해당하는 땅콩 사이에서 선택해야 한다. 처음엔 대부분 과일을 선택하겠지만 이 경우 1회분만 받을 때(손실)도 있다. 즉 유인원이 과일을 선택했을 때 1회분과 2회분이 반반의 확률로 주어져 결과적으로 기댓값이 1.5회분이 된다. 역시 반복 실험을 통해 유인원들은 이를 파악했다.

이렇게 훈련이 된 유인원들을 대상으로 실험을 진행하자 첫 번째 프레임에서 59.6%가 과일을 선택한 반면 두 번째 프레임에서는 과일을 선택한 비율이 47.7%에 그쳤다. 사람을 대상으로 한 1981년 논문에 나와 있는 실험과 같은 패턴이다(유인원이 사람보다 좀 더 '합리적'인 존재라 프레임에 따른 차이가 적은 걸까?).

이런 경향은 보노보냐 침팬지냐에 따라서는 차이가 없었지만 성별에 따른 차이는 있었다. 즉 수컷인 경우 프레이밍 효과가 더 컸고 암컷은 프레임의 영향을 받지 않았다. 참고로 사람을 대상으로 한 실험에서도 비슷한 패턴이 나왔다. 즉 남성은 프레이밍 효과가 두드러졌고 여성은 연구에 따라 결과가 엇갈렸다.

조삼모사, 즉 프레이밍 효과는 인간의 비합리적 의사결정 패턴이 아니라 유인원이 공유하는 '긍정의 심리'가 아닐까.

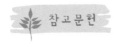 참고문헌

Tversky, A & Kahneman, D. *Science* 211, 453-458 (1981)
Krupenye, C. et al. *Biology Letters* 11, 20140527 (2015)

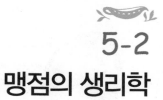

5-2
맹점의 생리학

마음은 자연과 마찬가지로 진공을 싫어하며,
장면을 완성하기 위해 무슨 정보든 채우려고 한다.

— 빌라야누르 라마찬드란

'그러나 이 조사 결과에는 맹점이 있다.'

'철학과 과학, 심리학 등을 근거로 그 맹점을 꼬집는다.'

동아사이언스 사이트에서 '맹점'으로 검색할 때 나오는 기사에서 발췌한 문장들이다. 맹점盲點은 어떤 일을 할 때 미처 신경을 쓰지 못해, 즉 제대로 보지 않아 잘못된 부분을 일컫는 말이다. 비슷한 맥락으로 맹신盲信, 맹목盲目이란 단어도 있다.

필자는 맹점이란 단어를 이처럼 비유적으로 쓰기 위해 만든 것으로 알고 있었다. 그런데 20여 년 전 한 잡지에 실린 글을 읽고 깜짝 놀란 기억이 지금도 새롭다. 맹점에는 위와 같은 비유적인 용법도 있지만, 해부학 용어로 영어 'blind spot'을 직역한 단어이기도 하기 때문이다. (아마도 비유적 의미로 쓰이던 한자어 맹점을 해부학 용어의 번역어로 채용했을 것이다. 그리고 영어 'blind spot'도 원래 비슷한 맥락의 비유적 의미로 쓰고 있

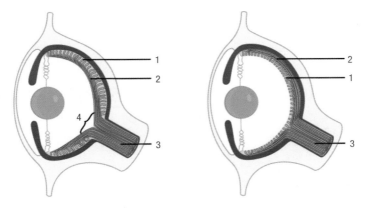

» 척추동물의 눈(왼쪽)과 두족류(오른쪽)의 눈은 망막의 구조가 다르다. 척추동물은 망막(1) 안쪽에 신경섬유(2)가 있어서 시신경 다발(3)로 묶이는 지점인 시각신경유두(4)에 빛수용체가 없다. 그 결과 이 영역의 시각정보가 없어 맹점이 존재한다. 반면 두족류는 망막 바깥쪽에 신경섬유가 있기 때문에 망막이 온전해 맹점이 없다. (제공 위키피디아)

었는데, 안구를 해부하다 눈이 볼 수 없는 영역이 있다는 걸 발견한 과학자가 기존 용어를 갖다 쓴 걸로 보인다.)

맹점은 구조적인 문제

17세기 프랑스 물리학자 에듬 마리오트Edme Mariotte는 안구에서 시신경이 빠져나가는 부분인 시각신경유두를 발견했다. 그는 시각신경유두가 빛에 반응하지 않는다는 사실을 토대로 시야에서 눈이 볼 수 없는 영역, 즉 맹점point aveugle이 있다고 추측했다. 눈의 구조를 잠깐 생각해보자.

카메라 렌즈에 해당하는 수정체를 통과한 빛다발은 상하좌우가 바뀌어 안구 뒤쪽의 망막에 상으로 맺힌다. 망막에 있는 광수용체가 감지한 빛정보는 시신경을 거쳐 뇌로 전달된다. 그런데 이상하게도 시신경은 망막 안쪽에 있다. 즉 빛은 시신경을 통과해 광수용체세포에 도달한다.

망막 안쪽에 분포한 시신경이 뇌로 들어가려면 망막 바깥쪽으로 빠져나가야 하는데 각자의 위치에서 망막을 뚫고 나가는 게 아니라 한곳에 모여 다발을 이뤄 망막을 통과한다. 사무용 책상을 보면 한쪽에 구멍이 뚫려 있어 각종 전선을 모아 아래 전원으로 내보는 것과 비슷하다. 이 구멍에 해당하는 부분이 바로 시각신경유두이고 그 결과 맹점이 생긴 것이다.

'시신경이 망막 바깥쪽에 있으면 될 텐데 눈이 왜 그렇게 진화했지?' 이런 의문이 드는 독자도 있겠지만 진화는 기존의 구조를 토대로 이뤄지는 것이기 때문에 그 결과가 최선이 아닌 경우가 많다. 흥미롭게도 척추동물과는 별개로 정교한 눈을 진화시킨 두족류의 경우 정말 시신경이 망막 바깥쪽에 있다. 따라서 시신경 다발이 뇌로 연결되기 위해 망막을 뚫을 필요가 없다. 물론 이들 생물은 맹점이 없다!

맹점은 원형으로 지름의 시야각이 5도쯤 된다. 달이 0.5도이므로 달 열 개가 나란히 놓일 수 있는 범위의 각도다. '그 정도면 맹점이 쉽게 '보여야' 하는 것 아냐?' 당연히 이런 의문이 들 텐데, 다행히 우리 눈은 두 개이기 때문에 맹점이 보이지 않는다. 시각신경유두는 안구 뒤에서 몸 중심 쪽으로 15도 정도인 지점에 있으므로 두 눈의 맹점이 겹치지 않기 때문이다.

'그렇다면 한쪽 눈을 감으면 맹점이 보인다는 말인데…' 이런 생각이 번뜩 떠올라 실행에 옮긴 독자는 실망할 것이다. 역시 맹점이 보이지 않기 때문이다. 필자가 20여 년 전 글을 읽고 충격을 받은 건 바로 이 지점부터. 즉 약간의 트릭을 쓰면 우리 모두 맹점을 쉽게 '볼 수' 있을 뿐 아니라 내 눈에서 믿을 수 없는 일이 벌어지기 때문이다.

없으면 만들어 채운다

먼저 우리 눈에서 맹점을 확인해보자. 편한 대로 왼쪽 눈이나 오른쪽 눈을 감는다. 그리고 지면에서 40cm쯤 떨어진 뒤 아래 그림에서 글자 R(오른쪽 눈을 뜬 경우) 또는 L(왼쪽 눈을 뜬 경우)에 시선을 고정한 뒤 (이게 중요하다!) 서서히 다가간다. 그러면 어느 순간 옆에 있는 글자가 사라지는데 맹점 안에 글자가 들어갔기 때문이다. 주변시이기 때문에 선명하지는 않지만(제대로 보려고 안구를 돌리는 순간 다시 글자가 나타난다), 몇 번 해보면 사라진다고 확신할 수 있을 것이다.

'신기하긴 한데 왜 맹점은 보이지 않지?' 즉 글자가 사라졌으니 뭔가 있기는 한 건데 그렇다면 검은 반점이 보여야하지 않을까(입력된 빛 정보가 없으므로). 다시 위의 실험을 반복해보자. 글자가 맹점에 들어와 사라졌을 때 무슨 일이 생겼나? 그렇다. 글자만 사라졌을 뿐 주위의 배경이 그대로 있어서 맹점의 존재를 알 수가 없다. 바꿔 말하면 우리 뇌가 맹점에 해당하는 공간에 색(이 경우 배경색)을 채운 것이다.

미국 캘리포니아대 신경과학자 빌라야누르 라마찬드란 교수는 2000년 출간한 책 《라마찬드란 박사의 두뇌 실험실》의 5장 '스스로를 이해하려는 두뇌의 모험'에서 맹점에 대해 자세히 다루고 있다. (필자가 20여

R   **L**

» 맹점의 존재는 쉽게 확인할 수 있다. 편한 대로 왼쪽 눈이나 오른쪽 눈을 감는다. 그리고 그림에서 40cm쯤 떨어진 뒤 글자 R(오른쪽 눈을 뜬 경우) 또는 L(왼쪽 눈을 뜬 경우)에 시선을 고정한 뒤 서서히 다가간다. 글자가 맹점 안에 들어가는 순간 사라진다. (제공 위키피디아)

» 뇌가 시각정보를 처리하는 메커니즘을 이해하는 데 맹점 연구가 큰 도움이 됐다. 즉 입력정보가 불완전할 경우 뇌는 통계적 추측을 바탕으로 정보를 자체생산해 시각을 완성한다. 위: 왼쪽 눈으로 오른쪽 검은 점을 응시하며 다가가면 왼쪽 빨간 막대 두 개가 연결돼 하나로 보인다. 아래: 마찬가지로 다가가면 왼쪽 바퀴살이 중심까지 연장돼 한 점에 수렴한다. ≪라마찬드란 박사의 두뇌 실험실≫에 나온 그림을 약간 변형했다. (제공 강석기)

년 전에 읽은 것도 라마찬드란 교수가 미국 월간과학지 〈사이언티픽 아메리칸〉 1992년 5월호에 기고한 글이다.)

라마찬드란 교수는 책에서 뇌가 맹점을 검은 반점으로 보이게 놔두지 않고 배경과 같은 색으로 채워 넣는 현상을 바탕으로 본다는 것의 의미를 재조명하고 있다. 즉 뇌는 눈이 보내온 잡다한 정보를 바탕으로 자신이 보유하고 있는 데이터베이스를 참조해 영상을 재구성해낸다는 것. 따라서 맹점 실험처럼 입력된 정보가 부족할 경우 주변 정보를 바탕으로 '통계적인 추측'을 해 적당한 이미지를 창조한다는 말이다.

이를 잘 보여주는 맹점실험 예를 두 가지만 더 보자. 오른쪽 눈을 감고 왼쪽 눈으로 앞쪽 그림(위)에서 오른쪽 점을 응시한다. 서서히 다가가는 순간 왼쪽에 수직으로 서 있는 짧은 막대 두 개에서 어떤 일이 일어나는가? 그렇다. 놀랍게도 두 막대가 이어져 하나의 긴 막대가 된다. 막대가 검은색이라면 맹점에서 입력정보가 없으므로 그렇게 됐다고 설명할 수도 있지만, 이 막대는 빨간색이다. 즉 뇌는 맹점의 일부분, 즉 두 막대의 연속선상에 해당하는 영역을 빨간색으로 채워 넣은 것이다.

라마찬드란 교수는 이 현상을 뇌의 통계학으로 설명한다. 즉 두 막대가 우연히 맹점 위아래에 나란히 배열돼 있을 가능성은 매우 낮기 때문이다. 전봇대 왼쪽에는 고양이 머리가 오른쪽에는 꼬리가 있을 경우 고양이 한 마리라고 생각하는 것과 마찬가지다. 결국 뇌는 부족한 정보를 갖고 통계적 추측을 해 화면을 완성한다. 물론 우리는 의지와 상관없이 뇌가 조작한 영상을 볼 수밖에 없다!

앞쪽 그림(아래)의 또 다른 예를 보자. 직선이 바퀴살처럼 사방으로 뻗치고 있는데 가운데가 비어 있다. 이쯤 되면 가운데가 맹점 안에 들어올 때 어떤 일이 벌어지는지 예상할 수 있을 것이다. 그렇다. 선들이 늘어나 가운뎃점으로 수렴하는 것처럼 보인다. 역시 자연스러움을 추구하는 뇌의 채워넣기가 작동한 결과다. 라마찬드란 교수는 책에서 "과장되게 말하면, 우리는 언제나 환각을 겪고 있다. 우리가 지각이라고 부르는 것은, 현재의 감각적 입력에 그중 어떤 환각이 가장 잘 부합하는지 결정함으로써 이루어진다"고 쓰고 있다.

훈련하면 맹점 작아져

학술지 〈커런트 바이올로지〉 2015년 8월 31일자에는 맹점과 관련해 특이한 연구결과가 실렸다. 시각훈련을 하면 맹점의 크기를 줄일 수 있다는 내용이다. 호주 퀸즈랜드대와 미국 노스이스턴대 연구자들은 시

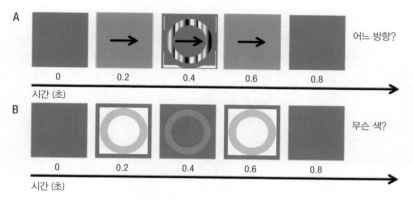

» 맹점의 크기를 줄이는 시각훈련. 위: 동작식별과제로 중심이 맹점의 중심과 같고 크기가 맹점과 비슷한 고리에 나타나는 물결이 어느 방향으로 움직이는지 맞추는 문제다. 아래: 색상식별과제 역시 고리에 나타나는 색상을 맞추는 문제다. 참가자들은 각 과제를 매일 200번씩 실시한다. 고리 크기는 참가자들이 70%를 맞추는 수준으로 조정된다.(제공 <커런트 바이올로지>)

각이 정상인 사람들을 대상으로 평일 20일 연속으로, 즉 4주 동안 시각훈련을 한 결과 맹점의 면적이 24입방도에서 21입방도로 줄어들었다고 보고했다.

연구자들은 먼저 참가자 열 명 각각의 맹점 크기를 측정했다. 즉 한쪽 뜬 눈을 특정 지점을 응시하게 한 뒤 시야 측정을 했다. 즉 시야에서 지름 0.35도인 흰 점이 깜빡거리게 하면서(모니터 배경은 회색) 그 지각 여부(맹점 안에 있으면 모른다)에 따라 맹점의 위치와 크기를 정했다.

그 뒤 20일 동안 맹점 주변에서 동작식별과제와 색상식별과제를 실시했다. 동작식별과제는 고리에 나타나는 물결이 어느 방향으로 움직이는지 맞추는 문제다. 고리 크기는 맹점의 크기와 비슷하다. 색상식별과제 역시 고리에 나타나는 색상을 맞추는 문제다. 참가자들은 각 과제를 매일 200번씩 실시한다. 고리는 중심이 맹점의 중심과 같고 크기는 참가자들이 70%를 맞추는 수준으로 조정된다.

이렇게 20일 동안 훈련을 받은 뒤 맹점을 다시 측정하자 크기가 약간

» 황반변성이 진행돼 암점이 너무 커지면 뇌가 채워넣기로 대응할 수 없는 수준이 된다. 노인성 황반변성이 꽤 진행된 환자의 눈에는 왼쪽 아이들이 오른쪽처럼 보일 것이다. 최근 시각훈련으로 황반변성의 진행을 늦출 수 있다는 연구결과들이 나오고 있다. (제공 위키피디아)

줄어들었다. 연구자들은 맹점 주변에 있는 시신경이 훈련을 통해 민감도가 높아져 맹점이 약간 줄어드는 효과를 냈다고 설명했다. 운동으로 근육을 키우는 것과 비슷한 원리다. 그런데 두 눈이 멀쩡한 경우는 말할 것도 없고 설사 눈 하나만 있더라도 맹점 때문에 생활에 불편할 일이 없는데 왜 이런 실험을 했을까. 훈련으로 맹점 크기가 12% 정도 줄어들 수 있다는 걸 보여주는 데 의의가 있을까.

사실 맹점은 우리 눈의 구조적인 문제이지만 사고나 병으로 망막이나 뇌(시각피질)가 손상될 경우 비슷한 현상이 나타날 수 있다. 이를 암점scotoma이라고 부른다. 암점이 맹점 정도의 크기라면 뇌가 알아서 채워 넣으므로 이를 알아차리지 못할 수도 있지만 암점이 커지면 문제가 된다. 예를 들어 황반변성 같은 경우 황반을 중심으로 빛의 정보를 처리할 수 없는 변성의 범위가 점점 커지면서 시각이 불완전해지고 결국 실명에 이를 수도 있다. 그런데 시각훈련을 하면 이런 진행을 억제할 수 있다는 연구결과가 속속 발표되고 있다.

맹점을 대상으로 한 이번 연구는 병적 암점을 지닌 환자들을 위한 치료법을 찾기 위한 기초연구인 셈이다. 연구자들은 논문에서 "지각훈련을 통해 병에서 비롯한 국지적 실명의 범위를 줄일 수 있다"며 "이번 연구는 이런 훈련법을 최적화하는 데 도움이 될 것"이라고 설명했다.

매사를 꼼꼼하게 챙기는 훈련을 하면 비유적 의미에서의 맹점도 줄일 수 있을 거라는 생각이 문득 든다.

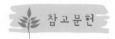 참고문헌

《라마찬드란 박사의 두뇌 실험실》 빌라야누르 라마찬드란 & 샌드라 블레이크스리, 신상규 옮김, 바다출판사 (2007)
Miller, P. A. et al. *Current Biology* 25, R747-748 (2015)

5-3
미의 절대기준은
존재하는가?

얼마 전 〈진짜사나이〉라는 예능프로그램에서 본 흥미로운 상황이 기억에 남는다. 여군특집으로 여자 연예인 열 명이 입소해 숙소에 배정된 뒤 하사관이 묻는다.

"혹시 수술받은 사람 있으면 얘기합니다."

다들 쭈뼛쭈뼛 서로 얼굴을 쳐다보는데 사유리 씨가 용감하게 손을 든다.

» 한채아 (제공 위키피디아)

"눈을 좀 고쳤고요. 코도 좀 올렸어요."

보통 맹장수술 같은 걸 생각하고 물은 걸 텐데 엉뚱하게 성형수술로 초점이 옮아갔다. 그런데 흥미로운 건 이어지는 한채아 씨의 인터뷰였다. 이목구비가 뚜렷한 서구형 미인으로 프로그램에서 '절세미인'으로 설정된(다른 채널의 드라마에서 '조선절세미인'으로 출연할 예정이라고 한다) 한채아 씨는 자신을 성형미인으로 알고 있는 사람들이 많은 것 같다며 절대 아니라고 펄쩍 뛴다.

그러면서 얼굴이 약간 세 보여 거꾸로 얼굴선을 순화시키는, 즉 코를 약간 낮추는 성형수술을 받으라는 얘기를 많이 들었는데 결심을 못해 차일피일 미루다가 이제 얼굴이 너무 알려져 수술을 할 타이밍을 놓친 것 같다며 아쉬워했다. 듣기에 따라서는 '사람 놀리나?'라는 반응이 나올 수도 있겠지만, 아무튼 '자연미인'을 높이 평가하는 필자로서는 한채아 씨를 다시 보게 됐다.

더 이상 백인의 외모를 꿈꾸지 않는다

학술지 〈네이처〉 2015년 10월 8일자에는 '아름다움Beauty'을 특별부록으로 다뤘다. 아름다움의 다양한 측면을 다룬 기사와 인터뷰 등 총 아홉 편의 글이 실렸는데, 다들 흥미진진하면서도 '미美의 추醜한' 이면을 다룬 글도 여러 편 있어서 이제는 약간 식상한 아름다움의 과학(진화생물학 관점의 설명)을 벗어난 듯한 느낌도 들었다.

부록에서 세 번째 글은 제목이 '다양한 개입'으로 성형수술의 현주소를 다루고 있다. 처음 이 페이지를 펼쳐보고 필자는 순간 '네이처 안에 어떻게 국내 광고지가 껴있지?'라고 의아해했는데 자세히 보니 광고지가 아니라 메인 이미지였다. 성형수술 하면 떠오르는 나라가 한국이라더니 정말 그런가 보다.

수자타 굽타Sujata Gupta라는 프리랜스 과학작가가 쓴 글로 지난 10년 사이 성형수술의 증가가 세계적인 현상이라는 것으로 얘기를 시작한다. 예를 들어 미국의 경우 2005년에서 2014년 사이 백인은 성형수술이 38% 증가했고 유색인은 무려 110%가 증가했다. 그런데 성형수술의 방향이 좀 다르다. 코수술을 보면 백인들은 주로 코를 낮추는 수술

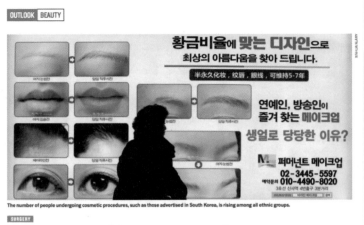

The number of people undergoing cosmetic procedures, such as those advertised in South Korea, is rising among all ethnic groups.

SURGERY

Diverse interventions

*Standards for cosmetic surgery are typically based on white ideals of beauty. But the
demand for facial procedures by people of all ethnicities is driving a change in practices.*

BY SUJATA GUPTA

Around 1,000 years ago, Leonardo da Vinci divided the face into horizontal thirds and noted that the distance

anatomists and artists of yesteryear were looking at proportions of the face and deciding what was normal," she says. "But they were looking only at Caucasian faces."

That is now changing. However one feels

"is like trying to do heart surgery without knowing where the blood vessels go".

END OF THE MASQUERADE
Pride in ethnic identity has helped to spur this

» <네이처> 2015년 10월 8일자 특별부록 '아름다움'에 실린 성형수술의 현주소를 다룬 글의
메인 이미지는 우리나라의 성형수술광고로, 성형공화국으로서의 우리나라 위상을 실감할 수
있다. (제공 <네이처>)

이 많은 반면(좀 더 여성스럽게 보이기 위해) 유색인들은 코를 높이고 좁
히는 수술이 많다. 즉 '미의 기준'인 백인과 좀 더 닮아 보이고 싶은 열
망이 반영된 결과다.

그런데 최근 '백인이 되고 싶어' 성형수술을 받는 경향이 서서히 퇴조
하고 있다고 한다. 즉 자신의 인종적 정체성을 유지하는 한에서 얼굴을
다듬어 아름다움을 극대화하는 방향으로 바뀌고 있다는 것이다. 예를
들어 중동 여성들은 매부리코가 많은데 예전 같으면 콧등을 깎는 경우
가 많았지만(백인 여성들의 코수술 가운데 상당수가 이것이다) 지금은 그냥

놔두거나 너무 두드러진 경우 살짝만 깎는다고 한다. 완전히 없앨 경우 '서구여성처럼 보이기' 때문이다.

미국 시카고대의 성형외과의 줄리우스 퓨Julius Few 교수는 "인종적 배경을 고려하지 않은 성형수술은 혈관이 어떻게 배치돼 있는지 모른 채 심장수술을 하려는 것과 같다"며 '백인동경' 성형수술의 위험성을 경고했다. 기사에는 '성형공화국'인 우리나라도 당연히 등장한다. 아산병원의 코성형전문의 장용주 교수는 성형수술의 가이드라인이 백인을 기준으로 잡혀있는 게 문제라고 지적하고 있다. 참고로 장 교수는 2015년 10월 초 프랑스 칸느에서 열린 유럽안면성형재건학회에서 조셉메달을 수상했다. 조셉메달은 현대 코성형수술의 창시자인 자크 조셉을 기려 이름을 붙인 상이다.

얼굴 합칠수록 더 아름다워져

성형수술을 심각하게 고려하고 있는 사람들로서는 아래의 필자 의견이 한가로운 소리로 들릴지도 모르겠지만, 글을 읽다 보니 문득 아름다움의 진화생물학이야말로 얼굴 성형의 방향을 정할 때 고려해야 할 사항이 아닌가 하는 생각이 들었다.

진화생물학(또는 진화심리학)은 아름다움의 평가 기준이 번식력을 반영한다고 설명한다. 즉 우리는 건강한 자손을 많이 낳을 수 있는 외형적 특징을 아름답다고 느낀다는 것이다. 이렇게 추출된 특징이 대칭성, 성적이형sexual dimorphism, 평균성averageness이다. 대칭성은 말 그대로 좌우대칭으로 대칭성이 클수록 유전자에 결함이 없다는 뜻이다. 즉 발생과정에서 좌우가 맞는다는 건 유전자 발현조절이 정교하게 이뤄졌고 이 과정에서 심각한 질병이나 사고가 없었음을 시사하기 때문이다.

성적이형은 남성은 남성스럽고 여성은 여성스러운 특징이 잘 부각돼야 한다는 말이다. 얼핏 늘씬해 보여도 몸매가 콜라병형이 아니라 통나무형일 경우 여성으로서의 매력이 떨어진다. 참고로 체형은 성호르몬의 영향을 많이 받고 따라서 생식력과 관련이 많다. 실제로 남녀(암수)는 '모 아니면 도' 식으로 양분된 게 아니라 그 정도에 따라 널리 분포돼 있고 남녀특성의 모호함이 클수록 생식력은 떨어진다.[34]

끝으로 평균성은 비교적 새로운 개념으로 우연한 발견에서 비롯됐다. 즉 심리학자들이 얼굴합성 실험을 하다가 얼굴을 많이 섞을수록, 즉 평균에 가까이 갈수록 사람들이 더 아름답다고 판단한다는 예상치 못한 결과를 얻었다. 평균성은 대칭성과도 관련이 있지만(여러 명의 얼굴을 섞을수록 좌우가 대칭이 될 것이므로) 뇌가 얼굴을 인식하는 데 들어가는 노력이 덜 드는 게 아름답게 느껴지는 주된 이유라고 한다. 즉 얼굴 정보를 처리하는 건 매우 복잡한 과제이기 때문에 이런 노력이 덜 들어가는 얼굴, 즉 평균적인 얼굴을 선호한다는 것이다.

결국 견적만 많이 들고 정체성을 잃어버릴 위험성이 높은 낯선 백인 얼굴로 고치는 것보다 자신의 얼굴에서 비대칭적인 요소를 평균에 가까운 방향으로 살짝 다듬고 이 과정에서 성 정체성 향상까지 고려한다면 주위에서 "어, 왜 이렇게 예뻐졌지? 성형을 한 것 같지는 않은데…." 같은 반응이 나올 수 있다는 말이다.

예쁜 남자 신드롬의 이면에는….

지금까지 주로 여성을 대상으로 이야기를 전개하다 보니 좀 기분이 나쁜 독자도 있을 텐데, 특집에는 남성의 미모 가꾸기 현상을 다룬 기사도 있어 소개한다. 켈리 레 키Kelly Rae Chi라는 프리랜스 과학작가가

---

34 자세한 내용은 170쪽 '남성과 여성 사이' 참조.

쓴 글로 오늘날 외모를 중시하는 남성들이 늘고 있는 경향을 부정적인 시각에서 해석하고 있다.

20년 전만 해도 자신의 신체이미지에 대해 불만을 느끼고 그 결과 정신적인 문제를 겪는 남성이 거의 없었지만, 지금은 급격히 늘고 있다고 한다. 각종 미디어에서 보통 남성들은 '도달할 수 없는unattainable' 신적인 외모를 지닌 남성상을 기준으로 삼으면서 많은 남성, 특히 청소년들이 자신의 몸을 불만스러워하고 그 결과 섭식장애 같은 질환이 늘고 있다는 것이다. 영국 남자 청소년 가운데 18%가 외모에 대한 불만으로 심각하게 고민하고 있고 7.6%가 성장호르몬이나 아나볼릭 스테로이드 같은 약물을 복용하기에 이르렀다.

필요하지 않은 상품을 꼭 필요한 것으로 만들어야 시장을 창출할 수 있는 기업들은 온갖 미디어를 동원해 이상적인 남성상을 부각했고 그 결과는 새로운 시장의 급성장과 함께 많은 남성이 자신의 몸에 만족하지 못하면서 우울함을 겪게 됐다. 미국 보스턴 어린이병원의 역학자 앨리슨 필드는 "우리 주변에는 당신이 당신 자신에게 만족하기를 바라지 않는 업계들이 포진해 있다"며 오늘날 남성들이 직면한 위기를 진단하고 있다.

성형외과가 아니라 정신과 찾아야

이어지는 글 역시 외모 지상주의의 병폐를 다루고 있는데 좀 더 심각하다. 즉 '신체이형장애body dysmorphic disorder'라는 정신질환에 대한 얘기인데 인구의 2%가 이 범주에 들어갈 정도로 광범위한 문제라고 한다. 신체이형장애는 얼굴에 아무 문제가 없거나 작은 흠이 있는 걸 심각한 문제가 생긴 것처럼 확대 왜곡해 인지하는 증상이다. 자신의 몸에 대한 이미지가 왜곡돼 사소한 결함이 침소봉대돼 이를 너무 의식하

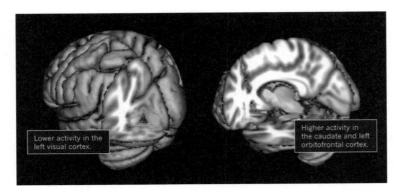

» 신체이형장애인 사람의 뇌 이미지로 시각정보를 처리할 때 활성패턴에 차이를 보인다. 즉 왼쪽 후두엽의 시각피질의 활동도는 낮고(왼쪽 파란색) 미상핵과 왼쪽안와전두피질의 활동도는 높다(오른쪽 노란색). (제공 Jamie Feusner)

다 보니 정상적인 생활이 어려워지고 심지어 자살까지 한다. 실제로 신체이형장애를 겪고 있는 사람들은 자살비율이 그렇지 않은 사람에 비해 22배나 된다.

다른 많은 정신질환처럼 유전적인 요소가 큰 것으로 알려져 있는데, 외모를 중시하는 풍조가 만연하면서 증상이 발현돼 상황이 심각하게 전개되는 사람들이 늘어나고 있다.

우울증을 별것 아닌 것처럼 치부하듯이 신체이형장애도 배부른 병이라고 넘기기 쉽지만 상황은 꽤 심각하다. 즉 오늘날 빈번하게 벌어지고 있는 성형수술 관련 분쟁의 상당수가 신체이형장애인 사람들이 수술을 받은 결과라고 한다. 그 결과 담당 의사를 상대로 한 법적 소송은 물론 신체적 상해, 심지어 살해도 일어난다. 글을 보면 성형외과를 찾는 사람의 10% 정도가 신체이형장애를 겪고 있다. 즉 이런 사람들은 성형외과가 아니라 정신과를 찾아야 한다는 말이다. 과학작가인 엘리 돌긴 Elie Dolgin은 글에서 의사들은 내원한 환자의 수술을 결정하기 전에 꼼꼼한 설문을 통해 신체이형장애가 있는지를 확인해야 한다고 강조했다.

한편 신체이형장애가 결국은 뇌, 즉 마음의 문제임을 밝힌 연구결과들도 소개돼 있다. 즉 신체이형장애가 있는 사람들은 뇌에서 시각 자극을 처리하는 영역의 활성이 비정상적이라는 것이다. 그 결과 신체를 전체적으로 보지 못하고 특정한 영역의 디테일에 집착하게 된다. 이런 증상이 있는 사람들에게 심리치료법의 하나인 '인지행동요법CBT'이 큰 도움이 된다고 한다. CBT는 자신의 몸에 대해 부정적인 생각이 떠오를 때마다 이에 도전하고 우회해 떨쳐내는 방법이다.

아름다움은 진리보다도 위대하다?

문득 외모의 아름다움에만 집착하는 요즘 풍토에서 한 번 생각해볼 만한 에피소드가 하나 떠올랐다. 1902년 봄 27세의 독일 시인 라이너 마리아 릴케는 프랑스의 위대한 조각가 오귀스트 로댕으로부터 자신의 전기를 써달라는 주문을 받는다. 당시 62세인 로댕이 무명의 젊은 외국 시인에게 일을 맡긴 건 릴케의 아내인 조각가 클라라 베스트호프가 제자였기 때문일 것이다. 8월 28일 파리에 도착한 릴케는 9월 1일 로댕을 방문했고 이후 거의 매일 작업실을 찾으며 로댕의 삶과 작업을 지켜보고 대화를 나누었다. 그리고 이듬해 ≪로댕론≫을 출간했다.

릴케는 책에서 1864년 로댕이 24세 때 발표한, 실질적으로 첫 작품이라고 할 수 있는 〈코가 깨진 사나이〉를 자세히 다루고 있다. 아

» 오귀스트 로댕의 24세 때 작품 <코가 깨진 사나이>(1864). 주로 외모가 아름다운 대상만을 조각하던 당시 풍토에 정면으로 도전한 충격적인 작품으로 릴케가 ≪로댕론≫에서 그 의의를 자세히 다뤘다. (제공 로댕박물관)

름다운 남녀를 조각한 고대 그리스와 르네상스시대의 전통을 무시하고 로댕은 '늙어가는 추한 남자의 두상'을 제작했고, '그때까지도 유일하게 지배적이었던 아름다움에 대한 관학파들의 요구 조건들을 무모하게 거부한' 이 작품은 이해 살롱전에서 받아들여지지 않았다.

릴케는 ≪로댕론≫에서 "로댕은 얼굴에 현혹되지 않고 육체를 추구했던 사람"이라며 〈코가 깨진 사나이〉에 대해 "이 얼굴에는 어떤 대칭적인 면도 없으며 반복되는 것은 아무것도 없었다"라고 쓰고 있다. 그러면서도 "그 완성도로 인해 아름답다고 하지 않을 수 없다"고 평가했다.

그런데 여기까지 쓰다 보니 문득 로댕이 세속적인 아름다움을 초탈한 사람인 것 같은 오해를 줄 수도 있겠다는 생각이 들면서 또 다른 에피소드가 떠오른다. 어릴 때부터 조각에 재능을 보였던 카미유 클로델은 당시 파리의 명문 미술학교 에콜데보자르가 여성을 받지 않아 할 수 없이 아카데미 콜라로시에 들어갔다. 소녀의 천재적인 재능을 아까워한 스승 알프레드 부쉐르는 1884년 스무 살의 클로델을 로댕에게 보낸다. 로댕의 조수 겸 모델, 제자가 된 클로델은 곧 24세 연상의 스승과 연

» 로댕의 조수이자 모델, 제자 그리고 연인이었던 카미유 클로델. 로댕과 처음 만난 20세 때의 모습이다. 클로델이 빼어난 미인이 아니었어도 로댕이 흔들렸을까.

인이 된다. 오랫동안 내연관계를 유지하던 두 사람은 1892년 클로델이 유산하면서 결별하고 이후 클로델은 조각가로 독립하지만 정신적으로 힘겨운 삶을 살다 1905년 정신분열증이 발병해 정신병원을 전전하다 1943년 사망했다. 로댕에게 '단물을 빨리고 껍데기만 남아 버려진' 여성으로 클로델을 그린 1988년 영화 〈카미유 클로델〉(이자벨 아자니가 클로델을, 제라르 드파르디외가 로댕을

연기했다)은 로댕에 대해 다시 생각하게 하는 작품이다. 참고로 필자 눈에는 클로델이 아자니보다 더 미인으로 보인다.

위대한 예술가조차 삶의 어느 길목에서만 진화생물학의 한계를 극복할 수 있었을 뿐 늘 그럴 수는 없었던가보다. 문득 영국 통계학자 조지 박스의 경구가 떠오른다.

"통계학자는 예술가처럼 자신들의 모델과 사랑에 빠지는 나쁜 습관이 있다."

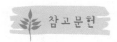 참고문헌

Gupta, S. *Nature* 526, S6-S7
Chi, K. R. *Nature* 526, S12-S13
Dolgin, E. *Nature* 526, S14-S15
≪보르프스베데·로댕론≫ 라이너 마리아 릴케, 장미영 옮김. 책세상 (2000)

5-4
누가 내 몸을 건드리나

» 제공 <shutterstock>

우리는 북적대는 버스나 지하철에 겨우 들어가 짐짝처럼 침묵의 대중이 된다. 몸은
부대끼지만 영혼은 없는 존재인 셈이다. 노인은 그런 교통수단에 끼어들 엄두를 못
내고, 어린아이는 숨이 막혀 죽을 지경이다.

― 폴 투르니에

스위스의 정신의학자 폴 투르니에Paul Tournier는 1971년 펴낸 책 《노년의 의미》에서 현대인의 삶의 삭막한 풍경으로 만원 대중교통 광경을 묘사했지만, 사실 코앞에 다른 사람의 뒤통수나 심지어 얼굴이 있고 내 몸이 누군가의 몸과 닿아 있는 상황에서 스스로나 다른 사람들을 '짐짝처럼' 여기지 않는다면, 즉 '영혼이 있는' 존재임을 잊지 않는다면 견디기가 쉽지 않을 것이다.

지하철이 역에 정차해 사람들이 썰물처럼 빠져나가 여유 공간이 생겼음에도, 즉 영혼이 있는 존재로 돌아왔음에도 내 옆에 붙어있던 사람이 그대로 있다면(나는 명당자리, 즉 벽 또는 기둥에 기대고 있다) 내심 불쾌하게(또는 이상하게) 생각하며 별수 없이 내 쪽에서 자리를 옮길 것이다. 즉 우리는 불가피한 상황이 아니라면 낯선 사람들과 신체접촉을 피하기 마련이다.

당연한 얘기이지만 두 사람 사이의 정서적 유대의 정도에 따라 의식적인 신체접촉의 폭이 결정된다. 처음 본 사람도 인사할 때 손을 마주잡을 수 있지만 십 년을 함께 한 '오피스 배우자'(친한 남녀 회사동료)라도 회식자리에서 엉덩이에 손을 댔다가는 바로 성추행범으로 전락한다. 그렇다면 정서적인 유대의 정도와 신체접촉의 범위 사이에는 어떤 관계가 있을까. 그리고 이는 타고난 것일까 아니면 문화의 영향을 받을까.

손은 잡아도 팔은 잡으면 안 돼

핀란드와 영국의 공동연구자들은 어찌 보면 뻔해 보이는 이 질문에 대한 답을 얻는 실험을 진행해 그 결과를 학술지 〈미국립과학원회보〉 2015년 11월 10일자에 발표했다. 연구자들은 수천 킬로미터에 걸쳐 있는 유럽 5개국(핀란드, 프랑스, 이탈리아, 러시아, 영국)의 1,368명을 대상으로 인적 네트워크의 여러 층에 대한 신체접촉 허용범위를 조사했다.

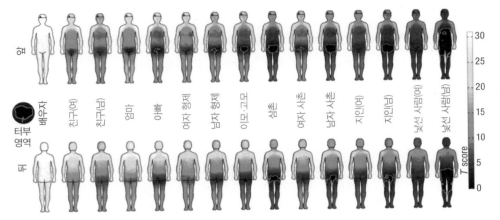

효

배우자

친구(여)

친구(남)

엄마

아빠

여자 형제

남자 형제

이모, 고모

삼촌

여자 사촌

남자 사촌

지인(여)

지인(남)

낯선 사람(여)

낯선 사람(남)

터부
영역

뒤

30
25
20
15
10
5
0

T score

» 인적 네트워크의 층과 신체접촉허용범위의 관계를 보여주는 신체접촉영역지도. 위는 정면, 아래는 뒷면이다. 가장 왼쪽의 배우자(또는 연인)에 대해서는 거의 제한이 없다. 그다음부터 남녀 쌍으로 친구, 부모, 형제자매, 삼촌(이모, 고모), 사촌, 아는 사람, 낯선 사람 순으로 접촉지도가 나와 있다. 색이 짙을수록 접촉을 꺼리는 부분으로 특히 파란 선으로 둘러싸인 검은 영역은 금기시하는 신체 부위를 나타낸다. (제공 <PNAS>)

즉 네트워크의 층은 가장 가까운 배우자(또는 연인)에서부터 직계가족, 친구, 친척, 아는 사람, 낯선 사람 순이다. 연구자들은 여기에 이 사람들의 성별을 고려해 전부 15개의 층을 설정했다. 설문 참가자들은 각 층에 해당하는 사람을 한 명씩 떠올린 뒤 화면에 있는 인체 정면과 뒷면 실루엣을 자신의 몸이라고 생각하고 이 사람들 각각에 대해 신체접촉을 허용하는 부분을 마우스를 움직여 칠하게 했다. 마치 색이 있는 캔버스에 흰색물감을 칠하는 것처럼 마우스가 여러 번 지나간 자리일수록 더 하얗게 된다.

5개국 1,368명이 칠한 그림을 합쳐 작성한 '신체접촉영역지도touch-area map'(이하 접촉지도)를 보면 네트워크층의 거리에 따라 신체접촉 허용 범위가 결정됨을 한 눈에 알 수 있다. 가장 왼쪽의 접촉지도(위는 정면, 아래는 뒷면)는 배우자(또는 연인)에 대한 허용도로, 사실상 몸 전체를 만져도 된다고 답했다. '부부는 무촌無寸', '남녀 사이는 당사자들 외에는 모른다'는 얘기가 그냥 나온 게 아니라는 말이다.

다음부터는 같은 층을 성별에 따라 쌍으로 보여주고 있는데, 다들 남성보다 여성의 신체접촉에 더 관대함을 알 수 있다. 즉 부모의 경우 엄마에게 더 마음을 여는데, 특히 아빠의 경우는 생식기 주변을 만지는 걸 터부시하고 있다(파란 선으로 둘러싼 검은 영역). 이런 터부는 다른 층의 쌍에서도 주로 남성에게서 보인다. 특히 낯선 남성의 경우 절대 만져서는 안 되는 신체 부위가 꽤 넓다.

반면 손의 경우는 네트워크 거리와 관계없이 모두 신체접촉을 허용하고 있다. 이는 악수가 의례적인 신체접촉행위임을 생각할 때 당연한 결과다. 연구자들은 인적네트워크의 층에 따른 정서적 유대감을 조사했는데, 유대감의 정도와 신체접촉허용범위가 비례관계를 보였다. 반면 가장 최근에 만난 게 언제인가, 즉 상호작용을 한 시기와 접촉지도 사이에는 별 관계가 없었다. 즉 단순 직장 동료에 대해서는 설문에 참여하기 직전에 봤더라도 신체접촉허용범위가 넓어지는 건 아니라는 말이다.

또 하나 흥미로운 현상은 접촉지도의 남녀차이다. 이는 접촉하는 사람뿐 아니라 설문에 참여한 사람들에게도 해당한다. 즉 설문자의 성별과 관계없이 인적 네트워크의 거의 모든 층에서 남성보다 여성에게 더 관대했다. 한편 설문자의 성별에 따라 비교해보면 여성이 남성보다 전반적으로 신체접촉 허용 범위가 더 넓었다. 이는 유대를 강화하는 역할을 하는 사회적인 신체접촉이 여성(암컷)에게 더 적합한 행위로 진화했다는 기존 이론과 잘 맞는 부분이다.

그렇다면 접촉지도는 타고난 것인가 문화의 영향을 받는 것인가. 일단 연구자들은 전자로 보고 있다. 즉 5개국의 데이터를 비교해도 큰 차이가 없기 때문이다. 다만 러시아사람들이 폭이 약간 좁은 경향이 있었다. 그럼에도 문화의 영향을 배제할 수는 없는데, 5개국이 넓게 펼쳐져 있더라도 아무튼 다들 유럽권이기 때문이다. 따라서 아시아나 아프리카 등 다른 문화권에서도 비슷한 실험을 해본다면 좀 더 확실한 결론을 얻을 수 있을 것이다.

이래저래 남성들은 낯선 사람은 물론 자기는 친하다고 생각(또는 착각?)하는 동료에 대해서도 섣불리 신체접촉을 시도하지 않는 게 상책이라는 생각이 문득 든다.

 참고문헌

Suvilehto, J. T. *PNAS* 112, 13811-13816 (2015)

PART 6
영화/드라마

6-1
남성과 여성 사이

» 앨런 튜링의 삶과 업적을 다룬 영화 <이미테이션 게임>의 한 장면. 베네딕트 컴버배치가 튜링을 열연했다. (제공 미디어로그)

2015년 2월 개봉한 영화 〈이미테이션 게임〉은 천재 수학자이자 디지털컴퓨터의 아버지인 앨런 튜링Alan Turing의 삶을 실감 나게 그리고 있다. 영화는 2차 세계대전 당시 독일군의 암호체계인 에니그마를 해독하는 과정을 주축으로 해서 1950년대 동성애 사건으로 몰락하는 과정과 10대 학창시절을 교차시키며 인간 튜링의 모습을 잘 보여줬다. 물론 극적 효과를 위해 몇몇 상황을 과장, 왜곡했기 때문에 뒷말도 좀 있는 것 같다.

아무튼 영화를 본 사람이라면 에니그마를 해독해 수많은 사람의 목숨을 구했음에도 동성애란 성적 취향이 문제가 돼 '2년 징역이냐 화학적 거세냐'를 놓고 선택을 해야만 했던 천재 튜링의 운명에 슬픔을 느끼지 않을 수 없을 것이다. 특히 옥스퍼드나 케임브리지 등 명문대를 중심으로 동성애가 널리 퍼져있었던 당시 영국에서 이런 위선적인 법률이 무자비하게 집행됐다는 게 의아하기도 하다.

튜링이 자살하고 60여 년이 지난 현재 중동과 아프리카의 몇몇 나라를 제외하고는 동성애가 이제 더는 법적 규제의 대상은 아니다. 유교전통이 강한 우리나라조차 동성애 반대 운운하면 '웬 봉창 두들기는 소리?'라는 냉소를 받을 지경이다. 나는 이성애자이지만 동성애자의 취향도 인정한다는 말이다.

이처럼 성적 취향의 다양성은 인정을 받게 됐지만, 여전히 대부분의 나라에서 남녀 성별은 유효하다. 우리나라도 주민등록번호를 시작으로 각종 사이트에 가입할 때 성별 표시는 기본이다. 게다가 화장실, 목욕탕, 운동 종목 등 남녀유별이 곳곳에 있다. 남녀차별에 반대하는 사람들도 남녀유별(구별)은 당연한 것으로 받아들이고 있다.

내 몸에 엄마 세포가?

학술지 〈네이처〉 2015년 2월 19일자에는 '남과 여'라는 이분법적인 성별이 실제 상황에서 꼭 들어맞지 않는다는 최근 연구결과를 소개한 장문의 기사가 실렸다. XX염색체를 지니면 여성이 되고 XY염색체를 지니면 남성이 되는 건 중고교 생물 교과서에도 나오는 상식인데 이게 무슨 말인가.

글은 임신으로 양수검사를 받은 46세 여성의 이야기로 시작한다. 즉 양수검사 결과 아기는 멀쩡했지만, 엄마의 염색체가 좀 이상했다. 어떤 세포에서는 정상적인 여성인 XX염색체였지만 몇몇 세포는 남성인 XY염색체로 나타난 것. 즉 이 여성의 몸은 여성 세포와 남성 세포의 모자이크인데 XX염색체 세포가 더 우세해 여성이 됐다는 말이다. 그런데 어떻게 한 사람의 몸에서 남녀의 세포가 공존하게 된 걸까. 연구자들은 이 여성의 엄마가 이란성 쌍둥이를 임신했는데 발생 초기 배아가 합쳐져 한 개체가 됐다고 설명했다.

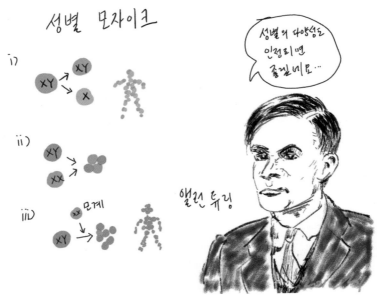

» 한 사람의 몸에 남녀 세포가 모자이크로 존재하는 경우가 꽤 있다는 사실이 밝혀졌다. i)은 남성 배아가 분열할 때 Y염색체가 소실돼 모자이크되는 경우이고 ii)는 성별이 다른 이란성 쌍둥이 배아가 합쳐진 경우다. iii)은 태반을 통해 남아에게 엄마의 세포가 들어온 경우다. (제공 강석기)

한편 남자가 될 XY염색체인 수정란이 세포분열을 하는 과정에서 Y염색체가 소실되는 실수가 일어날 수 있다. 그 결과 일부 세포는 정상적인 XY염색체를 지니고 일부 세포는 X염색체 하나만 있는 모자이크 아기가 태어날 수 있다. 이 경우 어느 쪽이 더 우세하냐에 따라 남성이 될 수도 있고 터너증후군(X염색체가 하나뿐일 때 나타나는 발육부진과 성적 미성숙)을 보이는 여성이 될 수도 있다. 이럴 가능성은 1만 5,000명 가운데 한 명 정도로 드물다.

'놀랍긴 한데 워낙 희귀한 경우니까…' 이런 생각을 하는 사람들 가운데 다수도 정도는 훨씬 덜하지만 비슷한 상황일 가능성이 있다. 즉 임신하면 태반을 통해 엄마의 줄기세포가 아기에게 또 아기의 줄기세포가 엄마에게 옮겨간다는 사실이 1970년대 초 알려졌는데 추적조사를 해보니 이런 세포가 면역반응을 통해 없어지지 않고 살아남아 자리를 잡고 나름 역할을 한다는 게 밝혀졌다.

따라서 남아를 임신한 경우 엄마의 몸에 XY염색체를 지닌 세포가 소량 존재하고 남자아이의 몸에는 XX염색체를 지난 세포가 약간 있다. 실제로 94세로 사망한 여성의 뇌를 조사한 결과 XY염색체를 지닌 세포가 존재했다는 연구결과도 있다. 결국 많은 사람이 '통계적으로' 여성 또는 남성이라는 말이다.

XY염색체를 지닌 여성

남성이냐 여성이냐를 결정하는 데 염색체가 다는 아니다. X염색체에 있는, 여성호르몬인 에스트로겐을 촉진하고 남성호르몬인 테스토스테론을 억제하는 유전자들이 작용하기 때문에 태아는 여성이 된다. 마찬가지로 Y염색체에 있는, 남성호르몬을 촉진하고 여성호르몬을 억제하는 유전자들이 작용하기 때문에 태아는 남성이 된다. 그런데 이들 유전

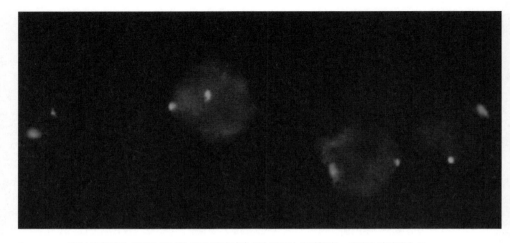

» 한 남성 환자의 세포를 조사한 결과 여성(어머니)의 세포가 존재한다는 사실이 밝혀졌다. 즉 가운데 세포를 보면 X염색체(녹색)가 쌍으로 있다. 다른 세포들은 X염색체와 Y염색체(빨간색)가 하나씩 있다. (제공 <임상연구저널>)

자에 돌연변이가 있거나 성호르몬을 인식하는 수용체에 문제가 있으면 성 정체성에 혼란이 올 수 있다. 이런 경우를 통칭해 '성발달차이difference of sex development'라고 부른다. 변이 정도에 따라 증상에 경중이 있는데 대략 100명에 한 명꼴로 성발달차이를 보인다고 한다.

외부생식기는 별 차이가 없는데 정자수 부족 같은 생식력 저하를 보이는 약한 증상에서부터 요도의 위치가 귀두 아래쪽에 놓이는 '요도하열' 같은 외부생식기의 해부학적 구조변화를 보이는 경우도 있고 심할 경우 남성호르몬 수용체가 고장 나 해부학적으로 여성이 되는 '완전형 안드로겐불감증후군complete androgen insensitivity syndrome'도 있다. 기사에 소개된 70세 남성의 경우는 탈장 때문에 수술을 받다가 자궁이 있다는 사실이 밝혀지기도 했다. 이 사람은 자녀를 넷이나 뒀다고. 여성의 경우도 이와 비슷하게 남성성이 섞여 있는 정도가 다양하게 나타난다. 결국 염색체 유형만으로 남녀를 규정할 수 없다는 말이다.

하지만 사회는 여전히 남녀 이분법을 강요하고 있으므로 이런 애매한 성 정체성을 지니고 태어날 경우 부모들이 서둘러 수술을 시켜 외부 생식기가 확실히 남성 또는 여성의 것이 되게 만드는데 이게 나중에 문제가 될 수가 있다. 즉 아이가 커서 자신의 성 정체성이 수술로 정해진 성별과 맞지 않을 경우 큰 고통을 겪게 되기 때문이다. 따라서 이런 상태로 태어날 경우 아이가 자신의 성 정체성을 판단해 어느 성으로 수술할지 또는 그냥 살지를 결정해야 하는데 사회 시스템이 그렇게 놔두지 않는 게 문제다.

튜링이 자살하고 60년이 지난 현재 당시 동성애라는 취향이 중범죄로 취급됐다는 게 어이없게 느껴지는 것처럼 앞으로 60년이 지난 시점에서는 과거 남녀라는 이분법적 성별구분이 촌스러운 사고방식이었다고 생각하게 될까. 왠지 그때가 돼서도 그럴 것 같지는 않지만 어쩌면 이렇게 성별을 묻게 될지도 모르겠다.

남 (　　) 여 (　　) 기타 (　　)

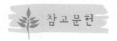
참고문헌

Ainsworth, C. *Nature* 518, 288-291 (2015)

6-2
동안인 사람이 몸도 젊다!

》 (제공 강석기)

사람은 나이 40을 넘으면 자기 얼굴에 책임을 져야 한다.

— 에이브러햄 링컨

지난 봄 필자는 정말 비현실적인 경험을 했다. 필자와 친구는 점심을 하러 서울 이촌동의 한 일식집에 들어가 6시 방향의 식탁에 자리를 잡았다. 주문을 한 뒤 수다를 떨면서 9시 방향 벽에 걸려있는 TV에서 나오는 드라마를 흘끔 쳐다봤다. 당시 방송되고 있던 〈앵그리맘〉이라는 드라마로 평소 보지는 않았지만 화제가 된 거라 알고는 있었다. 줄거리를 한 문장으로 요약하면 딸(김유정)이 학교폭력의 희생자가 됐다는 사실을 알게 된 엄마(김희선)가 딸을 구하기 위해 고등학생으로 속여 학교에 들어가 좌충우돌하는 얘기다. 화제가 된 건 물론 2015년 우리 나이로 39세인 김희선 씨가 고등학생으로 나섰기 때문이다.

예전에 성장드라마를 보면 가끔 고교생 시기를 아역을 쓰지 않고 성인연기자가 커버하는 경우가 있었는데, 보기 민망해 세월이 흘러 성년으로 바뀌는 때가 빨리 오기를 바라곤 했다. 그런데 〈앵그리맘〉은 앞 몇 회분에 반짝 고등학생으로 나오는 것도 아니고 30대 후반 연기자가 드라마 내내 고교생 역할을 하니(물론 설정 자체가 가짜 고교생이지만) 정말 위험한 모험이다. 그런데 놀랍게도 김희선 씨가 연기하는 모습을 보면서도 어색하거나 민망하지 않았다. 물론 10대로 보이지는 않지만 교복을 입은 모습이 꽤 어울렸다.

아무튼 멍하니 화면 속 김희선 씨를 보고 있는데 3시 방향이 약간 소란스럽다. 무심코 고개를 돌린 필자는 순간 눈을 의심했다. 화면 속 김희선 씨가 실제 식당에 나타났기 때문이다. 동료 몇 사람(매니저와 코디로 보임)과 들어온 김 씨는 TV 바로 아래 식탁에 자리를 잡았다. 잠시 뒤 동료 한 사람이 TV를 가리키자 자신이 나오는 드라마임을 확인한 김 씨가 쑥스러운 듯 웃음을 지었다.

필자가 10년만 젊었어도 팬이라며 아는 척을 했을 텐데 나이 40을 넘어 주책없다는 생각에 모르는 척했다. 직장동료들로 보이는 젊은 여성 네 명이 밥을 먹다 김 씨를 알아보고 깜짝 놀라며 반갑다고 인사를 건

넸고, 식탁 두 개를 붙여 천주교신자 식사모임을 하는 것으로 보이는 중년 여성들도 "드라마 잘 보고 있다" "어쩜 그렇게 예쁘냐"며 즐거워했다.

김 씨를 보면서 필자는 속으로 무척 놀랐는데, TV에서 볼 때보다 훨씬 더 화려하고 젊어보였기 때문이다. 메이크업을 거의 하지 않았음에도 얼굴에서는 빛이 났고 몸매도 나잇살은 흔적도 없을 정도로 맵시가 났다. 게다가 풍성하고 윤이 나는 갈색머리에서는 건강미마저 느껴졌다. 필자 기억이 맞다면 김 씨가 데뷔한 게 한 20년 전인데(나중에 찾아보니 1994년), 당시 청년이던 필자는 이제 반백의 중년이 된 반면 김 씨는 여전히 젊음을 유지하고 있으니 어찌 된 일인가. 이런 경우를 두고 소위 '방부제 미모'라고 부르는 것일까.

38세 집단, 생물나이는 28세에서 61세까지 분포

학술지 〈미국립과학원회보〉 2015년 7월 28일자에는 노화에 관련해 특이한 연구결과를 담은 논문이 실렸다. 보통 노화임상연구는 노인을 대상으로 하기 마련인데 이 논문은 30대 사람들을 대상으로 하고 있다. 즉 노인을 대상으로 노화를 연구하는 건 이미 돌이킬 수 없는 상황을 해석하는 것일 뿐이라면, 젊은 사람들을 대상으로 한 연구의 결과는 노화를 늦출 방법을 찾는데 큰 영감을 줄 수도 있기 때문이라고 연구자들은 설명했다.

미국과 영국, 이스라엘, 뉴질랜드의 공동연구자들은 뉴질랜드 더니든에서 1972년과 1973년 태어난 사람 천여 명을 대상으로 장기간 진행되고 있는 의학 프로젝트인 '더니든 연구Dunedin Study'의 데이터를 분석해 청장년층의 노화에 대해 조사했다. 즉 이들이 26세, 32세, 38세일 때의 데이터를 비교분석해 개인의 노화 정도, 즉 생물나이와 노화속도를 조사했다. 이 나이 때에는 대다수 사람에서 노화와 관련된 증상이

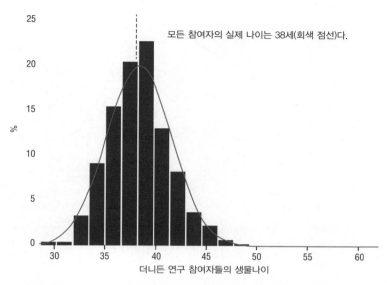

모든 참여자의 실제 나이는 38세(회색 점선)다.

더니든 연구 참여자들의 생물나이

» 더니든 연구 참여자들이 38세 때 측정한 18가지 생물지표로부터 산출한 생물나이의 분포. 평균값 38세(점선)에 표준편차가 3.23년인 전형적인 종형분포를 보이고 있다. (제공 <PNAS>)

뚜렷이 나타나는 시기는 아니지만 이미 몸속에서는 노화가 시작되고 있으므로 실제 나이에 비해 생물나이가 더 많은 사람은 노년도 그만큼 더 빨리 올 가능성이 크다.

연구진은 모두 18가지 생물지표를 분석에 이용했다. 즉 백혈구의 텔로미어 길이, 고밀도지단백콜레스테롤 수치, 폐 기능, 잇몸 상태 등을 조사했고 이 결과들을 합쳐 생물나이를 구했다. 실제 나이가 38세인 사람들의 생물나이 평균을 38세에 맞춘 뒤 개개인의 생물나이를 정한 결과 최소 28세에서 최대 61세까지 분포했다. 즉 극단적인 경우 동갑인데도 생물나이는 두 배가 넘게 차이가 난다는 말이다.

연구자들은 26세, 32세 때 데이터와 비교해 개인의 노화속도를 조사했다. 그 결과 1년 동안 거의 생물나이가 들지 않는 사람이 있는가 하면 거의 3년 치, 즉 세 배 속도로 늙는 사람도 있었다. 예상대로 생물나이

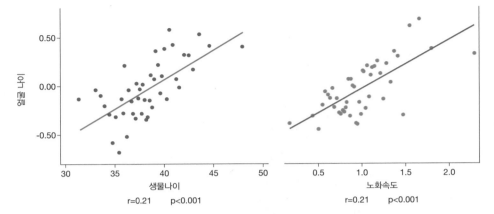

» 얼굴나이(세로축)와 생물나이(왼쪽 가로축), 노화속도(오른쪽 가로축)는 비례관계를 보인다. 즉 동안인 사람은 실제 몸도 젊고 나이 들어 보이는 사람은 몸도 늙었을 가능성이 크다는 말이다. (제공 <PNAS>)

와 노화속도는 대체로 비례관계였는데, 생물나이 차이의 절반 정도가 노화속도 때문으로 나타났다. 예를 들어 실제나이 38세 때 생물나이가 각각 38세, 50세인 두 사람은 12년 전인 26세 때 생물나이가 각각 26세, 32세였을 가능성이 크다는 말이다.

그런데 18가지 생물지표로 추정한 생물나이를 믿을 만한 노화의 척도라고 볼 수 있을까. 연구자들은 이 질문에 답하기 위해 피험자의 신체 기능을 측정했다. 즉 균형감을 보기 위해 외발서기 시간을 측정했고 근력을 보기 위해 악력을 측정했다. 또 동작의 정교함은 그루브막대검사(구멍 25개 각각에 맞는 막대를 끼우는 과제)로 측정했다. 데이터를 분석한 결과 수행능력과 생물나이가 대체로 반비례 관계인 것으로 나타났다. 즉 생물나이가 많은 사람이 신체능력이 떨어진다는 말이다.

다음으로 뇌의 노화와 생물나이가 관계가 있는지 조사했다. 먼저 지능지수 검사로 노화가 진행될수록 IQ는 조금씩 떨어진다. 데이터를 분석한 결과 IQ와 생물나이가 반비례 관계였다. 또 피험자들에게 자신의 건강상태를 평가하라고 했을 때 건강도와 생물나이가 역시 반비례했다.

끝으로 연구자들은 흥미로운 실험을 하나 했다. 즉 38세인 피험자들의 얼굴 사진을 대학생들에게 보여준 뒤 나이를 추정하게 한 것. 그 결과 얼굴나이가 많은 사람이 대체로 생물나이도 많은 것으로 나타났다. 번거롭게 18가지 생물지표를 측정하지 않아도 그 사람의 생물나이는 얼굴에 쓰여 있다는 말이다. 김희선 씨의 18가지 생물지표를 측정해 생물나이를 산출하면 20대로 나오지 않을까.

그렇다면 왜 어떤 사람들은 나이를 천천히 먹고 어떤 사람들은 1년에 떡국을 두세 그릇씩 먹는 것일까. 현재 이 분야는 연구가 활발히 진행되고 있는데 큰 틀에서의 답은 뻔하다. 즉 유전요인과 환경요인이 복합적으로 작용한다는 것. 연구자들은 더니든 연구 참여자를 대상으로 한 노화연구가 44세, 50세 때에도 이어진다면 노화의 전개양상에 대해 더 깊이 이해할 수 있을 것으로 기대했다.

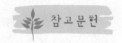
참고문헌

Belsky, D. W. et al. *PNAS* 112, E4104-E4110 (2015)

6-3
화성탐사의 심리학

» 영화 <마션>의 한 장면. 주인공인 '화성의 로빈슨 크루소' 마크(왼쪽)의 낙천성과 탐사대장 멜리사(그 옆)의 결단력은 화성탐사대원으로서 이상적인 캐릭터다. (제공 20세기폭스)

2015년 10월 8일 개봉한 영화 <마션>이 11일 만에 관객수 300만을 돌파하며 인기라고 한다. 덩달아 지난 7월 번역 출간된 동명의 원작 소설도 SF로서는 드물게 판매집계 소설 순위 1위(전체 4위, 교보문고)에 올랐다. 다들 반가운 일이다. 특히 소설은 출판사들이 책을 내주지 않아

작가인 앤디 위어Andy Weir가 2011년 자비로 이북을 출간했고 이게 인기를 끌면서 2014년 종이책이 나왔다고 하니 인생역전기라고 할만하다.

시리즈는 아니지만 마치 앞의 시리즈처럼 보이는 〈그래비티〉(2013), 〈인터스텔라〉(2014)와 비교하면 〈마션〉은 〈그래비티〉에 가깝다는 생각이 든다. 즉 두 영화는 현재 일어나고 있거나 이번 세기(미항공우주국 NASA은 2030년대 유인화성탐사를 계획하고 있다) 안에 일어날 가능성이 아주 높은 소재를 다루고 있기 때문이다. 반면 〈인터스텔라〉는 말 그대로 '공상'과학영화다.

〈그래비티〉가 국제우주정거장과 허블망원경이 있는 지구 위 수백 킬로미터의 우주 상황을 실감 나게 보여줬다면,[35] 〈마션〉은 진짜 화성에서 찍은 것처럼 '붉은 행성'의 풍경을 그럴듯하게 재현한 것 같다. 수십 년 뒤 화성에 인류가 발을 내디딜 때 모습은 중력의 차이로 인한 거동의 부자연스러움만 약간 느껴질 뿐 영화 속의 장면과 큰 차이가 없지 않을까.

홀로 남았지만 낙천성 잃지 않아

〈마션〉의 이야기는 화성기지에 머무르며 시료를 채취하던 탐사대가 강력한 모래폭풍을 만나면서 시작된다. 이륙선이 쓰러질 지경이 되자 탐사대장 멜리사 루이스(제시카 차스테인)는 철수를 결정하고 다들 이륙선으로 향하는 도중 대원 마크 와트니(맷 데이먼)가 바람에 날아가던 부품에 맞는 사고가 일어난다. 결국 마크가 죽었다고 판단한 멜리사는 이륙해 탐사선에 도킹한 뒤 지구로 향한다.

폭풍이 지나가고 깨어난 마크는 부상한 몸을 이끌고 기지로 들어가

---

35 〈그래비티〉의 과학에 대해서는 ≪과학을 취하다 과학에 취하다≫(과학카페 3권) 300~304쪽 '그래비티, SF영화의 전설로 남나…' 참조.

자신만이 남겨진 현실을 깨닫고 절망하지만, 곧 정신을 차리고 다음 탐사일정(4년 뒤)까지 살아남을 방법을 고민한다. 식물학자인 마크는 전공을 살려 감자를 키우기로 했고 화학지식을 총동원해 농사에 필요한 물을 자체 생산한다. 농사가 잘돼 희희낙락하지만, 폭발사고로 감자밭이 날아가면서 시간과의 싸움이 시작된다.

화성 영상을 분석하다 우연히 마크가 살아있다는 걸 알게 된 NASA는 그를 구출할 방법을 고민하고, 한 연구원의 아이디어로 지구로 귀환하는 탐사선에 보급 장비를 태운 뒤(도킹으로) 지구를 유턴해 다시 화성을 향하게 하는 모험을 계획한다. 500여 일의 추가 일정과 목숨을 잃을 위험성을 앞에 둔 탐사대원들은 만장일치로 모험에 동의하고 우여곡절 끝에 마크를 구하는 것으로 영화는 끝난다.

영화에서 NASA 사람들이 화성에 홀로 남겨진 마크의 정신상태를 걱정하는 대목이 여러 번 나온다. 그때마다 정작 마크는 올드팝을 들으며 '이런 노래밖에 없나?'라며 투덜거리는 등 일상적인 모습을 보이며 이 걱정이 '기우'임을 코믹하게 보여주고 있다. '말도 안 되는 얘기구만.' 과도한 대비에 코웃음을 치면서도 여기엔 일말의 진실이 있지 않을까 하는 생각이 문득 들었다. 대원 한 사람이 오지 않은 상황에서 이륙 결단을 내리고 마크를 구출하는 과정에 직접 뛰어드는 탐사대장 멜리사의 모습 역시 영화적 설정 이상의 뭔가를 보여주고 있는 게 아닐까.

영화에서는 지구와 탐사선 사이의 교신이 12분의 지체(전자기파(빛) 신호의 이동 시간)를 두고 일어나면서 실시간 상황을 몰라 안타까워하는 모습이 여러 차례 나온다. 지금까지 인류는 지구상공 수백 킬로미터나 38만km 떨어진 달에 사람을 보냈지만, 양쪽의 교신은 사실상 실시간으로 이뤄졌다. 그러나 태양에서 2억 2000만km 떨어진 화성은 빛이 도달하는 데 12분이 걸린다. 지구와 화성이 독자적으로 공전하므로 평균 거리를 이 거리로 치면, 문의한 뒤 대답을 듣는데 최소 24분이 걸린다.

아무튼 현재의 기술로는 영화의 설정처럼 지구에서 화성까지 가는 데 8개월 정도가 걸린다. 지구에 거의 다 온 탐사선이 화성으로 돌아가 두고 온 대원을 데리고 오는 추가 미션에 500일이 넘게 소요되는 이유다. 또 영화에서는 탐사선이 상당히 쾌적하게 묘사돼 있어서 주조종실과 생활공간이 꽤 널찍할 뿐 아니라 바퀴처럼 원을 그리며 회전해 원심력으로 중력을 만들어내 대원들이 바닥에 '발을 붙이고' 생활한다. 그러나 이렇게 쾌적한 탐사선은 현실적으로 이번 세기에 실행되기에는 불가능해 보인다. 이런 규모의 탐사선을 만들려면 로켓을 몇 대나 쏴야 할까?

따라서 이번 세기에 화성탐사가 이뤄진다면 우주인들은 십중팔구 오늘날 우주정거장 수준의 환경, 즉 좁은 공간과 무중력(미세중력) 상태에서 500일을 버텨야 한다(중간에 화성에 잠깐 내려 바람을 쐬기는 한다). 급박한 상황이 생겨도 지구와 실시간으로 소통을 할 수 없기 때문에 스스로 판단해 해결책을 찾아야 한다. 따라서 NASA에서도 화성탐사의 성공 여부가 기술도 기술이지만 우주인들의 전문지식과 특히 정신력이 중요한 변수가 될 거로 전망하고 있다.

여섯 명 가운데 두 명만 합격점

실제로 화성탐사가 진행될 때 우주인들의 몸과 정신에 어떤 변화가 일어날지를 알아보는 시뮬레이션이 진행된 바 있다. 바로 러시아과학원이 주도한 '마스 500Mars-500' 미션으로, 2010년 6월 3일 우주인 여섯 명이 모스크바의 생의학문제연구소IBMP에 차려진 모의 화성 탐사선에 탑승해 2011년 11월 4일까지 무려 520일 동안 가상 화성탐사를 마쳤다. 이 과정에서 우주인들이 보인 심리적, 생리적 변화 데이터는 진짜 화성탐사를 할 때 큰 도움이 될 것이다.

러시아인 세 명, 유럽인 두 명, 중국인 한 명으로 이뤄진 탐사대는 모

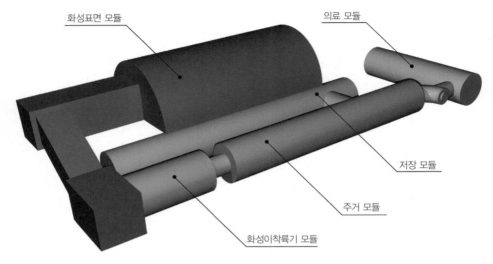

화성표면 모듈

의료 모듈

저장 모듈

주거 모듈

화성이착륙기 모듈

» 마스 500 미션의 모의 탐사체 구조. 모두 5개 모듈로 이뤄져 있는데 화성표면 모듈(빨간색)
을 뺀 4개 모듈(회색)이 실제 탐사체다. 앞쪽 긴 원기둥이 주거 모듈, 오른쪽 위 짧은 원기둥이
의료 모듈, 가운데 긴 원기둥이 저장 모듈이다. 왼쪽 아래 짧은 원기둥은 화성이착륙기 모듈이
다. (제공 IBMP)

두 남성으로 나이는 27~38세(평균 32세)였다. '뭐 어차피 가짜인데…'
이런 생각이 들 수도 있지만 5개 모듈로 이뤄진 모의탐사선은 외부와
완전히 고립돼 있고 화성이착륙선 모듈(탐사선은 중간에 한 달 동안 화성
상공에 머무른다)과 화성표면 모듈까지 포함해도 부피가 550입방미터
에 불과하다. 그리고 탐사 54일부터 470일까지는 지구와의 교신에 지
체가 생겨 지체 시간이 최대 25분에 이른다. 다만 무중력의 환경은 구
현하지 못했다. 낮과 밤의 신호가 없기 때문에 내부적으로 24시간 주
기를 유지한다(매일 오전 여덟 시에 아침 식사). 또 지구에서처럼 5일을 일
하고 이틀을 쉰다.

2013년 학술지 〈미국립과학원회보〉에는 미션이 수행되는 동안 대원
들의 생리적 변화를 분석한 연구결과가 실렸다. 가장 눈에 띄는 점은

운동저하다. 특히 첫 3개월 동안 급격히 떨어졌는데, 미션이 시작될 때는 이륙과 새로운 환경에 적응하는 등 바쁘게 돌아갔지만 단조로운 이동 기간과 지구와의 교신에서 지체가 생기면서 활동량이 떨어지고 수면 시간이 늘어난 것. 이런 경향은 미션이 끝날 때까지 심화하다가 마지막 20일을 앞두고서야 활기를 되찾았다. 연구자들은 미션 종료를 앞두고 대원들이 설레었기 때문이라고 설명했다.

한편 수면의 질을 조사한 결과 여섯 명 가운데 두 명에서 문제가 있었다. 즉 대원 a는 낮잠을 자주 잤고 대원 b는 일주 리듬, 즉 하루 24시간 주기에서 벗어나 다소 불규칙한 리듬을 보였다. 그 결과 이 두 사람은 미션을 수행하는 과정에서 실수가 잦았다. 한편 대원 f는 불면증을 호소했다. 시뮬레이션 결과는 실제 화성탐사를 할 때 이착륙 전후를 뺀 긴 이동시간 동안 대원들이 일할 거리를 만들어 활동량을 유지하게 하는 게 필요함을 시사한다.

2014년 학술지 〈플로스원〉에는 화성모의탐사의 심리적 효과에 대한 연구결과가 실렸다. 실제 탐사보다 심리적으로 온화한 환경임에도(죽을 염려는 없으므로) 개인에 따라서 편차를 보였다. 즉 "못 해먹겠다"며 중간에 이탈하는 불상사는 없었지만 대원 e는 미션수행 기간 내내 우울증 증상을 보였고 지구의 본부나 대원 사이의 말다툼(드물게 일어났지만)의 85%가 대원 e와 대원 f가 일으킨 것이었다. 대원 e는 불행감, 신체적 탈진, 정신적 피로도에서 가장 점수가 높았고 대원 f는 스트레스, 피로, 수면 질 저하, 업무부담감에서 가장 점수가 높았다.

한편 불만의 대상은 본부가 동료보다 다섯 배나 많아 먼 거리로 인해 실시간 대화가 불가능한 점이 상당한 불안요인으로 작용함을 알 수 있다. 따라서 탐사대원들에게 권한을 더 많이 부여해야 한다고 연구자들은 제안했다. 한편 화성에 도달해 미션을 수행하는 한 달 동안이 갈등이 가장 큰 기간으로 나타났다. 이 기간에 대원들은 세 차례 이착륙선을 타고 화성 표면에 내려가는데(물론 모듈 사이의 이동이다), 이 과정에서의 기술적인 어려움 등이 스트레스를 더한 것으로 보인다.

한편 미션 기간 동안 가장 자주 대화를 나눈 대원을 둘 꼽으라는 물음에 대해 네 명이 대원 d를, 세 명이 대원 c를 꼽았다. 대원 b와 대원 e는 평균인 2명이 꼽았고 대원 f는 한 명, 대원 a는 아무도 지정하지 않았다. 즉 미션에서 대원 d와 대원 c는 허브이고 대원 a와 대원 f는 따로 논 셈이다. 특히 대원 d와 대원 c 두 사람은 여러 생리적, 심리적 항목에서도 문제가 없는 것으로 나왔다. 즉 이들 두 사람이 이상적인 화성 탐사대원인 셈이다.

흥미롭게도 개인의 이런 특징들은 미션 기간 내내 별로 변하지 않았다. 마치 신체적인 특징처럼 심리적인 특성도 거의 변하지 않는다는 것. 바꿔 말하면 애초에 사람을 잘 뽑는 게 중요하다는 얘기다. 이게 쉬운

» 6,000명이 넘는 지원자 가운데 뽑혀 마스 500 미션에 참가한 여섯 명. 러시아인 세 명, 프랑스인 한 명, 이탈리아인 한 명, 중국인 한 명으로 모두 남성이고 평균나이는 32세다. 논문에서는 a에서 f까지 알파벳으로 표기돼 누가 누구인지는 모른다. (제공 IBMP)

일은 아닌 게, 마스 500 프로젝트의 여섯 명도 40개 나라의 6,000명이 넘는 지원자 가운데 고르고 고른 사람들이다.

화성탐사는 500일이 걸리는 장기 프로젝트로 한 사람이 늘어날 때마다 식량 등 짐이 엄청나게 늘어나기 때문에 꼭 필요한 최소한의 인원으로 수행할 수밖에 없다(자기를 꼭 태우는 조건으로 수조 원을 기부하겠다는 사람이 나온다면 태울지도 모르겠다). 따라서 각자 고도로 전문화된 분야가 있어야 하는 걸 전제로 해서 정신력이 '엄청나게' 강한 사람을 뽑아야 한다. 그러고 보면 영화 〈마션〉에서 대책 없는 낙천주의자로 나오는 '화성의 로빈슨 크루소' 마크나 리더십의 화신인 탐사대장 멜리사의 카리스마는 영화의 설정만은 아닌 것 같다는 생각이 문득 든다.

참고로 영화에서 탐사대원 여섯 명의 성별이 여성 두 명, 남성 네 명인 것과는 달리 마스 500에서 여섯 명 전원을 남성으로 뽑은 건 긴 미션 기간 동안 혹시 일어날지도 모르는 남녀 사이의 '긴장'을 우려해서라고 한다. 계획대로 2030년대 NASA의 화성탐사가 이루어진다면 어떤 기준으로 대원들을 뽑을지 벌써부터 궁금해진다.

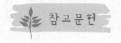
참고문헌

Basner, M. et al. *PNAS* 110, 2635-2640 (2013)
Basner, M. et al. *PLOS One* 9, e93298 (2014)

6-4
고래 잠수 능력의 비밀은···.

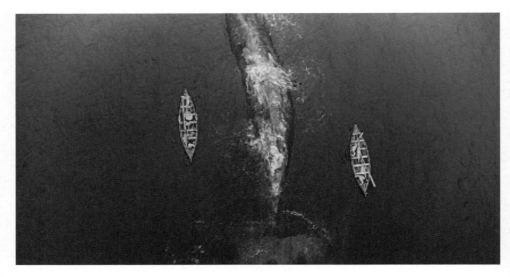

» 영화 <하트 오브 더 씨>에서 향유고래를 사냥하는 장면. 고래사냥은 불과 8미터 길이의 작은 보트 두 세척으로 고래를 잡는 위험한 작업이다. (제공 워너 브라더스 코리아㈜)

기대를 하고 본 영화(또는 책)에 실망하는 건 흔한 일이지만 가끔은 그 반대일 때도 있다. 2015년 12월 3일 개봉한 영화 〈하트 오브 더 씨 In the Heart of the Sea〉가 그런 경우로 허먼 멜빌의 소설 ≪모비딕≫의 영감을 준 실화라고 해서 봤는데 꽤 흥미로웠다.

실화란 1820년 11월 20일 태평양 한가운데서 포경선 에식스호_{Essex}가 커다란 향유고래에 받혀 침몰한 사건이다. 향유고래는 머리가 정말 커다란 이빨고래로 몸길이 20미터 몸무게 50톤 내외의 거구다. 고래사냥을 하다 졸지에 모선母船을 잃은 선원 스무 명은 고래사냥 보트 세 대에 나눠 타고 남미를 향해 표류를 시작한다.

물과 식량(건빵)이 떨어져 가던 한 달 만에 기적적으로 섬을 발견하고 상륙했지만, 무인도에 먹을 것도 마땅치 않아 다시 떠나기로 한다. 이때 선원 세 명은 섬에 남기로 해 열일곱 명이 보트 세 대에 나눠 타고 떠났다. 오랜 표류 끝에 에식스호 침몰 89일 만에 한 척(세 명)이 구조됐고 94일 만에 다른 한 척(두 명)이 구조됐다. 그 뒤 섬에 남아있던 세 사람도 구조돼 모두 여덟 명만이 살아남았다. 표류 중에 열두 명이 죽었는데 초기 몇 명을 빼고 나머지는 다 동료들의 밥이 됐다.

영화는 사건이 나고 50년도 더 지난 어느 날 에식스호의 마지막 생존자인 토머스 니커슨이 자신을 찾아온 멜빌의 집요한 요청에 못 이겨 밤새 당시 체험을 이야기하는 형식이다. 니커슨은 배가 출항하던 1819년 불과 열네 살로 선원 스물한 명 가운데 가장 어렸다.

영화에서는 흥미로운 장면이 많았는데 특히 앞부분의 고래사냥 장면이 대단했다. 1819년 8월 12일 당시 미국 포경산업의 메카였던 동부 연안의 섬 낸터킷의 항구를 출항한 에식스호는 대서양을 내려오는 두 달이 넘게 고래를 구경하지 못해 초조해 하다가 마침내 아르헨티나 해안에서 향유고래 무리를 발견한다. 참고로 당시 고래잡이는 고래고기가 아니라 고래기름을 얻는 게 목적이었다. 포경선에는 고래기름을 짜는 설비가 설치돼 있어서 항해는 기름통을 다 채울 때까지 계속된다. 빠르면 1년이지만 운이 없으면 3~4년에도 다 못 채운다.

포경선이 고래 무리에 접근한 뒤 고래잡이 보트 세 대를 내리고 각각에 여섯 명씩 올라탔다. 선장 조지 폴라드 2세(벤자민 워커)와 일등항해사 오언 체이스(크리스 헴스워스), 이등항해사 매슈 조이(킬리언 머피)가 각각 보트를 지휘하며 고래를 향해 돌진했다. 보트가 고래 한 마리에 다가간 순간 누군가가 작살을 던졌고 정통으로 맞혔다. 놀란 고래는 잠수를 시작해 끝없이 밑으로 내려갔다. 작살 뒤에 묶은 줄이 딸려가면서 연의 얼레에서처럼 감아놓은 수백 미터 길이의 줄이 엄청난 속도로 풀리며 바닥을 드러내기 일보 직전이 됐다.

선원 하나가 도끼를 들고 줄을 끊을 채비를 하자(안 그러면 배가 딸려 들어가므로) 체이스가 제지한 뒤 재빨리 줄을 옆의 보트로 넘겨 그곳의 줄에 묶으라고 명령한다. 이제 추가로 수백 미터가 확보됐지만 줄은 계속 풀리고 결국 이것도 얼마 남지 않았다. 수십 미터를 남겨놓고 안 되겠다 싶어 도끼를 들어 내리치려는 순간 줄이 더는 풀리지 않는다. 고래가 더 참지를 못하고 수면으로 떠오르기 시작했기 때문이다. 물에 뜬 지친 고래는 창에 수차례 찔리고 결국 숨구멍에서 피의 분수를 토하며 죽는다.

근육에 미오글로빈 고농도로 존재

영화에서처럼 실제 향유고래는 수심 1km보다도 깊이 잠수할 수 있다고 한다. 주로 먹이를 찾아 내려가는데 그러다 보니 한 시간 넘게 물속에서 버티기도 한다. 1분 잠수도 못 견디는 필자로서는 경이로운 능력이다. 이처럼 고래와 물개 같은 포유류뿐 아니라 펭귄 같은 조류 역시 대단한 잠수능력을 보유하고 있다. 도대체 이 친구들은 어떻게 이런 능력을 갖추게 됐을까.

이들 포유류와 조류의 조상은 바다로 돌아가거나 바다를 사냥터로 삼게 되면서 그에 맞게 적응(진화)했다. 즉 몸이 물속 생활에 적합하게 유선형으로 바뀌고 포유류의 경우 사지가, 펭귄의 경우 날개가 지느러미 형태로 바꿨었다. 그럼에도 물고기 아가미에 해당하는 기관을 만들지는 못했기 때문에 물에 녹아 있는 산소를 이용하지는 못했다. 결국 숨을 참는 시간을 늘리는 쪽으로 진화하게 됐다.

먼저 덩치(몸무게)를 키웠다. 덩치가 클수록 대사율이 떨어지기 때문에 단위 무게당 산소소모량이 적다. 반면 산소 충전 능력, 즉 산소를 머금는 폐와 혈액, 근육의 부피는 몸무게와 비례한다. 고래가 괜히 커진 게 아니다. 그러나 이 전략만으로는 잠수 시간을 몇 배 늘리는 정도다. 좀 더 중요한 전략은 미오글로빈의 농도를 높이는 것이다.

미오글로빈myoglobin은 근육에 존재하는 단백질로 산소분자를 저장했다가 세포가 필요할 때 공급하는 역할을 한다. 사람의 근육에도 물론 미오글로빈이 있다. 그런데 이들 해양 포유류나 조류의 근육에는 육상 동물보다 미오글로빈이 수십 배 더 들어있다고 한다. 예를 들어 돼지는 근육 1그램당 2~4mg인데 비해 향유고래는 70mg에 이른다. 고래 살코기가 적자색인 이유다. 그 결과 산소를 많이 저장할 수 있어서 상당 시간 숨을 쉬지 않아도 활동할 수 있다고 한다. 비유하자면 해양포

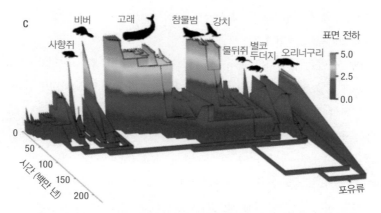

» 진화계통도 상으로 본 포유류 미오글로빈의 표면 전하. 해양 포유류 미오글로빈의 표면 전하 값이 큼을 알 수 있다. (제공 <사이언스>)

유류 또는 조류는 육상동물보다 산소충전용량이 수십 배 더 큰 셈이다.

2013년 학술지 〈사이언스〉에는 이 잠수부들이 고농도의 미오글로빈을 지니게 된 비결을 밝힌 논문이 실렸다. 즉 이런 동물들은 근육 1그램당 최대 100밀리그램까지 미오글로빈을 함유하고 있는데 이게 쉬운 일이 아니다. 예를 들어 사람의 근육세포가 이렇게 미오글로빈을 많이 만들 경우 단백질이 서로 엉겨 붙어 침전되면서 큰일이 난다. 즉 육상 포유류와 해양 포유류는 미오글로빈의 구조가 다르다는 말이다.

영국 리버풀대 마이클 베렌브링크Michael Berenbrink 교수팀은 포유류 130종의 미오글로빈 아미노산 서열을 바탕으로 미오글로빈 단백질의 구조를 추정한 결과 잠수력이 뛰어난 동물일수록 단백질의 표면 전하값이 크다는 사실을 발견했다. 즉 돼지나 사람의 경우 미오글로빈의 표면 전하가 +1이 채 안 되지만 고래나 물개류는 +4가 넘는다는 것.

미오글로빈은 아미노산 153개로 이루어진 구형의 작은 단백질이지만 분자의 관점에서는 꽤 덩치가 크다. 따라서 표면 전하가 +1 정도면 농도가 올라갈 경우 서로 달라붙을 가능성이 크다. 반면 +4 정도가 되면 정전기적으로 서로 밀쳐내는 힘이 강하기 때문에 달라붙지 않는다. 그 결과 해양 포유류는 근육세포에 미오글로빈이 고농도로 존재할 수 있게 됐다는 설명이다.

연구자들은 현생 고래류의 미오글로빈 아미노산 서열을 바탕으로 고래류의 미오글로빈 진화를 재구성했다. 이에 따르면 약 5,400만 년 전 육상에서 살았던 고래 조상 파키세투스Pakicetus의 미오글로빈 표면 전하는 +1.1이었고 농도는 6mg/g이었다. 그런데 3,600만 년 전 해양에서 살았던 고래 바실로사우루스Basilosaurus(수염고래와 이빨고래의 최근 공통조상)의 미오글로빈 표면 전하는 +3.7이었고 농도는 21mg/g이었다.

한편 파키세투스는 늑대만 했던 데 반해 바실로사우루스는 몸무게가 6.5톤에 달했다. 연구자들은 몸무게와 미오글로빈 농도를 바탕으

로 최대잠수시간을 추측하는 식을 만들었다. 이에 따르면 파키세투스
는 1.6분이고 바실로사우루스는 17.4분으로 나온다. 한편 바실로사우
루스보다 덩치가 더 크고 미오글로빈 농도도 더 높은 향유고래는 73
분 정도다.

학술지 〈생물화학저널〉 2015년 9월 25일자에는 해양 포유류 근육
세포에서 미오글로빈이 고농도로 존재할 수 있게 된 또 다른 요인을

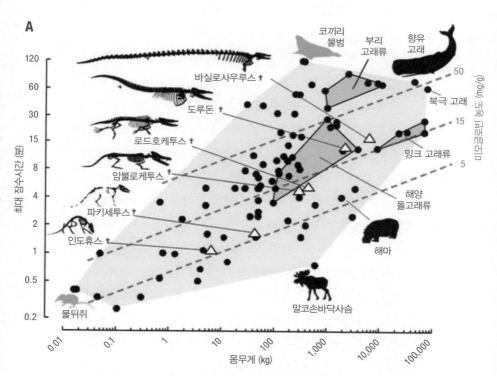

» 최대잠수시간(분, 세로축)과 몸무게(kg, 가로축), 근육의 미오글로빈 농도(빨간 점선)의 관계를
보여주는 그래프. 고래의 조상인 육상 포유류 파키세투스는 덩치도 작고 미오글로빈 농도도 낮
아 최대잠수시간이 짧지만, 바다로 돌아와 어느 정도 적응한 바실로사우루스의 경우 덩치도 커
지고 미오글로빈 농도도 높아져 최대잠수시간이 꽤 길어졌다. 향유고래는 더 커지고 농도도 더
높아져 물속에서 더 오래 버틸 수 있다. (제공 〈사이언스〉)

» 향유고래의 미오글로빈 구조. 1958년 단백질로는 최초로 구조가 밝혀졌다. (제공 위키피디아)

밝힌 논문이 실렸다. 아포글로빈 apoglobin, 즉 산소분자가 달라붙는 부분인 헴heme과 결합하지 않은 상태인 미오글로빈의 안정성 역시 주요한 요인이라는 것. 미오글로빈 유전자가 발현되고 번역이 일어나면 먼저 아포글로빈이 만들어지고 여기에 헴이 붙어 기능을 하는 미오글로빈이 된다.

그런데 육상 포유류의 경우 아포글로빈이 많아지면 미오글로빈이 되기도 전에 입체구조가 풀리면서 서로 달라붙어 침전해버린다. 반면 해양 포유류의 아포글로빈은 구조가 안정해 별문제 없이 미오글로빈으로 바뀐다. 분석 결과 향유고래의 아포글로빈은 사람의 아포글로빈보다 60배 정도 더 안정한 것으로 나타났다. 즉 고래류의 진화과정에서 미오글로빈 아미노산 서열에서 몇 군데가 바뀌며 안정성에 큰 차이가 생긴 것이다.

사실 향유고래의 미오글로빈은 과학사에서도 유명한 분자다. 최초로 3차원 구조가 밝혀진 단백질이기 때문이다. 1958년 영국 케임브리지대 캐번디시연구소의 존 캔드류 교수팀은 X선 회절법으로 향유고래 미오글로빈의 구조를 밝혀 〈네이처〉에 발표했다. 이 연구로 캔드류는 헤모글로빈의 구조를 밝힌 동료 막스 페루츠와 함께 1962년 노벨화학상을 받았다. 캔드류가 향유고래 미오글로빈을 택한 건 결정을 만들기 위한 단백질을 쉽게 많이 얻을 수 있었기 때문이 아니었을까.

PS. 에식스호 비극의 진실

필자는 〈조선일보〉 토요일자에 실리는 남정욱 작가의 '명랑소설笑說'이라는 코너를 즐겨 읽는데 지난주(2015년 12월 12일) 글도 재미있었다. 남 작가는 지난여름 독일에 갔을 때 영화 〈국제시장〉의 흔적을 직접 보고 싶었다. 그런데 막상 얘기를 들어보니 영화에서와는 달리 파독 광부 가운데 탄광에 들어간 사람은 일부였고 대부분은 탄 분류 작업 등을 했다고 한다. 딴 이유가 있어서가 아니라 당시 한국인의 몸이 워낙 왜소해 독일인에 맞춘 채굴장비를 감당하지 못했기 때문이다.

파독 간호사들도 시체를 닦는 막일을 한 것으로 알려져 있지만 이는 일부였을 뿐이라며 현지 정착 간호사들이 영화를 보며 약간 불쾌해했다고 한다. 남 작가는 글 말미에서 "독일에 다녀온 뒤 그러리라 짐작하고 단정했던 일들에 대해 한 번씩 다시 생각해보는 버릇이 생겼다"고 쓰고 있다.

문득 영화 〈하트 오브 더 씨〉는 어떨까 하는 생각이 들어 한 번 확인해보기로 했다. 먼저 멜빌의 취재에 대해 알아봤다. 그런데 멜빌이 니커슨을 만났다는 얘기가 없다. 물론 멜빌이 에식스호 사건에서 영감을 얻어 ≪모비딕≫을 구상한 건 맞지만, 니커슨과의 인터뷰가 아니라 일등 항해사 오언 체이스가 구조된 이듬해인 1822년 발표한(실제는 대필작가가 쓴) 수기 ≪포경선 에식스호의 난파 이야기≫를 읽은 게 계기가 됐다.

좀 당황한 필자는 영화에 대해 알아봤는데 2000년 출간된 동명의 논픽션이 원작이었다. 너새니얼 필브릭Nathaniel Philbrick이라는 사람이 쓴 책으로 전미도서상까지 수상한 베스트셀러다. 우리나라에서도 2001년 ≪바다 한가운데서≫라는 제목으로 번역서가 나왔고 절판됐다가 이번 개봉에 맞춰 재출간됐다.

책을 사 읽어보니(영화보다 더 재미있었다) 작가가 어떻게 용인했을까 싶을 정도로 영화에서는 많은 사실이 왜곡돼 있었다. 소설 ≪모비딕≫

의 모티브가 된 실화라는 영화의 선전을 그대로 믿고 영화 내용이 진짜라고 생각하는 독자들이 있을 것 같아 ≪바다 한가운데서≫를 통해 알게 된 몇 가지 사실을 언급한다.

먼저 가장 어린 선원이었던 토머스 니커슨이 말년에 사건을 언급한 건 사실이다. 그러나 그를 찾아온 멜빌에게 구술한 게 아니라 레온 루이스라는 작가의 권유에 따라 수기를 쓰게 된 것이다. 1876년 초고를 완성한 니커슨은 노트를 루이스에게 보냈지만 무슨 연유에서인지 루이스는 이를 출판하지 않았다.

그러다 1960년 우연히 노트가 발견됐고 1980년 포경업 전문가인 에두아드 스택폴의 손에 들어간다. 결국 1984년에야 낸터킷역사학회가 출판했지만 대중에게 알려지지는 않았다. 1986년 낸터킷으로 이사한 너새니얼 필브릭은 니커슨의 수기를 알게 되고 에식스호 사건에 흥미를 느껴 오랜 시간 취재를 거쳐 2000년 ≪바다 한가운데서≫를 출간한 것이다.

영화에서는 일등항해사 오언 체이스를 주인공으로 설정하면서 그를 정의로운 영웅으로 만들었다. 반면 선장 조지 폴라드 2세는 열등감을 지닌 속 좁은 사람으로 나오는데 실상은 그렇지 않은 것 같다. 오히려 체이스는 성격이 거칠고 독단적이었고 니커슨의 수기에 따르면 장기간 표류로 열두 명이 죽게 된 것도 어쩌면 체이스 때문이다.

즉 태평양에서 고래에 받혀 배가 침몰한 뒤 선장은 바람을 타고 남서쪽으로 항해해 남태평양 소시에테 제도로 가자고 했지만 식인종 소문을 두려워한 체이스가 이등항해사 매슈 조이와 함께 우겨서 남미를 목적지로 하게 됐다. 만일 선장의 말을 따랐다면 한두 주일 만에 남태평양 섬 어딘가에 도착했을 것이고 물론 당시에는 이미 식인종이 사라진 뒤였다.

또 영화에서는 구조된 체이스가 직접 나서 섬에 남아 있던 세 사람을 구조한 것으로 나오는데 실제는 그렇지 않다. 구조 뒤 칠레에서 회복하고 있던 체이스는 동료들과 포경선 이글호를 타고 낸터킷으로 향했다. 헨더슨섬에 있던 세 사람을 구조한 건 칠레를 떠나 호주 시드니로 향하던 무역선 서리호였다. 물론 정보를 듣고 들른 것이다.

사실 스물여덟에 처음 선장이 돼 출항한 폴라드도 선장으로서 자질에 문제가 있었다. '엄한 아버지와 자애로운 어머니'라는 이상적인 유교식 가정처럼 당시 포경선 역시 '냉정하고 힘차게 몰아붙이는 선장'과 '붙임성 있고 꼼꼼한 항해사'가 한 조를 이루는 게 이상적인 조합이었다. 필브릭은 책에서 "에식스호는 항해사의 본능과 자질을 가진 선장(폴라드)과 선장의 야망과 열정을 가진 항해사(체이스)를 태운 채 출항하여 결국 비극적인 종말을 맞게 되었던 것이다"라고 쓰고 있다.

» 에식스호의 최연소 선원이었던 토머스 니커슨이 말년에 작성한 수기에 직접 그린 그림으로 거대한 향유고래(오른쪽)가 에식스호를 들이받는 장면을 묘사하고 있다. (제공 위키피디아)

배를 잃고 그 고생을 했음에도 폴라드는 1821년 11월 21일 포경선 투브라더스호의 선장이 돼 다시 바다로 나갔다. 이때 조난에서 살아남은 선원 가운데 두 사람도 승선했는데 그중 하나가 니커슨이다. 그러나 1823년 투브라더스호는 태평양 하와이 인근에서 암초를 만나 좌초했다. 폴라드는 포경선 선장으로 두 번 항해에 나서 두 번 다 배를 잃은 것이다. 바다에서 버림받은 폴라드는 고향 낸터킷에서 야경원을 하면서 여생을 보냈다.

허먼 멜빌이 실제 만난 사람은 니커슨이 아니라 바로 폴라드 선장으로 ≪모비딕≫을 출간한 이듬해인 1852년이었다. 그는 훗날 폴라드에 대해 "그 섬사람들에게 그는 하찮은 존재에 지나지 않았다. 그러나 내가 만난 사람들 가운데 잘난 척하지 않는 가장 겸손한 사람이었다"고 회상했다.

한편 영화의 주인공 일등항해사 오언 체이스는 사고 뒤 일등항해사로 한 번 더 포경선을 탄 뒤 스물일곱이던 1825년 포경선 윈슬로호의 선장이 됐고 1840년 은퇴할 때까지 포경선 선장으로 성공적인 삶을 살았다. 바로 이해에 열아홉 청년인 허먼 멜빌은 포경선 애큐시넷호를 탔고 태평양의 한 섬에서 다른 포경선 선원들과 어울리다 체이스의 아들 윌리엄 헨리를 만났다. 멜빌은 에식스호에 대해 많은 걸 물었고 체이스의 아들은 아버지의 수기를 빌려주었다. 멜빌은 그때 상황을 이렇게 회상했다.

"육지라고는 보이지 않는 망망대해에서 그 놀라운 이야기를, 그것도 에식스호의 조난 지점과 같은 위도에서 읽는다는 것은 나에게 놀라운 영향을 끼쳤다."

물론 ≪모비딕≫에서 모비딕에게 다리 하나를 잃은 피쿼드호의 선장 에이해브의 모델은 폴라드가 아니라 체이스이다.

 참고문헌

Mirceta, S. et al. *Science* 340, 1234192 (2013)
Samuel, P. P. et al. *JBC* 290, 23479-23495 (2015)
≪바다 한가운데서≫ 너새니얼 필브릭, 한영탁 옮김. 다른 (2015)

PART 7

천문학/물리학

7-1
지구의 그 많은 물은
다 어디서 왔을까?

수년 전 우연히 한 과학일러스트를 보고 감탄한 적이 있다. 지구에 있는 물의 양을 한눈에 가늠할 수 있게 한 아래 그림이다(일단 그림설명은 읽지 말기 바란다). 지구표면의 71%를 덮고 있는 물을 모으면 꽤 될 것 같지만 보다시피 지구가 야구공만 할 때 약간 큰 물방울 하나 부피다. 지구 그림을 보면 물을 빼 해저면이 그대로 드러나 있지만 전반적인 형태에는 사실상 영향을 주지 않는다.

관찰력이 예민한 독자라면 물방울 오른쪽 아래 깨알만큼 작은 물방울이 하나 더 있는 걸 눈치챘을 것이다. 그렇다. 큰 물방울은 지구의 물을 다 모은 것이고 작은 물방울은 민물만 모은 것이다. 물 대부분이

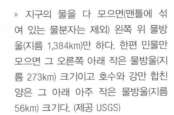

» 지구의 물을 다 모으면(맨틀에 섞여 있는 물분자는 제외) 왼쪽 위 물방울(지름 1,384km)만 하다. 한편 민물만 모으면 그 오른쪽 아래 작은 물방울(지름 273km) 크기이고 호수와 강만 합친 양은 그 아래 아주 작은 물방울(지름 56km) 크기다. (제공 USGS)

바닷물임을 알 수 있다. 그런데 정말 관찰력이 뛰어난 독자라면 작은 물방울 아래 이 문장의 마침표만큼 정말 작은 또 하나의 물방울을 발견했을 것이다. 이건 강물과 호수물만 합친 것이다. 민물 대부분이 지하수란 말이다.

일러스트를 보면 지구의 물이 얼마 안 되는 것 같지만, 전체 물방울의 지름은 1,400km에 가깝다. 지구 지름이 1만 2,700km이므로 부피 비로 대략 0.15%를 차지하고 있다. 질량으로 보면 약 0.03%다. 바다의 평균 수심이 대략 3.8km이므로 지표가 평편해 지구 전체가 일정한 수심으로 물에 덮인다면 3km 가까이 헤엄쳐 올라가야 하늘을 볼 수 있다. 지구야말로 수성水星인 셈이다.

수소동위원소 비율 훨씬 높아

학술지 〈사이언스〉 2015년 1월 23자에는 혜성탐사선 로제타Rosetta의 연구결과들을 담은 특집이 실렸다. 10년의 여정 끝에 혜성 '67P/추류모프-게라시멘코'에 접근해 2014년 11월 12일 탐사로봇 필레Philae까지 상륙시킨 로제타는 지금도 혜성 주위를 돌면서 여전히 탐사를 진행하고 있다. 또 혜성이 태양을 향해 오고 있기 때문에 현재 배터리가 다 되어 잠자고 있는 필레도 충전이 돼 다시 깨어나 활동할지도 모른다.[36]

특집에 실린 논문 여덟 편을 훑어보다가 혜성 67P에 있는 물분자의 중수소/수소D/H비율을 측정한 결과를 담은 논문이 필자의 주의를 끌었다. 잠깐 읽어보니 혜성 67P의 D/H비율이 0.00053으로(수소원자 10만 개당 중수소원자가 53개라는 뜻) 지구의 D/H비율 0.00015보다 훨씬 높아 혜성이 지구 물의 기원일 가능성이 작다는 결론을 내리고 있다.

---

36 2014년 11월 15일 동면(안전 모드)에 들어간 필레는 2015년 6월 13일 깨어나 7월 9일까지 간헐적으로 신호를 보냈지만 그 뒤 교신이 두절됐다.

» 로제타가 찍은 혜성 67P의 모습으로 먼지와 가스가 분출되고 있다. 로제타는 장착된 질량분석기로 67P에서 나오는 코마에 포함된 물분자의 수소동위원소비를 측정해 그 값이 지구의 물분자와 꽤 다르다는 사실을 확인했다. (제공 ESA)

2014년 8월 1일 혜성 67P에 1,000km까지 접근한 로제타는 수일 뒤 100km 이내까지 다가가 코마의 기체를 포집해 분석했다. 코마coma는 얼음과 먼지로 이루어진 혜성에서 승화된 입자 무리로 빛을 난반사해 뿌옇게 보이는데 물분자가 주성분이다. 로제타에는 로지나ROSINA라는 질량분석기가 장착돼 있어 물분자의 질량을 측정할 수 있다. 즉 중수소 하나를 포함한 물분자HDO는 질량이 19이고 보통 물분자H$_2$O는 18이다. 따라서 두 피크를 비교하면 D/H비율을 구할 수 있다.

문득 '지구의 물이 외부에서 온 건가?'하는 의문이 들었다. 백두산 천지 정도의 양도 아니고 바닷물 전체가 혜성 같은 외부 천체에서 왔다는 게 언뜻 이해가 가지 않았다. 46억 년 전 태양계가 형성될 때 만들어진 초기 지구는 온도가 뜨거웠을 테니 수증기의 형태로 대기 중에 있거나 암석에 뒤섞여 있다가 지구가 식으면서 엄청난 양의 비가 내리고 지각이 굳으며 수분이 빠져나와 바다를 이룬 게 아니었단 말인가.

초기 지구에는 바다가 없었다

논문 말미에 있는 참고문헌들을 추적해 몇 편을 보고 나서야 지구 표면을 덮고 있는 물의 기원을 찾는 게 만만한 일이 아니라는 걸 알게 됐다. 실제로 많은 가설이 나와 있지만 아직 결정적인 시나리오를 재구성하지는 못한 상태다. 그럼에도 필자가 막연히 생각한 것처럼 지구가 형성될 때 물이 있었던 건 아닌 게 거의 확실하다. 대신 지구가 형성되고 수천만 년 사이 수분을 함유한 외부 천체가 지구에 쏟아져 들어오면서 물이 축적된 것으로 보인다. 외부 천체 후보로는 소행성과 혜성이 거론돼 왔는데 수소의 동위원소비율, 즉 D/H비율을 측정한 결과 혜성보다는 소행성이 더 기여도가 높았을 것으로 추정하고 있다. 소행성과 지구의 D/H비율이 비슷하기 때문이다.

중수소는 매우 안정한 동위원소이기 때문에 지구의 물과 소행성의 물에서 D/H비율이 비슷하다는 건 두 물이 같은 기원을 갖고 있을 가능성이 크다는 뜻이다. 흥미롭게도 태양의 D/H비율(태양풍에 포함된 물분자를 분광학적으로 측정)은 0.00002로 지구의 7분의 1에 불과하다. 따라서 현재 바닷물이 지구 형성 과정에서부터 존재한 물이었다고 보면 수소의 동위원소비를 설명할 수 없다. 그렇다면 같은 태양계의 구성원인데 소행성의 동위원소비율은 왜 다른 걸까.

2001년 〈사이언스〉에는 '지구에 있는 물의 기원'이라는 제목의 논문이 실렸다. 저자인 프랑스 국립과학연구소 프랑수아 로베르Francois Robert 박사의 설명에 따르면 인터스텔라, 즉 성간우주에 있는 얼음의 D/H비율을 최대 0.01까지로 추정하고 있다. 반면 수소분자의 D/H비율은 이보다 훨씬 낮은 수치다.

46억 년 전 태양성운이 이합집산하면서 태양과 행성들이 형성될 때 태양에 가까울수록 온도가 높았다. 그 결과 성간공간에서 얼음을 이루던 물분자와 성운의 수소분자 사이에 수소원자의 교환반응이 활발하

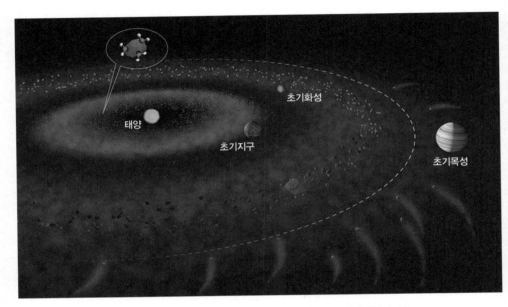

» 태양계가 형성되던 초기 모습으로 초기화성과 초기목성 사이의 한 지점(점선, 눈선(snow line)이라고 부른다)을 경계로 안쪽은 온도가 높아 물분자가 응축하지 못하고 바깥쪽은 얼음으로 존재한다. 초기목성의 중력섭동으로 눈선 바깥쪽의 얼음을 함유한 소행성이 안으로 들어와 지구에 떨어져 물을 공급했다는 것이 현재 유력한 지구 물의 기원 시나리오다. (제공 WHOI)

게 이뤄지면서 물분자의 D/H비율이 낮아졌다는 것이다. 태양에서 멀수록 온도가 낮아 이 반응의 빈도가 떨어졌기 때문에 물분자의 D/H비율이 태양계 내에서도 차이가 난다는 말이다.

　D/H비율값이 아니더라도 유력한 지구 형성 시나리오를 보면 초기지구표면은 물이 없었다고 봐야 한다. 즉 초기 태양이 서서히 식어 온도가 떨어지면서 휘발성이 낮은, 즉 끓는점이 높은 원소들부터 응축돼지구를 형성했기 때문에 물처럼 휘발성이 높은 분자가 존재하기 어려웠다. 결국 지표가 식어 물의 끓는점인 100도 밑으로 내려왔을 때는 이미물분자들이 다 흩어진 상태였다. 이런 현상은 지구 근처에 있는 금성과화성에서도 마찬가지로 일어났다.

그러나 태양계 형성 초기에도 화성과 목성 사이에 있는 지점을 분기점으로 해서 그 너머에는 수증기가 얼음으로 응축할 정도로 충분히 온도가 낮았고 그 결과 이곳에 있던 소행성들은 물(얼음)을 충분히 머금게 됐다. 태양계 형성 초기에는 목성 같은 거대 행성의 궤도가 불안정해 중력섭동이 일어났고 그 결과 소행성들이 사방으로 흩어지며 지구로도 쏟아져 들어왔다는 시나리오다.

예전에는 이런 일들이 지구가 형성되고 수억 년이 지난 뒤에 일어났다고 생각했는데 십수 년 전부터 새로운 연구결과가 나오면서 수천만 년이 지난 뒤로 훨씬 앞당겨졌다. 즉 지구가 생겨나고 1억 년쯤 뒤에는 이미 오늘날처럼 파란 행성으로 보였다는 말이다. 따라서 지구의 생명 탄생 역사도 더 앞당겨질지도 모른다.

우리 몸에서 물이 60%를 차지하고 있다는 사실(다른 분자에 있는 수소원자도 어차피 물분자의 수소원자에서 왔다!)을 생각하면 지구에게 우리 모두는 타인他人이라는 생각이 문득 든다.

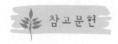
참고문헌

Altwegg, K. et al. *Science* 347, 1261952 (2015)
Robert, F. *Science* 293, 1056-1058 (2001)
Marty, B. *Earth and Planetary Science Letters* 313-314, 56-66 (2012)
Albarède, F. *Nature* 461, 1227-1233 (2009)

7-2
우리 몸은 이족보행에 최적화된 구조인가?

» 제공 <shutterstock>

　좁은 길을 걷다 보면 앞사람과 보행속도가 맞지 않아 불편할 때가 있다. 물론 내가 느리게 걸으면 간격이 멀어질 뿐이므로 불편할 일이 없지만 문제는 내 걸음이 더 빠를 때다. 결국은 순간 속도를 빨리해 앞 사람을 추월한 뒤 다시 원래 걸음으로 걷게 된다. 그런데 이렇게까지 할 필요가 있을까. 천천히 가는 앞사람을 따라 1km를 걷는다고 해도 기껏 5분 늦는 정도인데 이런 시간을 아낄 정도로 치열하게 살아가는 것도 아니지 않은가.

우리가 어색함을 감수하면서까지 앞 사람을 추월하는 건 시간 몇 분을 벌려는 게 아니라(물론 급한 일이 있는 사람은 그게 이유일 수도 있다) 내 보행속도로 걷지 못하면 불편함을 느끼기 때문이다. 즉 내가 가장 편안하게 느끼는 보행속도로 걸어야 우리는 걷는 행위를 의식하지 못하게 된다. 편안한 보행이라는 심리적 용어를 물리학의 용어로 바꾸면 에너지 효율이 가장 높을 때 보행이라고 말할 수 있다. 즉 우리 몸은 오랜 진화를 통해 최적화된 행동을 할 때 편안함을 느끼거나 행동 자체를 의식하지 못한다는 말이다.

그렇다면 인류는 수백만 년의 진화를 거쳐 이족보행에 최적화한 구조를 갖게 된 걸까? 우리가 걸을 때 걸음 자체를 의식하지 못한다는 현상이 이를 입증하는 것 같기도 하다. 실제로 각종 기능성 신발이 나와 있지만 연구결과에 따르면 맨발이 여전히 최고라고 한다. 그리고 신발을 신은 결과 관절이나 자세에 변형이 와 병원을 찾는 사람들이 많다. 물론 현대인의 주거 환경에는 맨발로 다니면 위험한 요소가 너무 많기 때문에 맨발로 다닐 수는 없다.

그럼에도 몇몇 연구자들은 인간의 해부적 구조가 걷는 데 최적화된 상태가 아닐지도 모른다고 가정하고 이를 입증하기 위해 노력해 왔다. 즉 자동차 연구자들이 엔진의 연소 효율을 높이기 위해 디자인을 끊임없이 바꾸듯이 우리 몸도 에너지 효율을 더 높일 수 있는 여지가 있다는 말이다. 물론 보행효율을 높이기 위해 인체의 디자인을 바꿀 수는 없고(설사 시도한다고 하더라도 엄청난 성형수술이 될 것이다) 외부 장치를 붙인다는 전략이다.

스프링이 보조 근육으로 작용
학술지 〈네이처〉 2015년 6월 11일자에는 보행효율(정확히는 대사에너지효율)을 7% 개선한 무동력발목외골격unpowered ankle exoskeleton을 개발하는 데 마침내 성공했다는 미국 카네기멜론대와 노스캐롤라이나대 공학자들의 연구결과가 실렸다. 다리에 부착해 보행을 돕거나 무거운 짐을 운반할 수 있는 외골격 로봇 연구가 활발하지만 이는 동력장치다. 즉 외골격의 모터가 작동해 힘을 낸다는 말이다. 이 경우 설사 사람의 에너지 효율이 올라가더라도(즉 대사에너지가 낮아지더라도) 외부에서 에너지가 공급됐으므로 보행효율이 높아졌다고 말할 수 없다.

외골격 로봇은 50년 전인 1965년 미국의 제너럴일렉트릭GE이 개발한 '하디맨Hardiman'이 원조인데 아직도 상용화되지는 못했다. 무엇보다도 착용한 사람의 의도에 따라 바로 움직일 수 있는 인터페이스 기술을 개발하는 게 어렵기 때문이다. 만에 하나 착오가 생겨 외골격 로봇이 멋대로 움직인다면 끔찍한 재앙이 될 것이다.

그런데 이번에 개발한 외골격은 무동력, 즉 외부에서 공급하는 에너지가 없다. 무게 0.4~0.5kg인 외골격을 양다리에 하나씩 부착하기만 하면 끝이다. 외골격은 무릎 아래와 발목을 감싸는 고리를 좌우에서 막대가 고정한 단순한 형태다. 다만 뒤쪽에 두 고리를 연결한 줄이 있고 줄 중간에 길이 10cm 정도의 스프링이 달려 있다. '휴보' 같은 최첨단 이족보행로봇이 사람 흉내를 내는 시대에 초등학생들의 작품 같은 엉성한 장비를 만들어

» GE가 1965년 개발한 외골격 로봇 하디맨. 이 로봇을 착용하면 무게 700kg을 들 수 있는 슈퍼맨이 될 수 있지만 의도에 따라 바로 반응해 움직이지 못할 뿐 아니라 오작동을 일으키기도 해 실용화에는 실패했다. (제공 GE)

〈네이처〉 같은 일급저널에 논문을 냈다는 게 믿어지지 않을 정도다. 도대체 무동력발목외골격은 어떻게 작동하는 것일까.

걷기의 역학을 잠깐 알아보자. 먼저 간단한 퀴즈를 내겠다. 걷기와 뛰기의 차이는? 빨리 가려고 뛰는 거니까 속도라고 생각하기 쉽지만 아니다. 제자리 뛰기도 있으니까. 걸을 때는 두 발 가운데 적어도 하나가 땅에 붙어있지만 뛸 때는 동시에 지면에서 떨어진 순간이 있다. 경보를 할 때 두 발이 동시에 떨어지면 반칙으로 탈락하는 이유다.

이족보행은 일종의 진자운동이라고 볼 수 있다. 즉 다리를 시계추라고 보면 시계추가 엇갈려 왔다 갔다 하는 셈이다. 걸을 때 다리에서 중요한 역할을 하는 부분이 바로 종아리근육과 아킬레스건이다. 즉 내디딘 발의 상대적 위치가 뒤로 밀리는 과정에서(실제로는 몸이 앞으로 나가면서) 종아리근육과 아킬레스건이 수축하고 팽창하며 발목이 꺾이고 펴진다. 발목을 고정한 뒤 걸으라고 하면 몇 걸음 못 가 쓰러질 것이다.

사실 무동력발목외골격에는 스프링 말고도 핵심 부품이 하나 더 있다. 바로 클러치(축이음 장치)로 무릎에 대는 고리 뒤쪽에 부착돼 있다. 클러치는 래칫ratchet(톱니바퀴)과 폴pawl(래칫의 역회전을 막는 멈춤쇠)로 동력을 이어주거나 끊는 장치다. 연구자들은 발이 땅에 닿아 있을 때(즉 종아리근육과 아킬레스건이 팽창해 발목의 각도가 줄어들 때) 줄이 아래로 당겨지면서 래칫이 역방향으로 풀리다 폴에 걸려 회전을 멈추고, 발이 땅에서 떨어질 때(발목의 각도가 커질 때) 폴이 풀려 래칫이 순방향으로 감기게 설계했다. 그 결과 발이 지면에 닿아 있을 때 스프링이 늘어나고(래칫이 고정돼 있으므로) 땅에서 떨어지는 순간 스프링이 원래 길이로 줄어든다.

보행 대사에너지(보행 시 전체 대사에너지에서 서 있을 때 전체 대사에너지를 뺀 값)를 측정한 결과 평균 7.2%가 줄어들었다는 놀라운 사실이 밝혀졌다. 즉 트레이드밀을 보통 보행속도인 초속 1.25m로 작동시킨 뒤

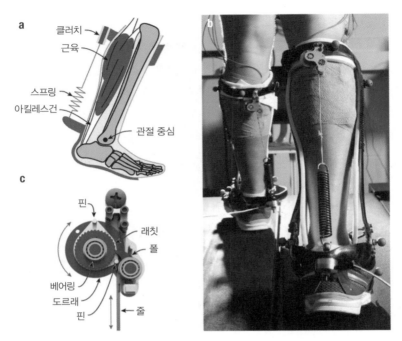

앞의 그림에는 **a** 부분에 클러치, 근육, 스프링, 아킬레스건, 관절 중심이 표시되어 있고, **c** 부분에 핀, 래칫, 폴, 베어링, 도르래, 핀, 줄이 표시되어 있다.

» 무동력발목외골격은 발목과 무릎에 착용하는 간단한 구조로 걸을 때 뒤쪽에 있는 스프링이 에너지를 저장하고 방출하면서 근육의 일을 덜어준다. 이 과정에 클러치(아래 왼쪽)가 중요한 역할을 한다. (제공 <네이처>)

피험자를 걷게 하고 대사에너지 변화를 측정하면 외골격을 착용했을 때 에너지 소모가 적었다. 그렇다면 무동력발목외골격은 어떻게 보행의 에너지 효율에 영향을 미치는 것일까?

짐 4kg 더는 효과

종아리근육의 활동도를 조사한 결과 외골격을 착용할 경우 활동도가 떨어지는 것으로 나타났다. 특히 아킬레스건과 연결되는 넙치근의 활동도가 많이 감소했다. 즉 보행 시 에너지 대부분은 근육이 소모하므로 근육 활동도가 줄어든 게 에너지대사량 감소의 주요인이다. 외골격이 보행 시 발목을 접고 펴는 역할을 하는 근육의 일을 덜어준다는 말이다. 발을 내디딜 때 발목이 앞으로 꺾이는 걸 막으려면 종아리근육이 잡아줘야 하는데 스프링이 보조역할을 한다. 이런 효과는 스프링의 강도에 따라 달랐는데 180Nm/rad일 때 가장 높았다. 강도가 더 강할수록 종아리근육의 역할을 더 맡겠지만 이 경우 정강이 앞쪽의 근육(앞정강근)과의 균형이 깨져 에너지가 더 들어간다. 한편 외골격으로 줄어든 에너지대사량은 배낭에서 짐 4kg을 덜어낸 효과에 해당한다고 한다.

이번 논문은 4월 1일 온라인으로 먼저 공개됐는데, 4월 2일자 〈네이처〉에 논문의 의미를 언급한 사설이 실리기도 했다. 먼저 이번 연구결과는 인체가 오랜 진화를 거쳐 선택된 가장 효율적인 구조라는 상식과는 달리 여전히 개선의 여지가 있는 불완전한 상태임을 보여줬다. 또 무동력외골격은 보행에 불편을 겪고 있는 많은 사람에게 도움이 될 가능성이 크다. 효율을 7% 개선한 게 별것 아닌 것 같지만, 이 차이로 걸을 수 있느냐 없느냐가 결정되는 사람들이 많다. 걷는 게 불편해 어느 순간 보행을 포기할 경우 근육위축이 가속돼 사실상 돌이킬 수 없다. 무동력외골격의 도움을 받는다면 걸을 수 있는 기간을 좀 더 연장할 수 있다는 말이다. 머지않아 무동력외골격이 제품화돼 시장에 나오지 않을까?

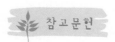 참고문헌

Collins, S. H. et al. *Nature* 522, 212-215 (2015)
Editorial, *Nature 520*, 6 (2015)

7-3
1670년 밤하늘에 나타난 신성, 알고 보니….

1670년 초여름 프랑스 디종의 한 수도원. 여느 날처럼 일과를 마치고 취미인 밤하늘 관측을 하던 카르투시오 수도회의 수도사 페레 동 앙텔므Père Dom Anthelme는 백조자리의 백조 머리 바로 위에서 못 보던 별 하나를 관측했다. '별일'이라고 생각한 앙텔므는 이 사실을 파리의 왕립과학아카데미에 알렸고 아카데미는 이듬해 학술지 〈왕립학회철학회보〉에 아래에 같이 보고했다.

"지난해 6월 20일 밤 이 사람(앙텔므)은 백조자리에서 이전에는 없었던 3등급(겉보기등급) 별을 관측했다. (중략) 천문학자들의 목록들을 다 봐도 이 별은 기록돼 있지 않다. 반면 백조자리 부근의 다른 별들은 이보다 훨씬 어두운 경우도 정확히 표기돼 있다."

그런데 사실 이 별에 대한 보고는 1670년 이미 〈왕립학회철학회보〉에 실렸다. 당대 최고의 천문학자였던 폴란드의 요하네스 헤벨리우스Johannes Hevelius 역시 이해 7월 25일 이 별을 관측했다. 그는 이 별에 '백조 머리 아래 신성Nova sub capite Cygni'이라는 이름을 붙여줬다. 새로 생긴 별이기 때문이다. 훗날 이 별의 이름은 '여우자리 신성 1670Nova Vulpeculae 1670'으로 바뀌어 굳어졌다. 헤벨리우스는 백조 머리 부근에

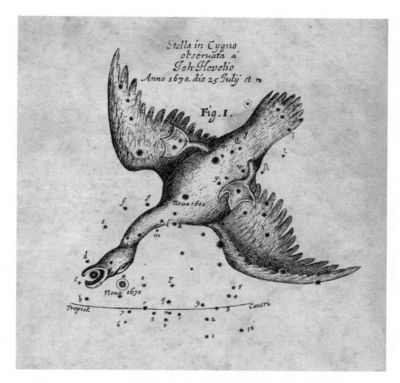

» 1670년 7월 25일 백조자리에서 신성을 발견한 폴란드의 천문학자 요하네스 헤벨리우스는 학술지 <왕립학회철학회보>에 이 관측을 다룬 논문을 제출했다. 논문에 실린 일러스트로 백조 눈 바로 아래 빨간 원 안이 신성 1670이다. (제공 <왕립학회철학회보>)

있는 별들로 여우자리를 만들었는데 이 별의 위치가 백조 머리보다 여우 머리에 좀 더 가까워서였을까?

헤벨리우스는 이 별을 계속 관측했는데 점점 흐려지더니 10월에는 자취를 감췄다. 그런데 이듬해 봄 다시 나타났고 4월 30일 겉보기등급이 2.6에 이르렀다. 그러나 다시 어두워져 8월에 또 사라졌다. 1672년 봄에도 다시 보였지만 흐릿했고 5월 22일을 끝으로 완전히 자취를 감췄다. 후대의 천문학자들은 이 관측자료를 토대로 여우자리 신성

» 폴란드 화가 다니엘 슐츠가 그린 요하네스 헤벨리우스의 초상. 여우자리 신성 1670을 처음 관측한 프랑스의 수도사 페레 동 앙텔므를 그린 그림은 없는 듯하다.

1670 관측을 시도했지만 별다른 소득이 없었다.

이렇게 310년이 지난 1982년 마침내 이 별이 있던 자리에서 성운을 관측했고 1985년에는 중심에 있는 별의 존재도 확인했다. 즉 1670년에서 1672년에 걸친 관측은 신성폭발로 별이 밝아지면서 수천 광년 떨어진 지구에서도 맨눈에 보였던 것이다. 신성은 근접쌍성계, 즉 짝을 이루는 두 별이 서로 가까울 때 동반별에서 나오는 가스가 백색왜성으로 흘러들어가 표면에서 쌓이다 폭발할 때 빛이 급격히 밝아지면서 지구에서는 별이 새로 생기는 것처럼 보이는 현상이다.

강력한 폭발로 별 내부 물질 일부도 흩어진 듯

학술지 〈네이처〉 2015년 4월 16일자에는 여우자리 신성 1670이 실은 신성이 아니라 두 별이 충돌해 하나로 합쳐질 때 일어난 폭발이 별빛으로 보인 것이라는 연구결과가 실렸다. 처음 관측되고 340여 년이 지나고서야 그 실체가 밝혀진 셈이다. 유럽남방천문대와 독일 막스플랑크전파천문학연구소 연구원들은 여우자리 신성 1670 자리의 성운에서 오는 스펙트럼 데이터를 면밀히 분석한 결과 이런 결론을 얻었다.

즉 스펙트럼의 파장에 따른 흡수도를 보면 어떤 분자가 어느 정도 농도로 있는지를 추측할 수 있는데 데이터 분석 결과 성운을 이루고 있

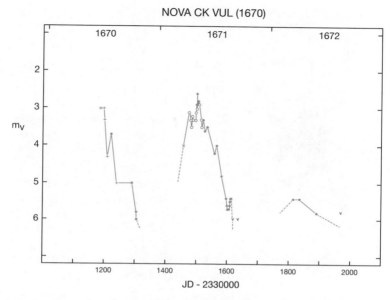

NOVA CK VUL (1670)

» 여우자리 신성 1670은 1670~1672년에 걸쳐 수개월씩 세 차례 맨눈에도 보일 정도로 밝아졌다. 이를 관측한 기록을 모은 그래프로 세로축이 겉보기등급이다. (제공 <천체물리학저널>)

는, 여전히 사방으로 흩어지고 있는 가스분자 종류가 꽤 다양하고 그양도 신성 폭발로는 설명할 수 없을 정도로 많은 것으로 나타났다. 따라서 연구자들은 여우자리 신성 1670이 신성의 메커니즘이 아니라 두별이 충돌하며 합쳐질 때 일어나는 폭발의 모습이라고 해석했다. 즉 폭발이 워낙 강력해 별의 내부를 뚫고 지나가면서 핵융합으로 만들어진원소들의 상당 부분이 사방으로 흩어졌다. 그 결과 껍질만 폭발한 신성에서는 볼 수 없는 다채로운 분자들이 생겨났다.

폭발이 일어나고 수백 년이 지난 현재에도 사방으로 흩어지고 있는가스의 온도는 8~22K(켈빈. 절대온도 단위로 −265~−251℃에 해당)으로굉장히 낮은 것 같지만 우주의 평균 온도는 3K다. 성운의 전체 가스 질량은 대략 태양의 질량에 해당하는 것으로 나와 보통 신성폭발로 나오

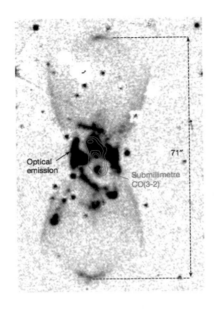

Optical emission

Submillimetre
CO(3-2)

71″

» 최근 유럽남방천문대와 독일 막스플랑크전파천문학연구소 연구자들은 여우자리 신성 1670 자리의 성운 스펙트럼을 면밀히 조사했다. 그 결과 1670년의 신성은 신성폭발이 아니라 두 별이 충돌하며 합쳐질 때 일어난 폭발인 것으로 나타났다. 사진은 성운의 가시광선 영역 이미지다(네거티브로 어두울수록 빛이 강함). 가운데 녹색 등고선은 일산화탄소(CO)의 농도를 알려주는 서브밀리파(파장이 짧은 전파) 데이터다. (제공 <네이처>)

는 가스의 양보다 훨씬 더 많았다. 가스의 분출속도는 초속 210킬로미터 내외로 추정됐다. 그리고 중심에 남아 있는, 충돌로 합쳐진 별의 밝기는 태양의 90% 수준으로 나타났다.

중세와 근세 수백 년 동안 유럽 각지의 수도원에서 살았던 수많은 수도사들은 대부분 자취를 남기지 않고 잊혀졌다. 페레 동 앙텔므 역시 여우자리 신성 1670이 아니었다면 340여 년이 지난 오늘날 그 이름이 거론되는 일은 결코 없었을 것이라는 생각이 문득 든다.

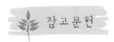 참고문헌

Shara, M. M. et al. *The Astrophysical Journal* 294, 271-285 (1985)
Kamiński, T. et al. *Nature* 520, 322-324 (2015)

7-4
명왕성과 클라이드 톰보

전 늘 산의 뒤편에 무엇이 있는지 알고 싶었습니다.

— 클라이드 톰보

   2015년 7월 13일 명왕성에 접근한 우주탐사선 뉴호라이즌스호New Horizons가 찍어 보내온 사진 한 장을 보고 많은 사람이 뜨끔했을 것이다. 2006년 인류로부터 버림을 받은, 즉 행성의 지위를 박탈당한 명왕성이 여전히 하트를 그리며 인류를 바라보고 있었기 때문이다. 길이 1,590km에 이르는 이 거대한 하트는 물, 질소, 메탄, 일산화탄소 등 여러 분자로 된 빙하 지역이다. 지구에선 기체인 분자들도 어는 건 명왕성의 온도가 영하 233도보다도 낮기 때문이다. 미

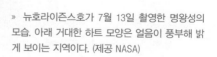

» 뉴호라이즌스호가 7월 13일 촬영한 명왕성의 모습. 아래 거대한 하트 모양은 얼음이 풍부해 밝게 보이는 지역이다. (제공 NASA)

» 1930년 명왕성을 처음 관측한 클라이드 톰보는 아마추어 천문학자였다. 1928년 자신이 만든 구경 9인치 망원경 옆에 자리한 톰보. (제공 NASA)

우주항공국NASA은 명왕성의 하얀 하트를 '톰보지역Tombaugh Regio'이라고 명명했다.

하트에 다소 딱딱한 이름이 붙은 건 1930년 명왕성을 발견한 천문학자 클라이드 톰보Clyde Tombaugh를 기리기 위함이다. 1906년 미국 일리노이주 스트리터에서 태어난 톰보가 천문학자가 된 과정은 소설보다도 더 소설적이다.

손수 만든 망원경으로 행성 관측

톰보가 고등학생 때 부모는 켄터키주로 이사해 대규모 농사를 시작했는데 엄청난 우박을 동반한 폭풍이 몰아치는 바람에 농사를 망치면서 한순간에 집안이 기울어졌다. 결국 톰보는 대학 진학을 포기하고 가족을 도와 농사를 지었다. 천문학자가 꿈이었던 톰보는 틈틈이 독학으로 기하학과 삼각법을 공부했고 스무 살 때 손수 망원경을 만들었다.

하지만 성능이 기대에 못 미치자 이번에는 광학을 독학해 직접 유리를
갈아 만든 렌즈와 거울로 새 망원경을 만들었다.

톰보는 이 수제 망원경으로 화성과 목성을 관측하면서 정성스레 만
든 관측노트를 애리조나주 플래그스태프에 있는 로웰천문대에 보냈다.
천문대의 천문학자들은 아마추어 관측자의 노트에 깊은 인상을 받아
천문대의 일자리를 제안했고 농사꾼 청년 톰보는 짐을 꾸려 천문대로
떠났다.

반복되는 천체 관측 업무를 맡은 톰보는 불평하지 않고 열심히 일
했고 1930년 2월 18일 역사적인 발견을 한다. 다른 별들에 대한 상대
적인 위치가 조금씩 바뀌는 별, 즉 항성이 아니라 행성을 발견한 것이
다. 추가 관측 결과 이 행성은 천문대의 설립자인 천문학자 퍼시벌 로
웰Percival Lowell이 존재를 예측하고 찾다가 결국 실패한 태양계의 아홉
번째 행성임이 밝혀졌다.

톰보는 이 업적을 인정받아 천문대의 지원으로 1932년 26세의 나이
에 캔사스대에 입학했고 1938년 석사학위까지 받았다. 2차 세계대전으

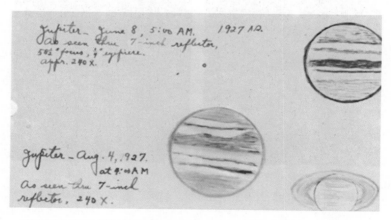

» 톰보는 손수 만든 망원경으로 행성을 관측한 노트를 로웰천문대에 보낸 게 계기가 돼 천문
대에 취직했다. 1927년 관측을 토대로 그린 목성 그림.

로 1943년 징집될 때까지 14년 동안 로웰천문대에서 일하면서 톰보는
수많은 변광성과 소행성, 혜성, 은하를 발견했다. 톰보는 1997년 91세
를 일기로 타계했다.

탄생 100주년에 명왕성 퇴출당해

2006년 1월 톰보 탄생 100주년을 맞아 NASA는 명왕성 탐사선 뉴호
라이즌스호를 로켓에 실어 올렸고, 9년 6개월을 홀로 여행한 뉴호라이
즌스호는 명왕성에 1만 2,500km까지 접근한 7월 14일을 전후해 많은
사진을 촬영했다. 데이터 전송량이 제한돼 있어 사진들은 16개월에 걸
쳐 지구로 전송될 예정이다. 현재 뉴호라이즌스호는 명왕성을 지나 태
양계 가장자리를 향해 날아가고 있다.

뉴호라이즌스호에는 톰보의 유골 1온스(28그램)가 실려 있다. 1930

DISCOVERY OF THE PLANET PLUTO

January 23, 1930

January 29, 1930

» 1930년 2월 톰보는 천체 사진을 면밀히 분석하다 명왕성을 발견했다. 왼쪽 1월 23일자 사진
의 화살표와 오른쪽 1월 29일자 사진의 화살표가 가리키는 천체가 바로 명왕성으로 밤하늘에
서 상대적인 위치가 고정된 항성(별)과는 달리 꽤 이동했음을 알 수 있다. 항성이 아니라 행성이
라는 뜻이다. (제공 로웰천문대)

년 망원경을 통해 50억 킬로미터 떨어진 행성을 관측했던 24세 청년이 91세로 세상을 떠난 뒤 비록 뼛가루이지만 우주 여행자가 돼 자신의 이름을 과학사에 영원히 새기게 한 행성을 가까이서 지켜본 것이다.

아이러니하게도 톰보의 유해가 뉴호라이즌스호에 실려 여행을 시작한 지 몇 달 안 된 2006년 8월 국제천문연맹은 명왕성의 지위를 행성에서 왜소행성으로 강등시켰다. 2005년 태양계에서 명왕성보다 질량이 조금 더 큰 천체가 발견되면서(에리스로 명명) 이를 열 번째 행성으로 등록하느냐 여부를 두고 토론을 벌이다 애꿎은 명왕성이 날벼락을 맞은 것이다. 행성의 정의를 까다롭게 적용했기 때문이다. 사실 명왕성의 지름은 2,370km로 지구의 위성인 달(3,474km)보다도 작다.

76년 만에 태양계의 행성은 다시 여덟 개로 줄어들었지만 많은 사람의 가슴속에 명왕성은 여전히 아홉 번째 행성으로 남아있지 않을까.

PART 8

화학

8-1
이산화탄소의 변신은 무죄!

프랑스 파리는 원래 2015년 12월에 전 세계의 주목을 받을 예정이었다. 미래 지구의 생태와 환경에 큰 영향을 줄지도 모르는 '파리기후변화협약 당사국총회COP21'가 열리기 때문이다. 그런데 2015년 11월 13일 금요일 밤 파리 곳곳에서 벌어진 테러로 500여 명의 사상자가 발생했다는 끔찍한 뉴스가 속보로 전해졌다. 인간이라는 동물의 잔인함이 어디까지 갈수 있는지 보여준 이번 사태가 좀 더 나은 세상을 만들기 위한 인류의 노력을 이야기할 COP21에 차질을 주지 않기를 바란다.[37]

'인류 역사상 가장 중요한 2주일'이라고 불리는 COP21의 핵심적인 주제는 온실가스배출문제에 대한 해결책이다. 기후변화에 따른 지구생태계의 파국만은 막아야 한다는 절박한 목소리가 각국의 경제논리와 첨예하게 대립할 전망이지만 과거처럼 말만 요란하지는 않을 것이라는 예상이 많다. 그만큼 지구의 상황이 심각하기 때문이다.[38]

---

37 다행히 COP21은 2015년 11월 30일부터 12월 12일까지 별다른 불상사 없이 무사히 치러졌다.

38 COP21은 2020년 이후 신기후 체제를 수립하기 위한 합의문을 채택했다. 이에 따르면 각국은 지구평균기온을 산업화 이전의 2도, 가능한 1.5도 이내로 유지하기 위해 노력하고 온실가스 감출목표에 대한 실행방안과 상황을 의무적으로 보고해야 한다. 법적 구속력이 없다는 것이 문제로 지적되기도 하지만, 신기후 체제를 외면하기 어려운 분위기다. 우리나라도 2030년에 배출전망치 대비 37%를 줄이겠다고 약속한 상태다.

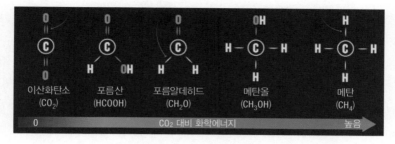

» 화학에너지가 낮은, 즉 안정한 분자인 이산화탄소를 원료로 해서 물질을 만드는 건 쉬운 일이 아니지만 많은 화학자가 이 과제에 도전하고 있다. 왼쪽에서 오른쪽으로 갈수록 분자의 화학에너지가 높다. (제공 <네이처>)

오늘날 지구를 풍전등화로 몰아간 게 지난 한 세기 동안 인류가 석유를 펑펑 쓰면서 만들어낸 이산화탄소 때문이고 따라서 석유화학업계를 곱게 보지 않는 시선이 많지만 사실 이건 특정 집단의 잘못이 아니다. 사람들 대부분이 석유를 기반으로 한 현대문명의 혜택을 누리고 있기 때문이다.

그런데 최근 화학자들은 화석에너지 산화(연소)의 최종산물인 이산화탄소를 원료로 사용해 물질을 만들어내는 연구를 본격적으로 진행하고 있다. 화학공정을 개선해 이산화탄소 발생을 줄이려는 노력에서 한 발 더 나아가 배출한 이산화탄소를 사용해 없애자는 발상의 전환인 셈이다. 이게 성공하면 꿩 먹고(이산화탄소 감축) 알 먹는(물질 생산) 셈이다.

탄소배출량의 5% 재활용할 수 있어

사실 어떤 물질을 만드는 원료로 이산화탄소를 쓰는 건 전혀 새로운 얘기가 아니다. 지난 30억 년 동안 미생물(시아노박테리아)이 그리고 수억 년 전부터는 식물까지 합세해 해온 일이기 때문이다. 지금도 지구에서는 매년 수백억 톤의 이산화탄소가 광합성으로 다시 붙잡힌다. 물론 이렇게 고정된 이산화탄소는 언젠가는 다시 대기로 돌아가면서 순환이 반복된다.

화학적으로 굉장히 안정한 분자인 이산화탄소가 광합성의 재료로 쓰일 수 있는 건 빛 에너지가 투입되기 때문이다. 따라서 화학자들은 벌써부터 광합성을 흉내 내거나 다른 방식으로 이산화탄소 포획을 시도하고 있지만 그게 호락호락하지 않다. 이 과정에 필요한 에너지를 만드느라 발생한 이산화탄소가 포획한 이산화탄소보다 더 많기 때문이다.

학술지 〈네이처〉 2015년 10월 29일자에는 이산화탄소를 원료로 사용하려는 노력들이 어느 정도 결실을 거두고 있다는 소식을 담은 심층 기사를 실었다. 사람들 누구나 알고 있는 가장 흔한 예는 바로 탄산음료에 들어가는 이산화탄소로 연간 2,000만 톤이나 된다. 물론 병 또는 캔을 열면 바로 대기로 날아가지만.

현재 산업계에서 이산화탄소를 원료로서 적극적으로 쓰는 곳이 요소비료업계로 연간 1억1400만 톤에 이르러 전체 이산화탄소 사용량의 60%가 넘는다. 요소Urea는 이산화탄소와 암모니아를 반응시켜 만들기 때문이다. 그럼에도 전체적으로는 이산화탄소를 발생시키는 산업이다. 반응에 들어가는 에너지가 화석연료 연소에서 올 경우 이산화탄소가 나오기 때문이다. 또 질소와 수소를 반응시켜 암모니아를 만드는데, 메탄에서 수소를 만들 때 이산화탄소가 나온다.[39] 그래서 화학자들은 이산화탄소가 암모니아 대신 질소, 물과 직접 반응해 요소를 만드는 반응을 연구하고 있다.

이산화탄소로 탄산칼슘($CaCO_3$)을 만드는 연구도 한창이다. 오늘날 탄산칼슘은 석회석 광산에서 주로 얻는데 연간 사용량이 150억 톤에

---

[39] 암모니아 합성에 대한 자세한 내용은 ≪사이언스 칵테일≫(과학카페 4권) 295~302쪽 '아세요? 암모니아 합성에 인류 에너지의 2%가 들어간다는 사실' 참조.

이른다. 미국의 그린에너지업체인 칼레라는 공장에서 나오는 이산화탄소와 산업폐기물에서 추출한 수산화칼슘($Ca(OH)_2$)을 반응시켜 탄산칼슘을 만드는 공정을 개발했다. 그 결과 탄산칼슘 1톤당 이산화탄소 170kg을 포획하고 있다.

일본의 아사히카세이케미컬은 이산화탄소를 써서 플라스틱 폴리카보네이트를 만드는 기술을 개발했다. 전체적으로는 폴리카보네이트 1톤당 여전히 이산화탄소 1톤이 발생하는 것이지만 이산화탄소 6톤이 발생하는 기존 공정에 비하면 엄청난 개선이다. 이 회사는 연간 66만 톤의 폴리카보네이트를 생산하고 있어 전체 생산량의 14%를 차지하고 있다. 지금까지 개발된 기술들을 최대한 적용하면 현재 연간 이산화탄소 배출량 200억 톤의 5%인 10억 톤 정도를 재활용할 수 있다고 한다.

무기재료와 미생물의 결합

한편 자연의 광합성처럼 빛과 생명체의 힘을 빌려 이산화탄소를 원료로 해서 유용한 물질을 만드는 연구도 한창이다. 학술지 〈사이언스〉 2015년 11월 13일자에는 생무기인공광합성bioinorganic artificial photosynthesis 분야의 최근 연구동향을 소개한 글이 실렸다. 생무기인공광합성이란 광양극(무기소재)이 빛에너지를 흡수해 물을 산소와 전자, 수소이온(양성자)으로 쪼개고 박테리아가 광음극에서 전자를 받아 이산화탄소를 유용한 물질로 바꾸는 체계다. 즉 금속 대신 미생물을 촉매로 이용하는 셈이다.

생무기인공광합성의 이점 가운데 하나는 기존 무기인공광합성에 비해 다양한 산물을 만들 수 있다는 것이다. 즉 미생물 균주에 따라 아세트산, 부탄올, 이소프레노이드 등이 나온다. 합성생물학 기술로 미생물의 게놈을 재구성하면 더 다양한 화합물을 만들 수도 있다. 예를 들

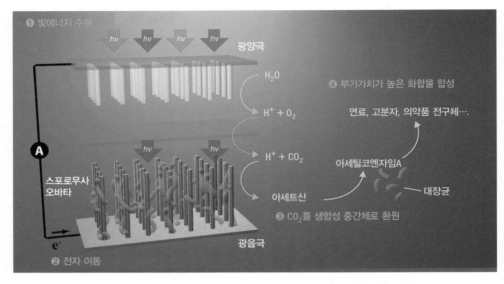

» 최근 미국 버클리 연구진들이 개발한 생무기인공광합성시스템. 빛에너지를 받은 광양극에서 물이 산소와 전자, 수소이온으로 쪼개지고(1) 전자는 광음극으로 이동한다(2). 광음극 나노와이어에 포획돼 있는 박테리아가 이산화탄소와 전자, 수소이온으로 아세트산을 만들고 용액에 있는 대장균이 아세틸코엔자임A로 변환시켜(3) 다양한 물질을 합성하는 원료로 쓴다(4). (제공 〈나노레터스〉)

어 미국 버클리 캘리포니아대의 연구자들은 최근 학술지 〈나노레터스〉에 발표한 논문에서 티타늄산화물/실리콘 광양극과 아세트산을 만드는 박테리아인 스포로무사 오바타*Sporomusa ovata*를 광음극인 실리콘 나노와이어nanowire 안에 배양하는 생무기인공광합성 시스템을 소개했다.

이렇게 만들어진 아세트산은 용액에 있는 대장균에 의해 아세틸코엔자임A의 형태로 바뀐 뒤 수확돼 다양한 합성반응의 출발물질이 된다. 이 시스템은 200시간까지 안정적으로 작동했고 리터당 6그램의 아세트산을 생산해냈다. 그리고 투입되는 에너지는 전부 햇빛에서 왔다. 에너지변환효율은 0.38%로 잎의 광합성 효율과 비슷했다. 연구자들은 효율을 더 끌어올려야 상용화를 이룰 수 있다고 덧붙였다.

'불가능을 가능으로Making the Impossible to Possible'을 슬로건으로 에너지와 환경, 탐험 프로젝트를 지원하는 X프라이즈재단은 2015년 9월 '탄소 X프라이즈Carbon XPRIZE'를 발표했다. 즉 2020년까지 이산화탄소를 골칫거리에서 복덩이로 변신시키는 데 가장 성공한 팀에게 상금으로 2,000만 달러(약 230억 원)를 주겠다는 것. 우리나라 과학자들이 획기적인 발견 또는 발명을 해내 탄소 X프라이즈를 거머쥔다면 당사자들은 물론 인류를 위해서도 더없이 좋은 일일 거라는 즐거운 상상을 해본다.

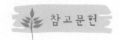

참고문헌

Lim, X. *Nature* 526, 628-630 (2015)
Zhang, T. *Science* 350, 738-739 (2015)

8-2
'비스페놀A 프리'의 진실

화학이 가져다주는 이득이 약물과 식품첨가물의 독성, 환경오염, 화학전 같은 유해한 효과에 가려지는 일이 비일비재하다. 그 결과 화학과 화학자들이 사회에서 상대적으로 저평가되고 있다.

— 〈사이언스〉 2015년 3월 13일자 사설에서

'애증愛憎의 관계'라는 말이 있다. 보통 매력적인 사람들에게 느끼는 감정으로 잘 몰랐을 때는 외모나 능력만 보고 애정을 느끼지만 어떤 계기로 가까워져 인간성의 실상을 알게 되면서 어떤 사람의 모든 면이 다 좋을 수는 없다는 걸 깨닫게 된다. 러시아의 작가 도스토옙스키는 "난 러시아 사람 하나하나를 볼 때마다 혐오감을 감출 수 없지만 그럴수록 러시아인들을 더욱 사랑한다"는 애증의 관계에 대한 멋진 말을 남기기도 했다.

애증의 관계가 꼭 사람들 사이에서만의 일은 아니다. 과학 역시 애증의 대상인데 예를 들어 물리학의 경우 인간 이성의 최고봉에 있지만 물리학 덕분에 가능해진 원자력산업은 적지 않은 사람들에게 증오의 대상이다. 생명과학 역시 다채로운 지식의 보고이지만 유전자조작이나 배아줄기세포 같은 얘기만 들어도 경기를 일으키는 사람도 있다. 그럼에도 애증의 관계에서 화학을 능가하지는 못할 것이다. 화학은 애증의 관계가 가장 격렬하게 표현될 뿐 아니라 아마도 애정보다 증오가 더 큰 과학일 것이다.

과학저널 〈사이언스〉 2015년 3월 13일자는 표지부터 시작해서 사설, 기사, 해설, 논문, 심지어 서평까지 여러 곳에서 화학을 다뤘다. 이 글 앞에 인용한 문구는 화학자 세 사람이 공동명의로 쓴 사설에 나오는 대목으로, 화학을 전공한 필자로서는 그 심정을 모르는 바가 아니다.

하지만 열 번을 잘 해줘도 한 번 잘못하면 돌아서는 게 인지상정인 것을 어쩌겠는가. 이번 호만 봐도 화학을 옹호하는 사설을 싣고 분자

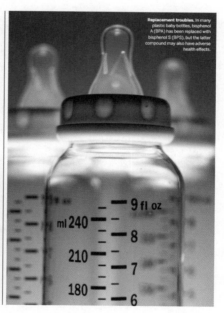

» 학술지 <사이언스> 2015년 3월 13일자에는 문제를 일으키는 화합물을 대체하는 일이 쉽지 않은 현실을 다룬 글이 실렸다. 최근 수년 사이 많은 나라에서 비스페놀A를 젖병에서 퇴출했지만, 그 결과 안전한 젖병이 만들어지고 있다고 장담할 수는 없다고 한다. (제공 <사이언스>)

모듈을 조합하는 방식으로 자동화한 합성법을 소개한 심층기사와 표지 논문으로 화학의 밝은 면을 부각하는가 싶더니 이 모든 걸 '가리기에' 충분한, 어두운 내용을 담은 해설도 싣고 있다.

'후회하지 않을 대체를 하려면'이라는 제목의 해설은 내분비교란물질의 대표주자인 비스페놀A를 대체하는 과정에서 드러난 문제점을 조명하면서 이런 일을 막기 위해 화학자들이 어떻게 해야 하는가를 논의하고 있다. 즉 문제를 일으키는 화학물질을 대체하는 과정이 제대로 진행되지 않으면 여전히 문제가 해결되지 않을 뿐 아니라 심지어 더 악화되는 결과를 낳을 수도 있다. 그럼에도 대다수 사람은 일이 제대로 처리됐거나 되는 걸로 알고 있는 게 현실이다.

남성 생식계에 특히 심각한 영향

미국 예일대 화학자들이 쓴 해설은 2015년 1월 학술지 〈가임과 불임〉에 실린 프랑스 연구자들의 논문이 계기가 됐다. 즉 지난 수십 년 동안 문제가 되어온 비스페놀A를 대신해서 쓰이고 있는 비스페놀S와 비스페놀F 역시 그렇게 안전한 화합물은 아니라는 내용이다. 비스페놀A는 익숙하지만 비스페놀S와 비스페놀F는 처음 들어본다는 독자들이 많을 것이다.

무설탕제품sugar free을 표방함에도 여전히 달다면 여기엔 뭔가가 있듯이(과당이나 인공감미료 첨가) 최근 비스페놀A를 쓰지 않았다는 플라스틱이 많이 나오지만 물성이 눈에 띄게 나빠지지 않았다면 여기에도 뭔가가 있는 것이다(즉 비스페놀S나 비스페놀F 첨가). '비스페놀A 프리' 플라스틱으로 만든 장난감을 비싸게 주고 사면서 '그래도 애한테는 안전하다니까…'라며 위안한 부모들은 속았다는 느낌이 들 것이다. 하물며 이 대체 화합물들 역시 안전성 측면에서 비스페놀A와 별다를 게 없다

» 비스페놀A와 이를 대체하는 용도로 쓰이는 비스페놀S, 비스페놀F 분자의 구조. 기본 골격이 상당히 비슷함을 알 수 있다. (제공 <가임과 불임>)

면 어떻겠는가.

비스페놀Abisphenol A는 1891년 합성된 분자로 페놀계열 고리분자 두 개가 프로판 골격에 좌우대칭으로 붙어있는 구조다. 1950년대 들어 비스페놀A로 고분자, 즉 플라스틱 폴리카보네이트를 만들 수 있다는 사실이 발견되면서 비스페놀A는 화려하게 재조명됐다. 폴리카보네이트는 물성이 뛰어나 안경, CD 등 수많은 제품에 쓰였고 비스페놀A의 연간 생산량은 340만 톤에 이르렀다. 그뿐 아니라 비스페놀A는 통조림 내부 코팅재인 에폭시수지 등 다양한 재료에 첨가물로 쓰이고 있다.

1936년 이미 비스페놀A가 여성호르몬 에스트로겐 같은 활성을 지니고 있다는 사실이 발견됐음에도 워낙 쓸모가 많았기 때문에 다들 모른척하고 쓰고 있었다. 그러나 비스페놀A가 점점 널리 쓰이면서 문제가 하나둘 터져 나오기 시작했고 이와 관련된 논문이 1만 편이 넘게 발표됐다. 그 결과 수년 전부터 여러 나라가 비스페놀A 사용을 규제하기 시작했다.

비스페놀A는 당뇨와 비만, 심혈관질환 등 다양한 질병에 영향을 미치는 것으로 알려져 있지만 그 가운데서도 생식계, 특히 남성의 생식계 발달에 미치는 영향이 집중적으로 연구됐다. 즉 비스페놀A에 노출될 경우 태아의 생식계 발달에 문제가 생길 수 있고 그 결과 생식기 이상이나 정자수 감소 같은 현상이 일어날 수 있다.

예를 들어 2013년 발표된 프랑스 남성 2만 6,000여 명을 대상으로 한 조사결과를 보면 1996년에서 2005년 사이 매년 1.9%씩 정자수가 감소하는 것으로 나왔다. 덴마크인을 대상으로 한 또 다른 연구에서는 고환암 발생률이 1960년 10만 명당 4명에서 2000년 10명으로 증가한 것으로 나타났다. 이런 변화가 비스페놀A 때문이라고 단정할 수는 없지만 개연성이 높다.

이와 관련해 '고환발육부전증후군'이라는 흥미로운 가설이 있다. 남성화프로그래밍창masculinization programming window이라고 부르는, 남성 태아가 발달하는 결정적인 시기에 비스페놀A에 노출될 경우 고환 발육에 문제가 생기고 그 결과 생식기 발육부전이나 정자수 감소 같은 현상이 나타난다는 것이다. 사람의 경우 임신 6.5주에서 14주까지의 기간이 남성화프로그래밍창에 해당한다.

생식기 발육부전의 대표적인 예로 잠복고환과 요도하열이 있다. 잠복고환은 배에서 만들어진 고환이 음낭으로 내려오지 않는 증상으로 지역에 따라 남성의 2~9%에서 발견된다. 요도하열은 요도가 음경 끝이 아니라 그 아래쪽에 위치하는 현상으로 신생아의 0.2~1%에서 나타난다. 문제는 두 증상 모두 증가추세라는 것이고 여기에 비스페놀A가 관련돼 있다는 것이다.

논문에는 지난 2012년 〈환경과학보건지〉에 실린 국내 연구자들의 조사결과가 인용돼 있는데 좀 충격적이다. 즉 요도하열을 보이는 신생아의 혈중 비스페놀A 농도를 조사한 결과 그렇지 않은 신생아의 수치보다 평균 7배나 높게 나왔다.

아무튼 이런 상황이다 보니 각국에서는 비스페놀A 사용을 규제하기 시작했다. 먼저 유아제품에서 시작됐는데 젖병의 경우 캐나다는 2008년, 프랑스는 2010년, EU는 2011년부터 비스페놀A 사용을 금지했다. 우리나라 역시 2012년부터 젖병에 비스페놀A 사용을 금지하고 있다. 프랑스는 2015년 1월부터 모든 식음료 용기에서 비스페놀A 사용을 금지하고 있다.

논문은 이런 '비스페놀A 프리' 제품에 비스페놀A 대신 쓰이고 있는 비스페놀S나 비스페놀F는 믿을만하냐는 의문에서 시작한다. 즉 비스페놀A와 기본 골격이 동일한 이들 분자가 안전하다는 믿을만한 충분한 증거가 없다는 말이다. 이들은 태아에서 적출한 고환조직을 대상으로 이 물질들의 작용을 조사했다. '사람 태아에서 어떻게 고환조직을 꺼내지?' 이런 의문이 드는 독자도 있을 텐데 낙태한 태아에게서 얻는다.

실험결과 놀랍게도 비스페놀S와 비스페놀F 모두 내분비교란 작용에 있어서 비스페놀A와 큰 차이를 보이지 않았다. 즉 비스페놀A 대체 물질을 처리한 시료에서도 남성호르몬인 테스토스테론 분비량이 떨어졌다. 남성 태아 발달 과정에서 테스토스테론이 부족해지면 생식기 발육 이상으로 이어진다. 결국 '비스페놀A 프리' 제품을 쓴다고 해서 '내분비교란물질 프리'는 아니라는 말이다.

버터 향기의 향기롭지 못한 진실

〈사이언스〉 해설로 돌아와서 저자들은 비스페놀 사례 외에 실패한 대체의 또 다른 사례를 소개했다. 이번엔 천연물질이기도 한 부탄디온 2,3-butanedione이다. 버터 특유의 풍미를 주는 부탄디온은 가공식품에 버터 풍미를 주기 위한 원료로 합성돼 널리 쓰였다. 그런데 공장 근로자처럼 이 물질에 지속해서 노출될 경우 폐 세포가 손상돼 폐쇄성세기관지염 같은 심각한 질환이 유발될 수 있다는 사실이 알려지면서 식품회사들은 풍미가 비슷한 펜탄디온 2,3-pentanedione을 대체 물질로 쓰기 시작했다. 하지만 정밀한 독성실험을 수행한 결과 이 분자도 비슷한 손상을 입히는 것으로 나타났다. 비스페놀의 경우와 마

» 제공 <shutterstock>

찬가지로 이번에도 구조가 비슷한 분자(탄소원자가 하나 더 있다)이므로 어찌 보면 뜻밖의 결과도 아니다.

이런 일이 반복되다 보니 미국 국립연구회의NRC는 2014년 '대체 화합물 선택 가이드라인'을 제시하기에 이르렀다. 즉 문제가 있는 물질을 대체할 물질이 환경과 건강에 안전하다는 정보가 충분한가를 면밀히 검토해야 한다는 것이다. 해설은 이런 성공적인 사례로 목재보존제 대체를 들고 있다.

기존에 목재보존제로 쓰이던 CCA는 크롬과 비소를 함유하고 있기 때문에 발암성 등 위험성이 문제가 됐다. 따라서 이를 대체해 구리와 암모늄염 구조인 ACQ라는 화합물이 도입됐다. ACQ는 흰개미 퇴치 등 목재보존력은 비슷하면서도 토양오염 등 문제는 훨씬 적은 것으로 밝혀져 현재 널리 쓰이고 있다고 한다. 그럼에도 ACQ를 처리한 목재에서 유출되는 구리가 수중 생태계에 미치는 독성은 아직 충분히 규명되지 않은 상태라고 한다.

필자들은 "많은 경우 기능은 유지하면서도 독성은 바람직한 수준으로 떨어진 대체물이 아직 발명되지 않았거나 발견되지 않았고 심지어 떠올릴 수도 없다"며 안전한 화학으로 갈 길이 여전히 멀다고 고백하고 있다. 화학에 대한 애증은 당분간 계속될 거라는 얘기다.

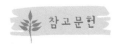 참고문헌

Matlin, S. et al. *Science* 347, 1179 (2015)
Zimmerman, J. B. & Anastas, P. T. *Science* 347, 1198-1199 (2015)
Eladak, S. et al. *Fertility and Sterility* 103, 11-21 (2015)

8-3
장미는 어떻게 향기를 만들까

장미여, 오 순수한 모순이여,
그리도 많은 눈꺼풀 아래
누구의 것도 아닌 잠이고픈 마음이여.

— 라이너 마리아 릴케

  필자는 20여 년 전 화장품 회사에 다녔는데 지금 생각해보면 꽤 흥미로운 경험이었다. 특히 향료연구팀이라는 부서에서 4년 동안 화장품에 들어가는 향료를 결정하는 일을 하면서 화학과 신경과학, 심리학, 미학을 아우르는 향의 세계에 푹 빠져 지냈다. 향수는커녕 겨울에 피부가 트지 말라고 로션을 바르는 게 전부였던 필자가 "아무개 향수를 쓰시네요."라고 말해 상대 여성을 깜짝 놀라게 한 적도 있다.

  향료들을 조합해 새로운 향기를 창조하는 전문 조향사가 되지 않더라도 제품의 향을 선정하는 업무를 하려면 기본 교육은 받아야 한다. 먼저 향료의 향기를 외워야 하는데 천연향료와 합성향료가 수백 가지이기 때문에 처음엔 굉장히 헷갈린다. 결국 반복해서 향을 맡으며 머릿속 향기좌표에 향료들을 하나씩 위치시켜야 한다.

» 영국화가 존 윌리엄 워터하우스의 1908
년 작품 <장미의 영혼>.

또 간단한 조향 실습도 하는데, '조향은 장미향으로 시작해 장미향으로 끝난다'는 유명한 격언에 따라 먼저 장미향을 만들어본다. 향료 가운데 장미향은 군계일학群鷄一鶴이다. 향기가 대단히 매력적일 뿐 아니라 가격도 엄청나 꽃잎을 증류해 얻는 정유의 경우 같은 무게일 때 금보다도 비싸다(요즘은 금값이 많이 올라 역전됐을지도 모른다). 장미꽃잎 1톤(한 송이가 10그램일 경우 10만 송이다!)을 증류해도 정유 1kg이 안 나오니 이렇게 비

쌀 수밖에 없다. 참고로 장미 정유를 얻을 때 나오는 부산물이 로즈워터인데 이 향기도 꽤 좋다.

그런데 제대로 된 장미의 향이 어떤지 잘 모르는 사람들도 있는 것 같다. 꽃집에 있는 장미는 형태와 색, 수명에 초점을 맞춰 개량한 품종들이다 보니 대부분 향기가 미미하고 향의 밸런스도 별로이기 때문이다. 길을 가다 보면 가끔 야생에 가까운, 즉 꽃잎이 다섯 장인 장미가 피어있는 경우가 있는데 가까이 다가가 향을 맡아보면 장미향이 제대로 난다. 장미향이 궁금한 독자는 참고하기 바란다.

장미향의 성분 수백 가지 밝혀져

조향이 '장미향으로 시작해 장미향으로 끝난다'는 말이 나온 건 어떻게 생각하면 장미향을 만들기가 아주 쉽고 어떻게 생각하면 무척 어렵

기 때문이다. 즉 향료 하나만 갖고도 "이거 장미향이네"라는 반응을 얻을 수 있는 반면 우아하면서도 복잡미묘한 향기 프로파일을 얻으려면 향료 수십 가지를 섞어도 부족하기 때문이다.

당연한 얘기겠지만 장미향은 지금까지 가장 많이 연구된 천연향료로 알려진 성분만 수백 가지에 이른다. 물론 이런 성분들을 다 구해 (천연에서 추출하든 합성하든) 정유와 같은 비율대로 섞어도 천연향을 완벽하게 재현할 수는 없다. 기체크로마토그래프/질량분석기GC/MS 같은 분석 장비가 검출하지 못하는 미량성분이 향기프로파일에 기여하기 때문이다.

장미향의 주성분은 분자구조에 따라 크게 세 가지로 나뉜다. 먼저 페닐에탄올2-phenylethanol이라는 방향족 분자로 유독 장미향에 많이 들어있다. 홍차가 연상되는 가벼운 장미향으로 볼륨감은 다소 부족하다. 이 분자는 물에도 꽤 녹기 때문에 증류를 할 때 물층으로 많이 빠져나간다. 페닐에탄올의 향기가 궁금한 독자는 로즈워터의 향기를 맡으면 된다.

장미의 달콤하고 우아한 향기는 로즈케톤rose ketone이라고 불리는 다마세논, 다마스콘, 이오논 같은 분자들에서 비롯된다. 다 합쳐야 1%가 안 될 정도로 정유에서 차지하는 비중은 낮지만 로즈케톤이 빠진 처방으로는 장미향의 우아함을 재현할 수 없다. 그러나 페닐에탄올과 로즈케톤만으로는 균형 잡힌 장미향을 얻을 수 없다. 풍부한 꽃향기를 재현하기 위해서는 모노터펜류들이 들어가야 한다.

모노터펜monoterpene은 탄소 10개짜

» 장미향의 모노터펜 생합성 경로를 밝히는 데 이용된 품종인 파파 메이앙. 전형적인 장미향이 강하다. (제공 위키피디아)

리 골격을 기본으로 하는 분자로 많은 천연향료에서 주성분이고 장미 정유에서도 3분의 2를 차지한다. 분자 종류도 수백 가지는 될 텐데 작용기에 따라 향기의 계열을 나눌 수 있다. 먼저 탄소와 수소로만 이뤄진 모노터펜탄화수소는 감귤향(리모넨)이나 솔향(파이넨) 같은 상쾌한 향이 난다. 수산기(-OH)가 있는 모노터펜알코올은 감미로운 꽃향기가 나고 여기서 나온 모노터펜에스테르는 꽃향기에 약간 시큼한 느낌이 덧붙여진다. 이 밖에도 작용기에 따라 모노테펜알데히드, 모노터펜케톤 등이 있다.

장미향에 들어있는 주요 모노터펜은 제라니올, 네롤, 시트로넬롤 같은 모노터펜알코올과 제라닐아세테이트 같은 모노터펜에스테르다. 결국 페닐에탄올과 로즈케톤, 모노터펜 등 최소한 십여 가지는 섞어야 그럴듯한 장미향이 나온다는 말이다.

그렇다면 장미는 어떻게 이렇게 다양한 향기분자들을 만들어낼까. 꽃에서 향기성분을 만들고 방출(휘발)하는 부분은 꽃잎이다. 지금까지 페닐에탄올과 로즈케톤의 생합성 경로는 밝혀졌지만, 뜻밖에도 가장 큰 부분을 차지하는 모노터펜의 생합성 경로는 알려지지 않았다. 다른 식물에서 모노터펜을 생합성하는 경로가 장미에서는 작용하지 않기 때문이다.

장미 고유의 생합성 경로 밝혀져

학술지 〈사이언스〉 2015년 7월 2일자에는 장미의 모노터펜 생합성 경로를 밝힌 프랑스 연구진의 논문이 실렸다. 다른 식물들에서 작용하는 '터펜합성효소' 대신 장미에서는 '이인산가수분해효소diphosphohydro-lase'라는 효소가 핵심적인 역할을 한다는 전혀 예상치 못한 사실이 밝혀졌다. 즉 꽃잎의 세포질에 존재하는 제라닐이인산염이 이인산가수분

» 이번 연구결과를 토대로 제안된 장미의 모노터펜(제라니올) 생합성 경로. 탄소 5개로 이뤄진 이소프레노이드인 디메틸알릴이인산염(1)과 이소펜테닐이인산염(2)이 프레닐전달효소의 작용으로 제라닐이인산염(3)이 되고 이인산가수분해효소가 제라닐일인산염(4)으로 바꾼 뒤 인산가수분해효소의 작용으로 제라니올(5)이 만들어진다. (제공 <사이언스>)

해효소의 작용으로 제라닐일인산염이 되고 제라닐일인산염이 인산가수분해효소의 작용으로 제라니올로 바뀐다. 그리고 제라니올이 변형되면서 다양한 모노터펜 분자가 만들어진다.

연구자들은 장미의 모노터펜 생합성 경로를 밝히기 위해 전형적인 장미향이 강한 품종인 파파 메이앙Papa Meilland과 향이 거의 없는 품종인 루지 메이앙Rouge Meilland의 꽃잎 세포의 유전자 발현 패턴을 비교분석했다. 그 결과 두 품종에서 발현량의 차이가 무려 7,583배에 이르는 유전자를 하나 찾았는데 그게 바로 이인산가수분해효소의 유전자였다. 연구자들은 이 효소의 유전자를 RhNUDX1이라고 이름 지었다. 여러 조직에서 RhNUDX1의 발현량을 조사한 결과 유독 꽃잎에서만 많았다. 연구자들은 RNA간섭 등 다양한 방법을 통해 이 유전자가 정말 장미의 모노터펜 합성에 관여한다는 사실을 입증했다. 그렇다면 왜 유독 장미는 다른 식물들과 다른 생합성 경로를 개발하게 된 걸까.

이에 대한 명쾌한 답은 없지만 저자들은 나름 그럴듯한 추측을 하고 있다. 즉 다른 식물들에서는 세포소기관인 엽록체 안에서 터펜합성효소가 작용해 모노터펜이 만들어진다. 즉 광합성의 산물을 그 자리에서 이용하는 셈이다. 그런데 장미꽃잎의 세포에서는 광합성을 하지 않기 때문에 이 시스템이 작동할 여지가 없다. 결국 장미는 세포질에서 모노터펜을 만드는 새로운 경로를 진화시켰다는 말이다.

　화학자들이 같은 화합물을 만드는 다양한 합성법을 개발하듯이 자연에서도 새로운 화합물을 만들 필요가 있을 때 각자의 여건에 따라 독립적으로 다른 생합성 경로를 개발한 예들이 하나둘 밝혀지고 있다. 이번에 밝혀진 장미의 모노터펜 생합성 경로로 그런 경우로 보인다. 이래저래 장미는 격이 다른 식물이라는 생각이 문득 든다.

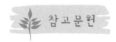

Tholl, D. & Gershenzon, J. *Science* 349, 28-29 (2015)
Magnard, J. et al. *Science* 349, 81-83 (2015)

8-4
빈센트 반 고흐 작품 속 사라진 빨간색을 찾아서

"사랑하는 동생 테오에게,"

19세기 네덜란드의 화가 빈센트 반 고흐는 네 살 연하인 동생 테오에게 보내는, 위의 문구로 시작하는 수많은 편지를 남겼다. 화랑 직원과 목사 등 적성에도 안 맞는 직업을 전전하다 마침내 화가가 되기로 결심하고 불꽃 같은 삶을 살다 서른일곱 살에 권총자살한 반 고흐. 팔리지 않는 그림을 그렸던 그에게 동생은 정신적, 물질적 지주였다.

화가가 죽으면 그림값이 오르는 게 일반적인 추세라지만 반 고흐의 경우는 그 정도가 너무 심했다. 그의 작품 800여 점 가운데 생전에 팔린 건 한 여류화가가 구매한 〈붉은 포도밭〉이라는 유화 한 점이 전부였지만, 지금은 어쩌다 그의 작품이 경매에 등장하기라도 하면 수백억 원은 기본이다. 이처럼 생전에는 무명화가였다가 사후에는 유명화가가 되다 보니 그의 작품은 여러 분야에서 연구소재로 '활용'되고 있다.

변색된 것 모르고 작품 손봐

학술지 〈앙게반테 케미〉 2015년 3월 16일자에는 〈구름 낀 하늘 아

» 반 고흐의 1889년 작품 <구름 낀 하늘 아래 밀 더미>(왼쪽). 벨기에 연구자들은 그림 오른쪽 하얀 동그라미 부분에서 시료를 채취해 분석한 결과 빨간 안료인 연단이 변색됐다는 사실을 밝혀냈다. (제공 <앙게반테 케미>)

래 밀 더미>라는, 반 고흐가 죽기 1년 전인 1889년에 그린 작품을 분석한 논문이 실렸다. 연구의 주제는 변색으로 이 작품을 그릴 때 쓴 '연단鉛丹, red lead 또는 $minium$'이라는 붉은색 안료의 색이 완전히 바래 오늘날 사람들은 작품에서 붉은색이 있었는지도 모를 지경에 이르렀다는 사실을 밝혀냈다.

먼저 작품을 한 번 들여다보자. 반 고흐는 말년에 밀밭을 소재로 해서 즐겨 그림을 그렸는데 이 작품도 그 가운데 하나다. 캔버스 전체를 덮고 있는, 물감을 찍어 바른 거친 붓 터치(임파스토impasto라고 부른다)가 한 눈에 봐도 반 고흐의 작품임을 알 수 있다. 구름이 잔뜩 낀 하늘에는 까마귀 몇 마리가 날고 있고 밀밭에 있는 작은 연못 뒤에 밀을 수확하고 남은 밀짚 더미가 보인다. 어찌 보면 반 고흐 작품 가운데 구도가 좀 평범하다.

그런데 연못을 자세히 보면 빨간색 터치가 몇 군데 있다. 가을이라

연못 위로 떨어진 붉은 낙엽을 묘사하려고 한 것 같다. 벨기에 안트베르펜대 코엔 얀선스Koen Janssens 교수팀은 연못 곳곳에서 보이는 오톨도톨한 부분이 원래부터 그랬던 게 아닐지도 모른다고 추측했다. 이들은 작품이 소장돼 있는 크륄러뮐러미술관의 협조로 시료를 채취해 X선 분말 회절법으로 분석했다. 이 방법을 쓰면 시료를 이루고 있는 여러 결정을 확인하고 구성비를 추측할 수 있다.

분석 결과 오톨도톨한 작은 덩어리 속에 지름 100마이크로미터 정도의 밝은 오렌지톤 빨간색 알맹이가 들어있다는 사실이 확인됐다. 빨간 알갱이는 이중층으로 둘러싸여 있는데 옅은 청색을 띤 안층과 회색의 바깥층이다. 연구자들은 바깥층이 아연과 납이 풍부한 미세한 과립성 입자로 이뤄져 있고 후대의 사람들이 원래 그림(안층)에 덧입힌 것이라는 사실을 밝혀냈다. 그 조성은 아연백zinc white(ZnO)과 연백lead white($2PbCO_3 \cdot Pb(OH)_2$)이었다.

후세 사람들이 아연백과 연백을 써서 리터치를 한 건 이 부분의 색깔이 빨간색이 아니라 옅은 청색이었기 때문이다. 즉 연단 알맹이를 둘러싼 안층을 원래 반 고흐가 칠한 색으로 생각했던 것. 마침 연못의 물색이라 그 속에 빨간색 알갱이가 들어있으리라고는 의심하지 못했을 것이다.

안층의 조성을 분석하자 파란색은 코발트블루로 반 고흐가 즐겨 쓴 청색 안료인 것으로 나타났다. 그리고 내부의 빨간 알갱이는 연단인 것으로 확인됐다. 화학식이 Pb_3O_4인 연단은 선명한 오렌지톤 빨간색을 내는 안료로 오래전부터 널리 쓰이고 있었다. 다만 화학적으로 다소 불안정해 시간이 지남에 따라 변색이 될 수 있다는 단점이 있다.

연구자들은 연단 알갱이와 이를 덮고 있는 옅은 청색 안층 사이에 납을 포함한 또 다른 화합물이 들어있다는 사실을 발견했다. 수백연광plumbonacrite이라는 천연광물과 조성이 같았지만($3PbCO_3 \cdot Pb(OH)_2 \cdot PbO$)

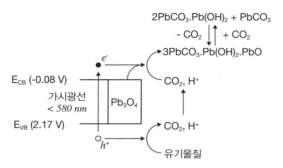

$$2PbCO_3 \cdot Pb(OH)_2 + PbCO_3$$
$$- CO_2 \updownarrow + CO_2$$
$$3PbCO_3 \cdot Pb(OH)_2 \cdot PbO$$

E_{CB} (-0.08 V)

가시광선
< 580 nm

Pb_3O_4

E_{VB} (2.17 V)

e^-

CO_2, H^+

CO_2, H^+

h^+

유기물질

» 연단(Pb_3O_4)이 화학반응을 통해 다른 물질로 바뀌면서 빨간색이 흰색으로 변색되는 과정을 화학식으로 나타냈다. (제공 <앙게반테 케미>)

반 고흐가 이 물질을 쓴 건 아니고 연단이 변성되면서 만들어진 것이다.

즉 작품이 햇빛에 노출되면서 연단이 공기 중의 이산화탄소와 반응해 수백연광으로 바뀌었다. 한편 수백연광도 이산화탄소와 추가로 반응하면 연백과 백연석cerussite($PbCO_3$)으로 바뀔 수 있다. 결국 반 고흐는 이 작품에서 코발트블루와 연단을 써서 붉은 낙엽이 흩어져 있는 연못을 묘사했을 텐데 연단 표면이 변색해 흰색이 되면서 전체적으로 옅은 청색을 띤 물 표면으로 바뀐 셈이다. 그리고 후대의 복원가가 이를 바탕으로 백색을 살짝 덧칠해 줬다는 말이다.

반 고흐의 요절은 납중독 때문?

반 고흐는 연단 외에도 납이 들어있는 안료를 즐겨 썼는데 특히 연백(흰색)과 황연chrome yellow을 즐겨 썼다. 특히 연백은 캔버스 밑칠용으로도 쓰기도 했다. 황연의 경우 반 고흐의 색이라고 볼 수 있는 노란색을 표현하는데 즐겨 사용했다. 앞에서 언급했듯이 반 고흐는 물감을 많이 쓰는 임파스토 기법을 애용했기 때문에 이들 납이 들어 있는 안료들에 노출되는 경우가 많았다. 그 결과 본격적인 화가의 길로 들어선지 얼마

» 반 고흐의 작품 가운데 유일하게 그의 생전에 팔린 유화 <붉은 포도밭>. 1888년 작품으로 벨기에의 화가인 안나 보흐가 1890년 400프랑(지금 돈으로 약 100만 원)에 구매했다. 이 작품에도 연단이 쓰였을까? (제공 푸시킨미술관)

되지 않아 납중독 증상이 하나둘 나타나기 시작했다.

반 고흐가 남긴 많은 편지에는 그를 괴롭힌 여러 질환에 대해 묘사한 부분이 꽤 많이 나오는데 상당수가 납중독과 관련된 증상이다. 예를 들어 반 고흐는 납중독의 초기 증상 가운데 하나인 치은염(잇몸질환)이 심해져 나중에는 음식도 제대로 씹을 수가 없게 됐다고 한탄한다. 또 복통도 호소하고 있는데 역시 전형적인 납중독 증상이다. 납이 장의 평활근을 수축시켜 일어나는 통증이다.

납중독의 또 다른 증상은 빈혈이다. 반 고흐는 자화상을 많이 남겼는데 대부분 얼굴색이 창백하다. 반 고흐 스스로도 이를 잘 알고 있어서 한 편지에는 자화상을 그리다 "재처럼 창백한 색조를 재현하는 데 어려

» 반 고흐는 자화상을 많이 그렸는데 대부분에서 얼굴색이 창백하게 묘사돼 있다. 이는 납중독으로 인한 빈혈 때문이다. 고흐가 고갱에게 준 자화상으로 1888년 9월 그렸다. (제공 포그미술관)

움을 겪고 있다"고 불평할 정도다. 납중독이 빈혈을 일으키는 건 납이 헤모글로빈을 이루는 한 성분의 생합성을 방해하기 때문이다.

그러나 납중독의 가장 큰 폐해는 반 고흐의 신경계에 미친 영향이다. 안 그래도 정신이 불안정했던 반 고흐는 납중독으로 간질 증세가 나타났고 특히 술을 마시면 극도의 흥분상태에 이르기도 했다. 그와 한동안 같이 지내며 작품활동을 했던 고갱은 어느 날 같이 술을 마시던 반 고흐가 갑자기 자신에게 술잔을 집어 던졌다고 회상하기도 했다. 반 고흐는 자신을 떠나려고 하는 고갱을 죽여버리겠다며 면도칼을 쥐고 날뛰다가 결국 자기 왼쪽 귀를 자르기도 한다. 그리고 한 아이가 커피에 소금을 부었다며 주변 사람들을 다 죽여버리고 싶다는 말을 하기도 했다. 지금으로 치면 소시오패스(반사회적 인격장애)라고 볼 수도 있는 대목이다.

아무튼 이런 광기와 착시(말년의 반 고흐는 직선도 곡선으로 보였고 빛도 확산돼 보였다) 덕분에 반 고흐의 작품은 특유의 붓터치와 표현을 이룰 수 있었다. 결국 납중독은 한 화가의 삶을 파멸로 이끄는 데 일조했지만 그의 작품을 유명하게 하는데도 한몫을 한 셈이다.

 참고문헌

Vanmeert, F. et al. *Angew. Chem. Int. Ed.* 54, 3607-3610 (2015)
Luque, F. J. G. & González, A. L. M. *Vincent van Gogh and the toxic colours of Saturn* (2004)

PART 9

생명과학

9-1
봉한관과 림프관

　필자는 과학에세이를 써서 먹고 살지만, 몸이 아프면 '의학'에 가까운 양의원보다 '의술'에 가까운(물론 필자 개인의견이다) 한의원을 먼저 찾는다. 침을 맞거나 뜸을 뜨거나 약을 지어 먹는 게 어떻게 병을 고치는지는 모르겠지만 아무튼 효과가 있는 것 같기 때문이다. 반면 아무리 병의 메커니즘을 명쾌히 설명하고 이에 기반한 치료법이 나와 있더라도 막상 약효가 별로이거나 부작용이 있다면 내 몸을 맡기기가 꺼려진다.

　이런 관점에서 월간지 〈과학동아〉 2003년 11월호에 실린 글 한 편은 지금도 필자의 기억에 뚜렷이 남아있다. '물리학이 경락의 실체를 밝힌다'는 제목의 기고문으로 당시 서울대 물리학부 소광섭 교수(현 서울대 차세대융합기술연구원 센터장)와 박사과정이던 백구연 씨가 필자다. 경락經絡은 한의학 용어로, 경혈經穴을 연결하는 네트워크다. 경혈은 침이나 뜸을 놓는 자리다. 허리가 아픈데 손가락 발가락에도 침을 놓는 건 우리 몸이 경혈과 경락으로 연결돼 있기 때문이다(물론 한의학계의 주장이다). 흔히 경혈과 경락을 통해 우리 몸의 기氣가 흐른다고 말한다(그런데 기의 실체는 뭘까?).

경락은 실체가 있는 조직인가

서구의학의 관점에서 경락은 말이 안 되는 얘기다. 해부학적 실체가 없기 때문이다. 즉 우리 몸에서 네트워크에 해당하는 건 혈관과 림프관, 신경계인데 셋 가운데 어느 것도 경락에 해당하지 않는다. 그런데 서구의학의 정신적 지주인 물리학(현대 의학 장비의 상당수가 물리학 원리에 기반을 두고 있다)이 경락의 실체를 밝히겠다고 나선 것이다.

놀랍게도 이런 시도를 처음 한 사람들은 1960년대 북한의 의학자와 과학자들이었고 수년 동안의 연구 끝에 '봉한관'이라는 경락의 실체를 밝혔다고 주장했다. 당시 연구를 이끈 김봉한 박사의 이름을 따 '봉한학설'이라고 부르는 이 가설은 중국, 러시아, 일본 등에 소개돼 큰 반향을 불러일으켰다. 김 박사팀은 자체 개발한 염색약을 토끼의 경혈에 주입해 경락을 추적했고 전자현미경으로 경락(봉한관)을 촬영하기도 했다. 그런데 어찌 된 영문인지 1965년 마지막 논문이 나온 뒤 북한에서 김봉한 박사가 홀연 자취를 감췄고 봉한학설 연구도 중단됐다.

그리고 한 세대가 지난 1997년부터 서울대 소광섭 교수팀(한의학물리연구실)에서 경혈과 경락을 찾는 연구를 재개했다. 수년간의 다양한 시도 끝에 연구팀은 2003년 혈관의 내벽에서 지름이 50마이크로미터가

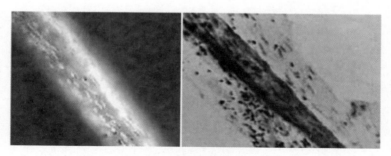

» 서울대 한의학물리연구실에서 찾은 봉한관(왼쪽)과 김봉한 박사의 논문에 나온 봉한관(오른쪽). 두 가지 모두 긴 막대 모양의 핵이 관찰된다. (제공 서울대 한의학물리연구실)

채 안 되는 '가늘고 연약하며 투명한 조직'을 발견했다. 그리고 형광실체 현미경이라는 자체 제작한 현미경으로 해부한 쥐가 살아있는 상태에서 봉한관을 이루고 있는 세포의 핵을 관찰하는 데 성공했다.

당시 기고문에서 필자들은 "현재 본 연구실의 연구단계는 김봉한 박사의 이론 검증단계에 불과하다"며 신중한 모습을 보이면서도 "그러나 이 연구가 무르익게 되면 한의학은 해부학적 근거를 갖게 됨으로써 과학적 연구의 토대가 마련될 것이며, 서구 의학은 새로운 체계의 발견으로 여러 해결되지 않은 문제 해결의 새로운 가능성을 얻게 될 전망이다"라고 포부를 밝혔다.

하지만 글을 읽으면서 내내 1965년 북한에서 연구가 갑자기 중단된 뒤 왜 한 세대 동안이나 잊힌 채 방치돼 왔을까 하는 의문이 들었다. 봉한학설이 정말 '노벨상 수상이 기대됐던' 대단한 업적이라면 세계 곳곳에서 많은 연구자가 '이때가 기회다'라는 생각으로 뛰어들어야 했지 않을까. 물론 기고문을 보면 봉한관을 찾는 게 대단히 어려운 작업이기 때문이라고 하지만 아무튼 첨단 장비가 수두룩한 현대의학이 봉한관이라는 길이가 꽤 긴 구조를 놓치고 있다는 게 좀처럼 수긍이 가지 않았다.

뇌의 노폐물 배출로?

그런데 최근 봉한관이 연상되는 연구결과가 발표돼 필자의 주의를 끌었다. 즉 뇌에서 림프관을 발견했다는 독립적인 연구논문 두 편이 각각 〈실험의학저널〉(2015년 6월 29일자)와 〈네이처〉(2015년 7월 16일자)에 실린 것이다. 독자 대다수는 이 연구의 의미가 뭔지 감이 안 올 텐데, 한 마디로 현대의학의 도그마에 타격을 입힌 것이다. 지금까지는 뇌 속에 림프관이 없다고 알려져 있었기 때문이다. 즉 현대의학은 봉한관보다 훨씬 실체가 명확한 림프관조차 그 분포를 제대로 파악하지 못하고 있었던 셈이다. 따라서 50여 년 전 존재가 제안된 봉한관의 실체를 여전히 확실하게 규명하지 못하고 있다는 사실을 납득하지 못하고 있던 필자도 흔들리지 않을 수 없다. 비슷한 연구인 것 같아 논문을 구하지 못한 핀란드 연구팀의 실험은 건너뛰고 〈네이처〉에 실린 미국 버지니아대 공동연구팀의 연구결과만 소개한다.

먼저 림프계에 대해 잠깐 알아보자. 순환계 하면 우리는 혈관을 떠올리지만 사실 우리 몸에는 혈관만큼이나 복잡한 림프계 네트워크가 퍼져 있다. 림프계의 기능은 크게 세 가지로 볼 수 있는데 하나는 혈관에서 나오는 유출물을 모아 혈관으로 되돌려 보내는 역할이다. 다음으로 소화계인 소장에서 흡수한 지방을 혈관으로 보낸다. 끝으로 혈관에서 유출된 병원체를 붙잡아 파괴한다.

혈관계와 림프계의 큰 차이점은 혈관계가 폐쇄구조인 반면 림프계는 열린 구조라는 데 있다. 즉 심장에서 나온 동맥은 점점 갈래가 나뉘면서 결국에는 모세혈관이 되고, 말단조직에서 산소교환을 끝낸 모세혈관은 다시 큰 혈관으로 합쳐지면서 정맥이 된다. 즉 나무 두 그루가 뿌리를 공유하고 있는 형상이다. 반면 림프계는 말단이 막다른 골목으로 그냥 나무 한 그루라고 보면 된다.

아무튼 혈관계의 모세혈관 네트워크 사이사이에 림프계의 림프관 말단이 자리하고 있다. 모세혈관을 빠져나간 유체나 단백질은 다시 흡수되기도 하지만 그러지 못한 경우는 말단 림프관에 흡수돼 커다란 림프관으로 합쳐진 뒤 쇄골 아래에서 정맥으로 보내진다. 따라서 림프계가 제대로 작동하지 못할 경우 세포 사이에 유체(액)가 넘쳐나면서 몸이 붓는다.

흥미로운 사실은 이런 림프계가 뇌에는 분포하고 있지 않다는 점이다. 따라서 림프계가 없는 뇌에서 왜 탈이 생기지 않는지는 오래된 미스터리였다. 지난 2013년 10월 18일자 학술지 〈사이언스〉에 이 의문에 답

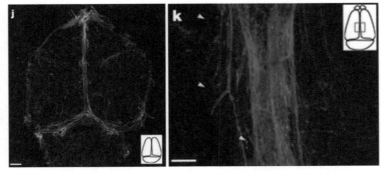

Lyve-1 DAPI   Lyve-1 CD31

» 뇌에도 림프관이 존재한다는 사실이 최근 밝혀졌다. 왼쪽은 생쥐의 뇌를 위에서 바라본 모습으로 좌뇌와 우뇌, 소뇌(아래) 사이의 정맥동을 따라 림프상피세포, 즉 림프관이 존재함을 알수 있다. 림프상피세포에 있는 Lyve-1단백질을 표지로 썼다. 오른쪽은 림프상피세포(Lyve-1, 빨간색)와 혈관상피세포(CD31, 파란색)에서 발현하는 유전자를 표지로 한 이미지로 혈관(정맥)에 나란히 림프관이 존재함을 알 수 있다. (제공 <네이처>)

하는 연구결과가 소개돼 화제가 됐는데, 바로 '글림프 시스템glymphatic system'의 존재다. 즉 뇌세포가 배출한 노폐물을 함유한 뇌척수액을 교세포glia가 머금은 뒤 정맥주변 공간으로 보내고 노폐물이 정맥을 따라 이동해 목에서 림프관으로 들어간다는 것. 뇌에서는 파이프(림프관) 대신 트럭(교세포)이 운송을 맡는 셈이다.[40]

그런데 이번에 <실험의학저널>과 <네이처>에 각각 발표된 두 논문에 따르면 뇌 안에도 림프관이 존재한다. 연구자들은 뇌의 모순적인 면역현상을 규명하는 과정에서 뜻밖의 발견을 했다. 즉 기존 의학지식에 따르면 중추신경계에는 림프관이 없는데 뇌수막에 둘러싸인 부분에서는 면역세포가 활동을 하고 있었다. 도대체 이 세포들은 어디서 와서 어디로 가는 걸까. 연구자들은 면역세포인 T세포의 출입구를 찾는 과정에서 경막정맥동dural sinuses과 나란한 방향으로 림프관이 존재하고 있다

40 글림프 시스템에 대한 자세한 내용은 ≪과학을 취하다 과학에 취하다≫(과학카페 3권) 151~154쪽 '사람도 쥐도 초파리도 잠을 자야만 하는 이유' 참조.

는 사실을 발견했다. 경막은 좌우 대뇌와 소뇌를 감싸는 막으로 그 사이에 있는 정맥들을 통칭해 경막정맥동이라고 부른다.

연구자들은 정맥동에서 T세포의 분포를 보기 위해 T세포 표면에 있는 CD3e라는 분자를 표지했는데 흥미롭게도 일부가 정맥을 따라 나란히 분포했다. 연구자들은 이게 정맥을 따라 놓인 림프관 안에서 운반되고 있는 T세포일지도 모른다고 가정하고 림프관상피세포에서 발현되는 Lyve-1 유전자를 표지로 써서 림프관이 실제 존재하는지 알아봤다. 그 결과 Lyve-1이 발현된 세포, 즉 림프관상피세포가 정맥과 나란히 줄지어 존재했다. 이는 림프관이 정맥 옆에 존재한다는 뜻이다.

추가 실험을 통해 연구자들은 이 림프관을 통해 뇌척수액과 면역세포가 운반됨을 보였다. 그리고 뇌의 림프관은 목에 있는 림프관으로 연결됐다. 연구자들은 뇌수막림프관이 뇌척수액에 있는 가용성분이나 세포성분이 배출되는 주요 경로라고 추측했다.

논문 말미에 보면 이번 발견을 2013년 글림프 시스템 연구결과와 연결지어 설명하는 대목이 나온다. 즉 뇌의 활동으로 생긴 노폐물을 씻어내기 위해 세포 사이로 침투한 뇌척수액을 머금은 교세포가 정맥주변으로 보낸 노폐물이 뇌수막림프관으로 들어가 배출된다는 시나리오다. 노폐물이 정맥주변공간을 따라 목으로 이동해 림프관으로 넘어간다는 2013년 논문의 시나리오보다 그럴듯해 보인다.

제3 순환계, 기능을 확실히 밝혀야

글을 쓰다가 문득 '그런데 봉한관 연구는 어떻게 됐을까?'하는 의문이 들었다. 아직 주류의학계의 인정을 받은 것 같지는 않지만(그랬으면 벌써 대서특필됐을 것이다) 〈과학동아〉에 글이 실린 지 12년이 지났으니 확인할 필요는 있을 것 같았다. 검색을 해보니 몇 차례 관련 연구가 발

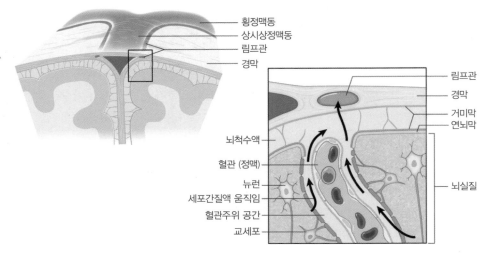

횡정맥동
상시상정맥동
림프관
경막

림프관
경막
거미막
연뇌막
뇌실질

뇌척수액
혈관 (정맥)
뉴런
세포간질액 움직임
혈관주위 공간
교세포

» 이번 발견으로 지난 2013년 발표된 글림프 시스템 가설이 수정될 전망이다. 즉 잠잘 때 뇌세포 사이에 침투해 노폐물을 씻은 뇌척수액은 교세포를 통해 정맥 주변 공간을 따라 목의 림프관으로 들어가는 게 아니라 뇌수막림프관으로 들어가는 것으로 보인다. (제공 <네이처>)

표됐는데 예상대로 주류학계의 인정을 받은 상태는 아닌 것 같다.

그런데 2015년 7월 21일자 동영상이 하나 올라와 있다. YTN사이언스의 <이매진>이라는 과학강연쇼 프로그램인데 '왜 제3 순환계인가?'라는 제목으로 소광섭 교수와 국립암센터 권병세 교수가 연사로 초청됐다. 먼저 연사로 나온 소 교수는 필자 같은 시청자를 의식해서인지 "전자현미경까지 있는데 신체조직을 모르고 있었다는 게 말이 되느냐고 의문을 갖는 사람들이 많다"며 그림 두 장이 나란히 있는 화면을 보여준다. 왼쪽은 기존 인체 림프계 분포지도이고 오른쪽은 이번 버지니아대 연구팀의 결과를 반영한 새 림프계 지도다. 소 교수는 "그렇게 오랫동안 알려진 림프관조차도 뇌에 존재한다는 사실이 최근 밝혀졌다"며 림프관의 10분의 1에 불과한 프리모관(그 사이 봉한관에서 이름이 바뀌었나 보다)의 실체를 알기 어려운 배경을 설명했다. 림프관 연구를 보고 봉한관을 떠올린 필자로서는 비슷한 발상에 깜짝 놀랐다.

아무튼 소 교수는 짧은 강연(5분 정도)에서 프리모관이 림프관 내부 중심축을 따라 나있는 사진을 보여줬고 경락은 피부 가까이에 있는 프리모관이라고 설명했다. 프리모관은 혈관과 림프관뿐 아니라 신경을 따라서도 분포한다고 한다. 소 교수는 프리모관을 '제3 순환계'라고 불렀다. 참고로 혈관이 제1 순환계, 림프관이 제2 순환계다.

이어 등장한 권 교수는 역시 짤막한 강연에서 프리모관을 통해 신경전달물질인 아드레날린이 흐르고 있음을 확인했다며, 생리적 반응 측면에서 한의학의 기氣의 개념에 가장 가까운 물질이 아드레날린임을 생각하면 앞뒤가 맞는다고 덧붙였다. 또 림프관에 림프절이 있는 것처럼 제3 순환계에도 소체가 있는데 이 안에는 면역세포와 줄기세포가 들어있다고 한다. 권 교수는 제3 순환계가 선천성 면역에 관여할 것으로 추정했다.

'제3 순환계의 미래'라는 주제의 두 번째 짧은 강연까지 듣고 나서 필자는 봉한관(프리모관) 연구가 꽤 진행됐음에도 여전히 주류의학에서 인정받지 못하고 있는 현실이 좀 의아하기도 했다. 질문응답시간에 한 청중이 외국의 연구현황을 묻자 소 교수가 "국내연구가 사실상 전부"라며 "외국에서는 연구비를 받기 어려울 것"이라고 답하는 걸 보고 약간 감이 왔다. 한편 진행자가 "어디까지가 사실이고 어디부터가 추측인지 헷갈린다"고 말하자 권 교수가 "해부학적 구조가 있는 건 확실하고 나머지는 추측"이라고 답했다. 아무래도 제3 순환계가 폭넓은 인정을 받으려면 구조뿐 아니라 기능까지 명쾌히 밝혀야 할 것 같다는 생각이 든다.

 참고문헌

Louveau, A. et al. *Nature* 523, 337-341 (2015)

9-2
신토불이 과학연구
노벨상 거머쥐다!

» 2015년 노벨생리의학상 수상자들. 왼쪽부터 일본의 오무라 사토시 기타자토대 명예교수, 아일랜드 출신의 윌리엄 캠벨 미 드루대 교수, 중국의 투유유 중국전통의학연구원 교수 (제공 노벨재단)

작은 알약을 받아든 사람들의 얼굴에서 환한 미소가 피어오르던 순간을 나는 영원히 잊을 수 없다.

— 윌리엄 캠벨

2014년 서아프리카를 휩쓴 에볼라 역병은 지구촌 보건정책에 대해 많은 생각을 하게 했다. 치사율 40%에 이르는 무시무시한 신종 전염병이지만 못사는 나라들의 풍토병이었기 때문에 40년 가까이 동안 간헐적으로 발생했음에도 치료약이나 백신 개발이 지지부진하다 2014년 급격하게 퍼지자 부랴부랴 연구에 뛰어드는 모습에서 '사람보다는 돈'이라는 냉혹한 현실을 깨닫게 했다.[41]

　그래서였을까. 2015년 노벨생리의학상은 주로 가난한 사람들이 큰 혜택을 받은 항기생충 의약품을 개발한 연구자들에게 돌아갔다. 상의 절반은 회선사상충증Onchocerciasis(일명 하천 실명river blindness)과 림프사상충증lymphatic filariasis(일명 상피증elephantiasis)치료에 결정적인 역할을 한 아버멕틴Avermectin을 발견하는 데 직간접적으로 관여한 일본의 오무라 사토시大村智 기타자토대 명예교수와 아일랜드 출신의 윌리엄 캠벨William Campbell 미 드루대 교수가 받았다. 나머지 절반은 전통 약

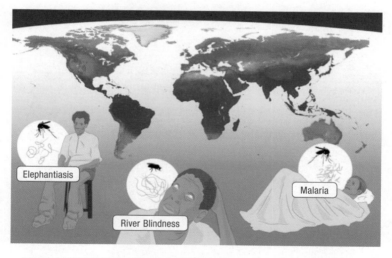

» 2015년 노벨생리의학상은 림프사상충증(왼쪽)과 회선사상충증(가운데) 치료제와 말라리아(오른쪽) 치료제를 개발한 연구자들에게 주어졌다. (제공 노벨재단)

41　에볼라 역병의 역사에 대해서는 《사이언스 칵테일》(과학카페 4권) 12~25쪽 '1976년 에볼라 역병은 어떻게 시작되었나' 참조.

초인 개똥쑥(중국명 靑蒿청호)에서 말라리아 치료제 성분인 아르테미시닌Artemisinin을 분리해낸 중국의 투유유屠呦呦 중국전통의학연구원 교수가 받았다.

1980년대 최고의 동물의약품

먼저 아버멕틴부터 보면 시작은 1960년대 후반 일본 기타자토연구소에서 근무하던 오무라 사토시의 연구로 거슬러 올라간다. 미생물학과 천연물화학을 공부한 오무라 박사는 일본 각지의 토양을 채취해 항균성분을 만드는 미생물을 찾고 배양하는 연구를 진행했다. 1971년 방문연구원으로 미국 웨슬리안대 막스 티슬러 교수팀에 머물렀는데 티슬러는 교수로 부임하기 전에 미국의 거대 제약회사 머크의 연구소MDRL 책임자였다. 항생물질 연구에 관심이 많았던 티슬러는 오무라의 토양미생물 컬렉션에 관심을 보였고 기타자토연구소와 머크연구소 사이에 다리를 놓아줬다.

오무라는 토양미생물 가운데서도 스트렙토미세스속streptomyces에 관심이 많았는데, 유명한 항생제인 스트렙토마이신도 여기서 발견했다. 오무라는 수천 가지 시료에서 유효 물질을 갖고 있을 가능성이 높은 50여 균주를 골라 힘들게 배양조건을 찾아 나갔다.

머크연구소의 기생충전문가 윌리엄 캠벨은 오무라 교수(1975년 기타자토대로 옮겼다)로부터 받은 균주를 가지고 기생충에 감염된 쥐를 대상으로 약효실험을 했다. 그의 목표는 동물의 기생충약을 찾는 것이었다. 그 결과 한 균주에서 탁월한 효과가 있었고 추가 실험을 통해 아버멕틴이라는 분자가 활성을 띤다는 사실을 발견했다. 이 얘기를 들은 오무라 교수는 아버멕틴을 만드는 균주에 스트렙토미세스 아버미틸리스 *Streptomyces avermitilis*라는 학명을 붙여줬다.

» 오무라 사토시는 일본 전역의 토양에서 스트렙토미세스 균주 수천 가지를 채집했는데 이 가운데 하나가 스트렙토미세스 아버미틸리스다. (제공 노벨재단)

　쥐에 이어 기생충에 감염된 양, 돼지, 개에서도 탁월한 효과를 보였다. 연구자들은 아버멕틴의 분자 구조를 조금씩 바꿔 약효가 더 강한 물질이 있나 찾았고, 이중결합 자리 하나에 수소를 첨가한 분자(이버멕틴Ivermectin으로 명명)가 정말 효과가 더 좋다는 걸 발견했다. 머크사는 1978년 미 농무부의 시판 승인을 받고 이버멕틴을 이보멕Ivomec이라는 상표명으로 내놓았다. 동물 기생충 구제에 탁월한 효능을 보인 이보멕은 1980년대 최고의 동물의약품 자리에 오르며 머크에 막대한 이익을 안겨줬다.

거대 제약회사는 비정하다?

　1977년 어느 날 캠벨은 이버멕틴이 말의 사상충에도 탁월한 효과가 있다는 실험결과를 검토하다 주목할 만한 발견을 한다. 말에 감염하는

사상충(학명 *Onchocerca cervicalis*)과 사람에서 회선사상충증을 일으키는
사상충(학명 *Onchocerca volvulus*)이 같은 속으로 서로 가까운 종이라는
사실이었다. 이는 이버멕틴이 사람의 기생충 질병을 치료하는 데도 효
과가 있을지 모른다는 얘기다.

캠벨은 상사에게 인간 기생충을 구제하는 약물을 개발하고 싶다는
메모를 전했고 몇 단계를 거쳐 당시 연구소 소장이던 로이 바겔로스Roy
Vagelos의 수중에 들어갔다. 바겔로스는 캠벨에게 직접 연구를 진행하
라고 지시했다. 1979년 회사의 연구개발심사위원회에서 캠벨은 이버멕
틴이 회선사상충증 치료제가 될 수 있다는 데이터를 발표했다.

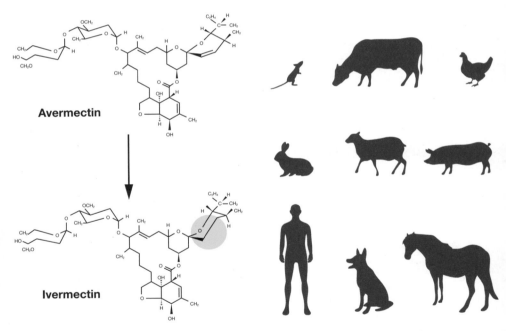

» 윌리엄 캠벨은 스트렙토미세스 아버미틸리스에서 사상충을 죽이는 약물인 아버멕틴을 분리
한 뒤 구조를 조금 바꿔 약효가 더 뛰어난 이버멕틴을 합성했다. 동물 구충제로 개발된 이버멕
틴은 사람에도 적용돼 사상충 관련 질병 퇴치에 큰 역할을 했다. (제공 노벨재단)

1975년 미국 워싱턴의대 교수에서 머크사 연구담당 부사장으로 자리를 옮긴 바겔로스는 생화학자로 콜레스테롤 저하제 메바코를 개발한 실력자다. 미국 와튼스쿨의 마이클 유심 교수가 1998년 출간한 책 ≪리더에게 결정은 운명이다≫의 1장 주인공이 바로 바겔로스다. 책에서는 동물의약품 이버멕틴이 인간의약품이 되는 과정이 감동적으로 그려져 있다.

» 이버멕틴이 인간 기생충약으로 개발되는 과정에서 결정적인 역할을 한 미국 거대제약회사 머크의 CEO 로이 바겔로스. (제공 화학유산재단)

"우리는 처음부터 그 프로젝트의 채산성이 의심스럽다는 것을 잘 알고 있었다. 우리가 그렇게 생각한 것은 신약을 구매할 잠재고객이 세계에서 제일 가난한 사람들이기 때문만은 아니었다." 훗날 바겔로스의 회고처럼 성공적인 동물의약품을 인간에게까지 적용하려다가 만에 하나 부작용이라도 나면 동물시장까지도 흔들리기 때문이다. 그러나 이사진의 격렬한 반대에도 바겔로스는 프로젝트를 밀어붙였다. 수백만 명의 목숨을 구할 수 있다는 연구원들의 희망을 꺾을 수 없었기 때문이다.

1980년 열대병전문가인 모하메드 아지즈의 지휘 아래 서아프리카 주민들을 대상으로 1차 임상시험이 실시됐고 결과는 대성공이었다. 사상충에 감염되면 극심한 피부가려움과 각막염증으로 결국 실명하게 돼, 강(매개 곤충인 흑파리 서식지)을 낀 마을에는 실명자가 가득한 절망적인 상황에서, 주민들은 알약 하나를 먹고 다음 날부터 가려움증이 사라지는 기적을 체험하고 환호했다.

1985년 머크사의 대표가 된 바겔로스는 1987년 이버멕틴의 시판을 위한 승인절차에 들어갔다. 그러나 약값 책정을 두고 이사회는 결론을 내리지 못했다. 한 알에 최소 3달러는 돼야 하는데 이 약이 필요한 사람들은 꿈도 꿀 수 없는 금액이다. 게다가 아프리카 오지 마을에 약품을 전달하는 것도 문제다.

프랑스 식약청(과거 아프리카 식민지였던 나라들의 보건 업무를 대행해주고 있는)에 승인을 신청한 상태에서 바겔로스는 비용을 지불할 기관을 찾아다녔지만 모두 거절당했다. 이런 와중에 임상책임자 아지즈가 "신약을 서부 아프리카의 가난한 나라들에게 기부하자"고 공식 건의했다. 바겔로스는 프랑스 식약청의 승인을 하루 앞둔 1987년 10월 21일 이사회에 알리지 않고 기자회견을 열어 필요로 하는 모든 사람에게 신약을 무료로 나눠주겠다고 선언했다. 바겔로스는 훗날 "나는 기적의 신약을 실험실의 선반 위에서 썩혀야 할지도 모른다는 불안감에 잠을 이룰 수 없었다"고 당시를 회상했다. 이렇게 해서 이버멕틴이 인간의약품(상표명은 멕티잔Mectizan)으로 다시 태어났다.

1989년 윌리엄 캠벨은 서아프리카 토고를 방문해 멕티잔 배급현장을 지켜봤다. 앞에 인용한 문구는 이 광경을 회상하면서 캠벨이 한 말이다. 1987년부터 1997년까지 10년 동안 멕티잔 무상 공급으로 머크가 입은 손실은 2억 달러(약 2,300억 원)에 달한다. 그러나 과학자들의 열정과 사명감, 집념 덕분에 가난한 나라 사람들 수천만 명이 혜택을 누렸고(1년에 한두 알만 먹으면 된다!) 시각상실을 숙명처럼 기다려온 삶이 완전히 바뀌었다. 현재 세계보건기구는 2020년에는 림프사상충증을, 2025년에는 회선사상충증을 완전히 박멸할 것으로 예상하고 있다.

중국과학자 노벨상수상은 마오쩌둥 덕분?

인류역사에서 악명 높은 기생충 전염병인 말라리아는 지금도 매년 50만여 명이 목숨을 잃는 무시무시한 질병이다. 무엇보다도 아직 백신

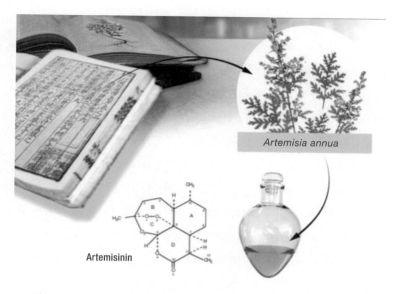

Artemisia annua

Artemisinin

» 1960년대 후반 중국 고대 문헌을 바탕으로 새로운 말라리아 치료제 개발에 뛰어든 투유유
는 개똥쑥에서 아르테미시닌이라는 유효성분을 분리했다. 아르테미시닌은 현재까지 가장 강력
한 말라리아약으로 널리 쓰이고 있다. (제공 노벨재단)

이 개발되지 않아 '모기장'이 가장 확실한 예방책인 게 현실이다. 그나
마 1980년대 말라리아치료제 아르테미시닌이 나오지 않았다면 상황은
훨씬 더 나빴을 것이다.

2013년 출간된 ≪Know 말라리아, No 말라리아≫라는 재미있는 제
목의 책(저자 이동찬 씨는 용인외국어고등학교 교사인 것 같다)의 5장 '기적
의 약을 찾기 위해'를 보면 아르테미시닌 발견의 뒷얘기가 나와 있는데
꽤 흥미롭다. 먼저 말라리아약 개발의 역사를 잠깐 돌아보자.

수천 년(기록만 따져서) 동안 말라리아에 속수무책으로 당하던 구대
륙의 사람들은 남아메리카 주민들이 키나라는 나무의 껍질을 열병의
치료제로 이용한다는 사실을 우연히 알게 됐다. 그 뒤 프랑스 화학자
들이 키나 껍질에서 유효성분을 분리해냈는데, 이게 바로 퀴닌quinine이

다. 1차 세계대전 때 퀴닌을 구하지 못해 남부유럽 전장에서 고생한 독일은 말라리아약 개발에 뛰어들었고 1932년 메파크린mepacrine을 합성하는 데 성공했다.

그 뒤 2차 세계대전을 겪으며 역시 말라리아약이 부족해 고생하던 미국은 새로운 말라리아약 개발에 착수해 혁신적인 치료제 클로로퀸Chloroquine을 만드는 데 성공했다. 클로로퀸은 스위스의 화학자 폴 헤르만 뮐러가 합성한 살충제 DDT(모기 소탕)와 짝을 이뤄 말라리아 박멸에 나섰다. 그러나 두 약물에 대해 내성을 지니는 개체들(말라리아원충과 모기)이 나오기 시작하고 DDT의 환경유해성이 부각돼 사용이 금지되면서 1960년대 들어 말라리아는 다시 만연하기 시작했다.

당시 베트남 전쟁에 관여하고 있던 중국은 자국병사들의 말라리아 감염으로 골치가 아팠다. 결국 1967년 새로운 말라리아 치료제를 찾는 '프로젝트 523'이 출범했다. 이 대형 프로젝트에는 500명이 넘는 과학자와 의사들이 동원됐는데 연구에 전념할 수 있게 많은 혜택을 받았다. 당시는 문화대혁명 기간으로 지식인들도 삽과 괭이를 들고 들판으로 달려가던 때였다.

그런데 프로젝트의 핵심은 중국 전통의학에서 쓰이는 약초에서 말라리아약을 찾는 일이었다. ≪Know 말라리아, No 말라리아≫에 따르면 여기에는 "고대 중국 의학이 서양 의학보다 더 우수하다"는 마오쩌둥의 신념이 반영됐다고 한다.

당시 중국전통의학연구원에 있던 투유유 교수는 중국 의학문헌을 섭렵했고 그 결과 열병을 다스리는 처방에 청호靑蒿라는 약재가 즐겨 쓰인다는 사실을 발견했다. 연구자들은 문헌에 기록된 방식으로 청호 추출물을 얻어 항말라리아 효과를 시험했지만 결과가 들쭉날쭉했다.

고민하던 투 교수는 1,600여 년 전인 340년 당시 중국 동진의 도사(연금술사)이자 의약학자였던 갈홍葛洪이 남긴 기록을 보고 아이디어를

» 투유유 교수는 4세기 중국 동진시대의 도학자이자 의약학자였던 갈홍의 책 ≪肘後備急方주후비급방≫에서 개똥쑥 추출법의 영감을 얻어 아르테미시닌을 분리하는 데 성공했다. 일본의 문헌에 있는 갈홍의 모습.

얻었다. 통상적으로 약재는 은근한 불에 오랜 시간 달이지만 청호의 경우는 잎을 찬물에서 우려내라고 쓰여 있었다. 투 교수팀은 에탄올을 이용해 추출하던 기존 방법 대신 차가운 에테르(유기용매)를 써서 청호 추출물을 얻었다. 그리고 동물실험을 한 결과 말라리아 기생충이 100% 죽었다. 투 교수팀은 이 추출물에서 유효성분을 분리해 청호소青蒿素라고 불렀다. 바로 아르테미시닌이다.

투 교수팀은 1985년 이 놀라운 연구결과를 발표했지만 서구 의학계의 시선은 싸늘했다. 재현실험을 통해 효과를 확인한 뒤에도 임상시험을 거쳐야 한다며 즉각적인 상용화에 반대했다. 반면 수천 년 동안 수많은 처방에서 청호를 써온 걸 아는 중국으로서는 인체안전성에 자신이 있었다. 아무튼 이렇게 해서 아르테미시닌이 새로운 말라리아치료제로 세상에 나왔고, 증가추세로 돌아섰던 말라리아는 지난 15년 사이 환자수가 다시 절반으로 줄어들었다. 현재 아르테미시닌은 너무나 소중한 약물이기 때문에 이 약물에 내성을 갖는 말라리아 원충이 나오는 걸 막기 위해 단독으로 쓰지 않고 다른 약과 섞어 쓰고 있다. 이를 '아르테미시닌 기반 조합 요법'이라고 부른다.

참고문헌

The Nobel Assembly, *Scientific Background* (2015)
≪리더에게 결정은 운명이다≫ 마이클 유심 지음, 양병찬 옮김. 페이퍼로드 (2011)
≪Know 말라리아, No 말라리아≫ 이동찬. 책과나무 (2013)

효모 정밀화학공장에서
진통제 만든다

새로운 분야가 등장하면 이를 나타내는 여러 이름이 나오고 이 가운데 하나가 선택돼 널리 퍼지기 마련이다. 유전자 또는 게놈을 편집해 새로운 기능을 갖는 생명체를 만드는 분야를 요즘 합성생물학synthetic biology이라고 부른다. 합성생물학은 유전공학이나 대사공학을 아우르는 개념이다.

합성생물학이 적용된 최초의 상업화 사례는 1982년 출시된 '휴물린Humulin'이다. 사람의 인슐린 유전자 정보를 담은 DNA가닥을 합성한 뒤 대장균에 집어넣어 박테리아가 인간 인슐린을 대량 생산하게 만들었다.[42] 이전까지 도살한 가축

» 덜 여문 양귀비 열매에서 나오는 유액에는 모르핀을 비롯한 약물이 들어있다. 오늘날 여러 나라에서 모르핀계 진통제 원료를 얻기 위해 정부 통제 아래 양귀비가 재배되고 있다. (제공 위키피디아)

---

[42] 재조합DNA기술 개발과 휴물린 탄생에 대한 자세한 내용은 ≪늑대는 어떻게 개가 되었나≫(MID, 2014) 179~184쪽 '재조합DNA기술 개발 40주년을 맞아' 참조.

에서 인슐린을 추출해 써온 인류는 휴물린의 등장으로 당뇨병 공포에서 어느 정도 벗어났다.

외부의 유전자를 들여와 발현시키는 소위 '재조합DNA기술'은 이처럼 박테리아인 대장균을 대상으로 집중적으로 연구됐다. 지금도 부탄올 같은 유용한 물질을 생산하는 박테리아를 설계하는 대사공학 연구가 한창이다.

대장균과 효모의 차이

그런데 많은 합성생물학자들이 같은 단세포생물이면서도 좀 더 복잡한 효모로 눈을 돌리고 있다. 대장균은 단순한 물질은 잘 만들지만 다소 복잡한 물질을 만드는 마이크로정밀화학공장이 되기에는 역부족이기 때문이다. 참고로 휴물린은 유전자 번역 산물, 즉 단백질인 인슐린이 최종 산물이다. 의약품의 절반을 차지하는 식물유래 분자(식물의 2차대사물)를 미생물이 만들게 하려면 효소 유전자를 여럿 집어넣어 작동시켜야 하는데 대장균을 쓰면 실패할 가능성이 크다.

효모가 대장균보다 식물이 만드는 물질을 생산하는 데 성공할 가능성이 큰 이유는 식물과 마찬가지로 진핵생물이기 때문이다. 원핵생물과 진핵생물은 단순히 세포핵이 있느냐 없느냐의 겉모습 차이뿐 아니라 유전자의 전사와 번역, 후가공 등에서 큰 차이를 보인다. 진핵생물의 많은 효소들은 번역으로 만들어진 단백질에 당이나 지방 분자가 붙어야 기능을 하는데, 대장균의 경우 단백질 구조를 인식해 똑같이 후가공을 하지 않는 경우가 많다. 또 진핵생물의 단백질 가운데는 미토콘드리아나 소포체처럼 특정 세포소기관에서 작동하는 경우도 있는데 이런 세포소기관이 없는 대장균에서는 혼란이 일어난다.

계통분류학의 관점에서 효모가 대장균보다 사람이나 벼에 더 가깝다고 하면(공통조상에서 갈라진 시점이 더 최근이라는 말이다) 그건 분류학의 얘기라고 무시하고 싶지만 유전자의 발현 과정, 생체분자의 구조와 기능을 면밀히 살펴보면 과연 그렇구나 하는 생각이 든다.

개똥쑥 유전자 3개 도입

2006년 학술지 〈네이처〉에는 효모를 이용한 합성생물학 연구의 전환점이 되는 논문이 실렸다. 현재(2015년)까지 불과 9년 동안 1,500회가 넘게 인용된 이 논문은 효모에 식물 유전자 세 개를 넣어 말라리아약인 아르테미시닌artemisinin의 전구체인 아르테미신산artemisinic acid을 생산하게 만들었다는 내용을 담고 있다.

아르테미시닌은 개똥쑥이라는 국화과식물이 만들어내는 2차대사물로 말라리아 특효약이다.[43] 개똥쑥이 자라는 중국에서는 수천 년 전부터 말라리아치료제로 쓰고 있다. 아직까지 백신이 개발되지 않고 그나마 있는 몇 가지 안 되는 약도 내성 말라리아 등장으로 잘 안 듣는 상황에서 아르테미시닌은 소중한 약이지만, 말라리아가 창궐하는 가난한 나라 사람들이 쓰기에는 비싼 약이다.

아르테미시닌은 탄소 15개로 이뤄진(이를 세스퀴터펜이라고 부른다) 그리 크지 않은 분자이지만 구조가 꽤 복잡하다. 물론 화학자들은 1983년 이미 아르테미시닌 전합성total synthesis, 즉 기본 재료에서 출발해 약물을 합성하는 데 성공했지만 수십 단계를 거쳐야 하기 때문에 상업성은 없다. 즉 개똥쑥을 키워 아르테미시닌을 추출하는 게 훨씬 싸다는 말이다.

---

43 개똥쑥에서 약효 성분인 아르테미시닌을 추출한 연구를 이끈 투유유 중국전통의학연구원 교수는 2015년 노벨생리의학상 수상자 가운데 한 사람이 됐다. 자세한 내용은 바로 앞 에세이 참조.

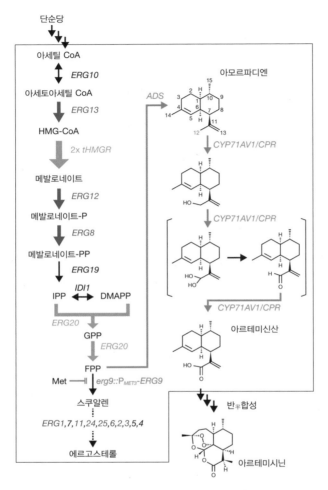

미국 버클리 캘리포니아대 화학공학과 제이 키슬링Jay Keasling 교수팀
은 합성생물학 기법을 써서 미생물이 아르테미시닌의 전구체인 아르테

미신산을 만들게 하는 연구에 뛰어들었다. 아르테미신산에서 아르테미시닌을 합성하는 과정, 즉 반+합성semisynthesis은 비용이 그리 들지 않기 때문이다. 즉 아르테미시닌 합성의 앞부분은 미생물공장이, 뒷부분은 화학공장이 분담하면 개똥쑥에 경쟁력이 있다는 말이다.

연구자들은 효모를 아르테미신산 합성공장으로 바꾸는 과정을 크게 세 단계로 진행했다. 먼저 FPP라는 분자를 많이 만들게 대사경로를 조작했다. FPP는 효모가 만드는 물질로 연구자들은 생합성 과정에 관여하는 효모의 유전자 발현을 늘리고 FPP를 다른 물질로 바꾸는 유전자를 억제해 효모가 FPP를 최대한 많이 만들어내게 했다. 여기까지는 대사공학으로 합성생물학이라고 부르기에는 약하다.

두 번째 단계는 개똥쑥에서 FPP를 아모르파디엔amorphadiene이라는 분자로 바꾸는 효소인 ADS의 유전자를 효모에 도입하는 작업이다. 개똥쑥의 아르테미시닌 생합성 과정은 잘 알려져 있기 때문에 그 첫 단계를 적용한 것이다. 사실 연구팀은 2003년 학술지 〈네이처 바이오테크놀로지〉에 대장균을 대상으로 이 과정에 성공했다고 보고한 바 있다.

세 번째 단계는 아모르파디엔에서 아르테미신산을 만드는 과정이다. 당시 개똥쑥에서 이 과정에 관여하는 효소가 밝혀지지 않은 상태였기 때문에 연구자들은 다양한 생명정보학 기법을 써서 유전자 데이터베이스로부터 후보 효소 유전자를 추렸다. 연구자들은 개똥쑥의 CYP71AV1과 CPR 두 유전자가 이 반응에 관여한다는 것을 확인한 뒤, 두 유전자를 효모에 집어넣었다. 효모는 연구자들의 의도대로 이 반응을 진행해 아르테미신산을 생산했다.

앞에서도 잠깐 언급했듯이 세 번째 단계는 대장균에서 일어나기 힘들었을 텐데, 이 효소들이 식물의 소포체 막에서 작동하기 때문이다. 실제 효모에서도 소포체에서 작동하는 것으로 확인됐다. 원핵생물인 대장균은 소포체가 없다.

당시 생산성은 배양액 1리터에 아르테미신산 115mg으로 꽤 높은 편이었지만 아직 경쟁력은 없는 상태였다. 그러나 그 뒤 미국의 바이오벤처인 아미리스바이오테크놀로지스에서 생산성을 높이는 연구에 착수했고 그 기술을 다국적 제약회사인 사노피가 사들였다. 사노피는 불가리아의 제약회사 후베파마에 발효를 맡겼고 이탈리아 가레시오에 아르테미시닌 반합성 공장을 지었다. 이 약물 수효의 3분의 1에 해당하는 연간 60톤을 생산할 수 있는 사노피의 공장에서 만든 아르테미시닌은 2014년 시장에 나왔다.[44]

예상보다 빨리 생합성 성공

2006년 논문을 발표할 무렵 키슬링 교수는 다음 단계의 연구를 준비하고 있었다. 식물 2차 대사물의 꽃이라고 할 수 있는 모르핀morphine의 합성생물학 프로젝트다. 모르핀은 탄소수가 17개로 그리 크지 않은 분자이지만 아르테미시닌과 마찬가지로 구조는 꽤 복잡하다. 워낙 유명한 분자이다 보니 화학자들이 1952년 이미 전합성에 성공했지만 역시 수십 단계를 거쳐야 해서 상업성은 없다.

모르핀 하면 마약이 떠오르지만 사실 진통제 등 의약품으로서 수요가 높다. 따라서 여러 나라에서 정부의 철저한 감독 아래 양귀비를 재배하고 있다. 덜 여문 양귀비 열매에 상처를 내 나온 유액에서 모르핀을 비롯한 약물을 추출한다.

모르핀의 생합성 과정은 아르테미시닌보다 훨씬 복잡해서 외부 유전자 서너 개를 도입해 해결될 문제가 아니었다. 따라서 선발 주자인 키슬

---

44 〈네이처〉 2016년 2월 25일자에 실린 뉴스에 따르면 말라리아 진단이 정확해지면서 아르테미시닌 수요가 줄어(이전에는 고열 증상에 말라리아약을 처방하고 봤다) 개똥쑥에서 추출한 아르테미시닌의 가격이 많이 떨어졌다. 사노피는 2015년 반합성 아르테미시닌을 생산하지 못했고 결국 2015년 7월 반합성 공장을 후베파마에 매각했다.

링 교수팀이 먼저 성공하리라는 보장도 없었다. 실제로 2006년 논문에 자극을 받은 여러 연구팀이 모르핀 프로젝트에 뛰어들었다.

〈네이처〉 2015년 5월 21일자에는 모르핀 합성생물학 연구현황에 대한 기사와 전문가 기고문이 나란히 실렸는데 한마디로 성공이 임박했다는 내용이었다. 두 글을 읽고 상황을 주시하던 필자는 예상보다 훨씬 빠른 2015년 8월 13일 마침내 모르핀 합성생물학 레이스의 승자가 나왔다는 소식을 듣고 깜짝 놀랐다. 게다가 그 주인공은 기사와 기고문에서 주로 언급한 세 팀이 아니라 미국 스탠퍼드대 크리스티나 스몰케 Christina Smolke 교수팀이었다. 알고 보니 스몰케 교수 역시 합성생물학 분야의 권위자로 모르핀 연구에서도 앞서 있었다.

이날 학술지 〈사이언스〉의 사이트에 미리 소개된 논문을 다운받아 읽어본 필자는 그 스타일에 또 한 번 놀랐다.[45] 보통 논문은 실험결과를 이해하는 데 꼭 필요한 내용만 건조하게 서술돼 있기 마련인데, 이 논문은 마치 기사를 합쳐놓은 듯 자신들이 성공에 이르게 된 긴박한 과정을 서술하고 있다. 〈사이언스〉 역시 7월 1일 논문을 접수한 뒤 8월 5일 게재를 결정하고 13일 온라인으로 소개하는 이례적인 초특급 행보를 보였다. 모르핀 레이스가 그만큼 긴박했다는 증거다. 5월 21일자 기사와 기고문, 8월 13일 온라인판 논문을 바탕으로 모르핀 합성생물학 레이스의 전말을 소개한다.

결정적인 효소 마침내 발견

키슬링 교수팀 등 레이스에 참여한 연구자들은 효모가 모르핀을 합성하게 하려면 유전자가 20여 가지는 필요할 거라는 사실을 깨달았다.

---

45 정식 논문은 2015년 9월 4일자 〈사이언스〉에 실렸다.

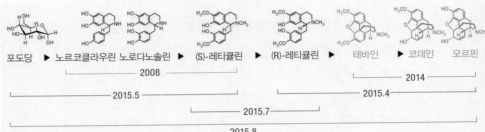

포도당 ▶ 노르코클라우린 노로다노솔린 ▶ (S)-레티큘린 ▶ (R)-레티큘린 ▶ 테바인 ▶ 코데인 모르핀

2008

2015.5

2015.4

2014

2015.7

2015.8

» 효모에서 모르핀을 생합성하는 과정의 핵심을 보여주는 도식이다. 포도당에서 (S)레티큘린까지 앞의 절반과 (R)레티큘린에서 모르핀까지 뒤의 절반에 성공했다는 논문이 각각 올해 5월과 4월에 발표됐고, 결정적인 단계인 (S)레티큘린에서 (R)레티큘린을 만드는 효소를 밝힌 논문이 7월에 발표됐다. 그 뒤 한 달 만에 전 과정을 한 효모에 통합하는 데 성공했다는 논문이 발표됐다. (제공 <네이처>)

게다가 양귀비가 생합성하는 과정에서 결정적인 단계의 작업을 하는 효소를 찾지 못했다. 즉 반응의 중간쯤 생성되는 (S)-레티큘린reticuline 이라는 분자가 그 거울상, 즉 광학이성질체인 (R)-레티큘린으로 바뀌는 과정은 미스터리였다.

결국 연구자들은 모르핀 생합성 단계를 모듈화해서 모듈을 하나씩 성공시킨 뒤 나중에 하나로 연결하는 전략을 썼다. 수년 동안 각고의 노력 끝에 드디어 2015년 들어 놀라운 연구성과들이 발표되기 시작했다. 학술지 <네이처 화학생물학> 5월 18일자 온라인판(7월호에 실림)에는 효모가 (S)-레티큘린을 만드는 데 성공했다는 논문이 올라왔다. 버클리 캘리포니아대 존 듀버John Dueber 교수팀의 연구결과로, 모르핀 합성의 앞 절반에 해당한다.

이보다 한 달 앞선 4월 23일 학술지 <플로스 원>에는 (R)-레티큘린을 주면 모르핀을 합성하는 효모를 만드는 데 성공했다는 논문이 실렸다. 캐나다 컨커디어대 생물학과 빈센트 마틴Vincent Martin 교수팀의 연구결과로, 마틴 교수는 <네이처 화학생물학>에 발표한 논문에도 공

동연구자로 참여했다. 따라서 이 두 효모 균주를 갖고 중간에 이성질체를 만드는 과정만 화학자들이 개입하면 양귀비가 없어도 모르핀을 만들 수 있다. 균주 A가 포도당을 먹고 (S)-레티큘린을 만들어내면 이를 분리해 (R)-레티큘린으로 바꾼 뒤 균주 B에게 먹이로 주면 모르핀이 나오는 것이다.

그런데 〈네이처〉가 기사와 기고문으로 모르핀 합성생물학을 다룬 건, 그동안 그렇게 찾아왔던 광학이성질체 변환에 관여하는 효소를 양귀비에서 규명하는 데 마침내 성공했기 때문이다. 즉 캐나다 캘거리대 생명과학과 피터 파치니Peter Facchini 교수의 제자인 길라움 보두앙G Baudoin의 박사학위 논문이 알려진 것(학술논문은 7월 1일 〈네이처 화학생물학〉 사이트에 먼저 공개됐고 9월호에 실렸다). 따라서 앞의 두 연구 결과에 이 연구까지 합친 모르핀 생합성 경로를 효모에 도입하면 중간에 화학자가 개입하는 번거로움 없이도 효모 한 균주가 포도당에서 모르핀을 만드는 게 가능해진다. 아래는 5월 21일자 기사의 일부분이다.

"생명공학 덕분에 모르핀이 맥주양조만큼이나 쉽게 만들어질 날도 머지않았다. 5월 18일 〈네이처 화학생물학〉 사이트에는 단순당을 모르핀으로 바꾸는 생합성 경로의 앞 절반을 맡는 효모를 만드는 데 성공했다는 논문이 실렸다. 연구자들은 다른 성과들을 합칠 경우 불과 수년-아니면 수개월일 수도 있다- 뒤 효모 단일 균주가 전 과정을 맡을 수 있다고 예상했다."

여섯 종에서 유전자 21개 도입

그리고 정말 불과 3개월 뒤 스몰케 교수팀이 성공한 것이다. 효모가 모르핀 직전 단계인 테바인thebaine을 만들게 하기 위해 도입한 외부 유전자는 무려 21개로 여섯 가지 생명체에서 얻었다. 즉 양귀비 3종(이란

양귀비, 양귀비, 캘리포니아양귀비(금영화)), 황련(식물), 시궁쥐(포유동물), 수도모나스(박테리아)다. 효모에서 최고의 효율을 낼 수 있는 유전자조합을 찾다 보니 이렇게 모자이크가 된 것이다.

연구팀이 이렇게 빨리 성공할 수 있었던 것은 스몰케 교수팀 역시 양귀비 게놈에서 (S)-레티큘린을 (R)-레티큘린으로 바꾸는 효소의 유전자를 파치니 교수팀과는 별개로 찾는 데 성공했기 때문이다. 흥미롭게도 〈사이언스〉 2015년 7월 17일자에는 뉴욕대 이언 그레이엄Ian Graham 교

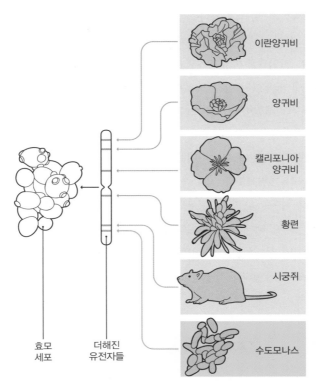

» 미국 스탠퍼드대 연구자들은 효모 균주에 외부 유전자 21개를 집어넣어 모르핀의 전구체인 테바인을 만드는 데 마침내 성공했다. 21개 유전자는 모두 6종의 생물체에서 얻었다. (제공 〈사이언스〉)

수팀이 같은 발견을 했다는 논문이 실렸다. 수십 년 동안 실패만 거듭해오던 연구를 세 팀에서 거의 동시에 성공한 것이다.

사실 스몰케 교수팀은 2014년 〈네이처 화학생물학〉에 테바인에서 모르핀을 생산할 수 있는 효모를 만드는 데 성공했다는 논문을 발표했다. 따라서 이번에 테바인까지만 합성하는 효모를 만든 건 논란을 줄이기 위한 정치적인 고려라

» 이번 연구를 이끈 크리스티나 스몰케 교수는 〈네이처〉가 선정한 '2015년 화제가 된 10명'에 뽑히기도 했다. (제공 Rod Searcey/Standford Engineering)

고 볼 수 있다. 실제로 연구자들은 이 균주에 유전자 두 개를 더 넣어 오늘날 널리 사용되는 모르핀계 진통제인 하이드로코돈hydrocodone을 합성하는 균주를 만드는 데도 성공했다.

한편 아르테미시닌산과 마찬가지로 테바인까지만 만든 뒤 화학합성을 통해 다른 모르핀계 분자를 만드는 게 상업화에는 현실적인 방안이기도 하다. 2014년 논문에 따르면 효모가 테바인에서 모르핀을 합성하는 효율은 1.5%에 불과하기 때문이다. 실제로 이란양귀비의 유액은 주성분이 테바인으로, 이를 추출해 합성의 출발물질로 쓰고 있다.

현재 테바인 생산성은 배양액 1리터에 $6.4\mu g$에 불과하다. 하이드로코돈의 생산성은 $0.3\mu g$밖에 안 된다. 단계가 추가될수록 수율이 떨어짐을 알 수 있다. 따라서 지금 수준으로는 효모가 양귀비를 대신할 가능성은 없다. 예를 들어 하이드로코돈 1회 투여량인 5mg을 얻으려면 효모를 만 리터 넘게 배양해야 한다! 연구자들은 논문에서 지금보다 수율을 10만 배는 높여야 경쟁력이 있다고 썼다. 그럼에도 많은 연구자들은 생산성을 끌어 올리는 게 시간문제라고 보고 있다.

한편 아르테미신산과는 달리 모르핀 합성 효모에 대해서는 우려의 목소리가 높다. 효모는 일반 가정집에서도 쉽게 배양할 수 있는 미생물이기 때문에(포도주스를 사서 이스트(효모)를 넣고 방치(!)하면 포도주가 된다), 만일 이런 균주가 유출될 경우 마약과의 전쟁은 새로운 국면을 맞이할 수 있기 때문이다. 예를 들어 1리터에 모르핀 10mg을 만드는 균주가 만들어질 경우 이 효모로 맥주를 만들어 마시면 '일석이조'의 효과를 볼 수 있는 셈이다. 따라서 이런 효모에 특정한 영양분을 공급하지 않으면 자랄 수 없게 '안전장치'를 마련하는 연구를 병행해야 한다는 얘기도 나오고 있다.

이래저래 효모가 21세기 합성생물학의 총아인 것만은 분명해 보인다.

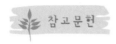
참고문헌

Ro, D. et al. *Nature* 440, 940-943 (2006)
Ehrenberg, R. *Nature* 521, 267-268 (2015)
Oye, K. et al. *Nature* 521, 281-283 (2015)
Service, R. F. *Science* 349, 677 (2015)
Galanie, S. et al. *Science* 349, 1095-1100 (2015)

피가 따뜻한 물고기도 있다?

중고교시절 생물 시간에 어류, 양서류, 파충류는 냉혈동물이고 조류, 포유류는 온혈동물이라고 다들 배웠을 것이다. 사실 이보다는 변온동물과 정온동물이 더 정확한 표현일 것이다. 추운 곳에서는 도마뱀의 피가 차갑겠지만(냉혈) 열대지방의 한낮에는 따뜻할(온혈) 것이기 때문이다.

변온동물과 정온동물의 차이는 엄청나다. 보통 같은 크기일 경우 포유류의 에너지 소모량이 파충류의 열 배가 넘는다. 뱀들은 한 번 포식을 하면 몇 달을 굶어도 되지만 우리는 저녁에 삼겹살 2, 3인분을 먹어도 다음날 하루만 굶으면 배가 고파 정신이 없다. 그렇다면 포유류와 조류는 왜 이렇게 비효율적인 시스템을 진화시킨 것일까. 아직 명쾌한 답은 없지만 정온성 획득 덕분에 지구력 향상과 활동성 증가, 서식지 확산이 일어났다고 한다.

그런데 어류나 파충류 가운데 포유류나 조류 수준의 정온성은 아니지만 온혈동물의 특성을 띠는 종들이 존재한다. 영국의 생리학자 존 데이비는 1835년 발표한 논문에서 가다랑어의 체온이 주변 물의 온도보다 10도 정도 더 높다는 측정결과를 보고하면서 어류는 냉혈동물이라

» 영국의 생리학자 존 데이비는 가다랑어가 냉혈동물이 아니라는 발견을 담은 논문을 1835년 발표했다. 그 뒤 지금까지 온혈성인 다랑어(참치) 14종, 상어 5종이 보고됐다. (제공 위키피디아)

는 일반법칙의 예외라고 주장했다. 그 뒤 다랑어(참치) 14종과 상어 5종이 이런 온혈성을 보이는 것으로 밝혀졌다. 연구결과 이런 어류들에는 산소호흡으로 대사활동이 활발한 적색근red muscle, RM이 존재해 열을 꽤 만들어내 주변보다 체온을 더 높게 유지할 수 있는 것으로 밝혀졌다. 이를 '적색근 온혈성RM endothermy'이라고 부른다. 그런데 왜 이들은 이런 특성을 진화시킨 것일까.

이에 대한 유력한 가설이 두 가지 있는데 하나는 온혈성을 지니게 되면 온도차가 커도 적응할 수 있으므로 서식지가 넓어진다는 설명이다. 실제로 온혈성 상어는 살 수 있는 온도 범위가 20도가 넘는다는 연구결과가 있다. 또 다른 가설은 헤엄속도를 높일 수 있다는 측면이다. 몸이 따뜻해지면 대사반응이 활발하게 일어나고 따라서 근육의 힘과 지구력도 높아진다. 실제로 온도가 10도 올라갈 때 생체반응이 두 배 빨라진다. 하지만 이 가설에 대해서는 아직 실험으로 입증된 적이 없었다.

헤엄 더 빠르고 활동범위 더 넓어

2015년 5월 12일 학술지 〈미국립과학원회보〉 사이트에 마침내 이 가설을 검증한 논문이 올라왔다(정식 논문은 7월 7일자에 실렸다). 일본과 미국, 영국의 공동연구자들은 어류 46종을 대상으로 헤엄속도를 측정해 분석했다. 이 가운데 RM 온혈성 어류는 참치가 3종, 상어가 3종이었다. 헤엄속도는 물고기 몸에 센서를 달아 측정하기도 했고 동영상을 촬영해 계산하기도 했다.

이렇게 모은 데이터를 분석하자 온혈성 어류는 몸집이 비슷한 냉혈성 어류보다 헤엄속도가 평균 2.7배나 더 빨랐다. 물론 여기에는 대가가 있어서 에너지를 평균 1.9배 더 쓰는 것으로 계산됐다. 아무튼 일부 어류가 온혈성을 진화시킨 게 속도 향상과 밀접한 관계가 있음을 보여준 결과다. 헤엄속도가 빨라지면 당연히 먹이를 찾고 잡아먹을 확률이 올라간다. 흥미롭게도 온혈성 어류의 헤엄속도는 진짜 온혈동물인 해양 포유류나 펭귄(조류)과 비슷한 것으로 나타났다. 반면 일반 어류는 역시 냉혈동물인 바다거북(파충류)과 비슷했다.

다음으로 연구자들은 연간 활동 범위 데이터가 있는 어류 20종을 조사했다. 이 가운데 9종이 온혈성 어류로 참치가 5종, 상어가 4종이

» 고등어과 어류 가운데 몸집이 큰 참치만이 온혈성을 보인다. 어류가 온혈성을 갖기 위해 치러야 하는 비용(에너지 소모)이 얻는 것보다 덜 들려면 크기가 어느 정도 이상 돼야 한다. 실제로 온혈성 어류도 새끼 때는 냉혈 어류와 생리적 특성이 비슷하다. (제공 강석기)

었다. 분석 결과 덩치가 비슷할 때 온혈성 어류의 연간 활동 범위가 평균 2.5배 더 넓었다. 결국 참치와 일부 상어는 RM 온혈성을 통한 기동성을 확보하기 위해 대사율이 두 배가량 높아지는 비용을 감수하는 길을 택한 셈이다.

참치 같은 경골어류와 상어 같은 연골어류가 공통조상에서 갈라진 건 4억 5,000만 년 전으로 추정된다. 따라서 오래전 갈라져 서로 갈 길을 가던 생물들이 생태적 필요에 따라 비슷한 특성을 각각 진화시킨 셈이다. 즉 참치와 일부 상어에서 보이는 RM 온혈성은 수렴진화의 흥미로운 예라는 말이다.

지방층과 혈관배열로 열손실 최소화

위의 논문이 공개되고 불과 3일 뒤인 5월 15일 학술지 〈사이언스〉에는 참치나 상어보다 한 수 위인 온혈물고기를 발견했다는 논문이 실렸

» 빨간개복치가 온혈성을 지닌다는 사실을 밝힌 연구를 이끈 미국해양대기관리처의 니콜라스 베그너 박사가 빨간개복치를 안고 환하게 웃고 있다. (제공 NOAA)

다. 꼭 만화에나 나올 것처럼 생긴 빨간개복치란 물고기로 다 자라면 몸길이가 1미터에 이르고 몸무게가 60킬로그램이 넘는 녀석도 있다. 미국해양대기관리처NOAA의 연구자들은 빨간개복치의 특이한 생태에 주목했다. 즉 다른 물고기와 달리 이 녀석들은 수심 수백 미터인 곳에서 주로 지내기 때문이다. 수심이 깊어질수록 수온이 떨어지기 때문에 참치 같은 부분 온혈성 물고기조차 수시로 표면 가까이 올라

17

16

15

14

13

12

11

온도 (℃)

» 연구자들은 어부들이 잡은 빨간개복치의 몸 이곳저곳에 온도계를 넣어 체온을 측정했다. 그 결과 몸 대부분이 바다보다 온도가 4~5도 더 높다는 사실을 발견했다. 이를 도식화한 빨간개복치의 체온 분포도다.(제공 <사이언스>)

와 체온을 올린다.

연구자들은 어선에 승선해 어부들이 갓 잡아 올린 빨간개복치의 몸 이곳저곳에 온도계를 밀어 넣었다. 그 결과 놀랍게도 몸 대부분에서 체온이 바다보다 5도 정도 더 높았다. 추가 연구 결과 빨간개복치는 가슴지느러미를 움직여 열을 내는 것으로 밝혀졌는데, 가슴지느러미 근육이 잘 발달해 몸무게의 16%나 차지한다. 실제로 가슴지느러미 근육에 온도계를 심은 뒤 바다로 돌려보내 측정한 결과 역시 주변 바다 온도보다 평균 5도 정도 더 높았다. 그렇다면 빨간개복치는 어떻게 물속에서도 이런 온혈성을 유지할 수 있을까.

사람처럼 36도가 되는 것도 아니고 고작 15도(수심 수백 미터의 바닷물 온도는 10도 내외다)인 온혈성이 뭐 그리 대단하냐 싶겠지만 사실 쉬운 일이 아니다. 물은 공기보다 비열이 훨씬 크기 때문이다. 25도 실내는 쾌적하지만 25도 물에서는 계속 운동하지 않는 한 한 시간을 버티기 어렵다. 고래나 물개 같은 해양포유류의 경우 굉장히 두꺼운 지방층으로 몸을 덮어 단열을 한다.

빨간개복치 역시 지방층을 이용한 단열이 온혈성 유지에 어느 정도 기여한다. 즉 가슴지느러미 근육과 몸 표면 사이에는 약 9밀리미터 정도의 지방층이 가로막고 있다. 또 아가미의 혈관도 열손실을 최소화하기 위해 교묘하게 배치돼 있다. 물고기는 아가미를 통해 혈액(정맥)의 이산화탄소를 배출하고 물속에 녹아 있는 산소를 흡수한다. 따라서 아가미를 통해 열손실이 일어날 수밖에 없다.

빨간개복치는 몸에서 아가미로 들어가는 정맥(이산화탄소를 실은 피)과 아가미에서 나와 몸으로 가는 동맥(산소를 실은 피)을 서로 그물처럼 얽히게 배치해 이 문제를 해결했다. 즉 아가미를 향하는 따뜻한 피는 도중에 아가미에서 나오는 차가운 피 쪽으로 열을 빼앗긴다. 반면 이 과정에서 열을 얻은 동맥은 온도가 올라가 몸속으로 들어가도 체온을 낮추는 효과가 줄어든다.

이런 구조 덕분에 빨간개복치는 온혈성을 유지할 수 있었고 영양분이 풍부한 깊은 바다에 오래 머물 수 있게 됐다. 실제로 빨간개복치와 부분 온혈성인 날개다랑어의 몸에 위치추적기를 단 뒤 행동을 분석해보면 낮에 수심 50미터 이내인 표층에 머무는 시간이 빨간개복치는 7.1%에 불과한 반면 날개다랑어는 58.2%에 달했다.

과학도 '예외 없는 법칙은 없다'는 격언의 '예외'는 아닌가 보다.

참고문헌

Madigan, D. J. et al. *PNAS* 112, 8350-8355 (2015)
Wegner, N. C. et al. *Science* 348, 786-789 (2015)

APPENDIX

과학은 길고
인생은 짧다

지난 2013년 출간한 ≪사이언스 소믈리에≫(과학카페 2권)부터 필자
는 '과학은 길고 인생은 짧다'라는 제목의 부록에서 전 해에 타계한 과
학자들의 삶과 업적을 뒤돌아봤다. 이번에도 같은 제목의 부록으로
2015년 세상을 떠난 과학자들을 기억하는 자리를 마련했다.

예년과 마찬가지로 과학저널 〈네이처〉와 〈사이언스〉에 부고가 실린
과학자들을 대상으로 했다. 〈네이처〉가 19건, 〈사이언스〉가 5건을 실
었다. 두 저널에서 함께 소개한 사람은 세 명이다. 결국 두 곳을 합치면
모두 21명이 된다. 수록 순서는 사망일을 기준으로 했고 다만 생물학자
크리스토퍼 마셜은 예외다.

2015년 타계한 과학자 가운데는 책을 쓰거나 책의 주인공이 돼 유
명해진 사람이 몇 명 있다. 먼저 불의의 교통사고로 아내와 함께 사망
한 존 내쉬는 1998년 저널리스트 실비아 네이사의 논픽션 ≪뷰티풀 마
인드≫의 주인공으로 2001년 동명의 영화가 개봉되면서 대중적인 인물
이 됐다. 최초의 경구피임약을 개발한 화학자 칼 제라시는 인생 후반기
에 작가를 병행하며 소설과 희곡을 창작했고 자서전을 네 번이나 펴냈
다. '의학계의 계관시인'으로 불리는 의사 올리버 색스는 1985년 ≪아내
를 모자로 착각한 남자≫로 일약 유명세를 탔고 사망 4개월 전 자서전
≪온 더 무브≫를 남겼다.

2,600만 년 주기 멸종설을 주장해 유명해진 고생물학자 데이비드 라
우프도 교양과학서 ≪The Nemesis Affair네메시스 사건≫과 ≪Extinction
멸종≫을 펴냈다. 반세기를 면역학 연구에 매진하며 일반인을 위한 책을
쓰는 일은 하지 않았던 윌리엄 폴은 79세가 되어서야 처음으로 교양과
학서 ≪Immunity면역≫를 출간하고 불과 열흘 뒤 타계했다. 한편 역사
학자이자 저술가인 리사 자딘은 과학 관련 저서도 여러 권 출판했다.
이들의 책 가운데 상당수가 국내에 번역돼 있으므로 이들을 기억하며
읽어본다면 뜻깊은 일이 아닐까.

1. 후베르트 마르클 1938.8.17 ~ 2015.1.8
독일 과학계 구조조정을 이끈 동물학자

1990년 독일 통일은 같은 분단국이었던 우리나라 사람들에게 부러운 일이었다. 그러나 수십 년 동안 다른 체제에 있던 두 나라가 하나로 다시 합쳐지는 과정에서 숱한 어려움이 있었고 아직도 갈등이 남아있다고 한다. 과학계도 예외는 아닐 것이다. 독일 통일 이후 과학계 재정비에 큰 역할을 한 사람이 바로 동물학자 후베르트 마르클Hubert Markl이다.

1938년 레겐스부르크에서 태어난 마르클은 뮌헨대에서 생물학과 화학, 지리학을 공부했다. 이곳에는 마르틴 린다우어, 콘라드 로렌츠, 칼 폰 프리시 같은 저명한 동물행동학자들이 포진해 있었고 이들의 영향을 받은 마르클은 1962년 동물학으로 박사학위를 받았다. 미국 하버드대와 록펠러대에서 박사후연구원 생활을 한 마르클은 1967년 독일 프랑크푸르트 괴테대에서 사회적 곤충의 의사소통 행동을 주제로 강사 자격증을 얻었다. 이듬해 다름슈타트공대 교수가 됐고 1974년 콘스탄츠대로 옮겼다.

이처럼 학자로서 성공적인 삶을 살아가던 마르클은 같은 해 독일연구재단의 위원으로 선출되며 새로운 재능을 발견한다. 즉 과학행정가로서 탁월한 리더십을 발휘했던 것. 1986년 48세의 나이로 재단 최연소 회장으로 취임하면서 장기연구를 지원하는 연구비를 늘리고 박사과정학생을 위한 프로그램을 개발하고 동독연구자들에게 연구비를 신청할 기

» 후베르트 마르클 (제공 Wolfgang Filser/막스플랑크학회)

회를 주는 등 개혁을 단행했다.

마르클은 독일이 통일되고 3년이 지난 1993년 설립된 베를린-브란덴부르크 과학인문학학회 초대 회장으로 선출돼 동서독 학계의 통합에 기여했다. 1996년에는 막스플랑크학회 회장에 취임해 구동독 지역에 연구소 열여덟 곳을 설립하는 계획을 진행했다. 동시에 일부 반대를 무릅쓰고 시대에 뒤떨어진 연구소를 정리하는 작업도 추진했다. 2002년까지 재직하는 동안 학회의 책임자 자리 226개 가운데 153개의 주인이 바뀌었을 정도로 구조개혁의 강도가 높았다.

한편 1997년부터 막스플랑크학회의 전신인 카이저빌헬름학회의 제3제국 시절 행적에 대한 연구를 시작해 2001년 결과를 발표했다. 마르클은 당시 학회 회원들이 유대인들을 추방하는 데 적극적으로 참여한 사실을 인정하고 공식사과했다. 여전히 분단과 일본의 무반성으로 스트레스를 받고 있는 우리에게 마르클의 삶은 많은 것을 생각하게 한다.

2. 로버트 버너[1] 1935.11.25 ~ 2015.1.10
이산화탄소 순환 모형을 만든 지구화학자

고생대 석탄기 화석 가운데는 오늘날 비둘기보다도 큰 거대잠자리 메가네우라도 있다. 어떻게 곤충이 이렇게 크게 자랄 수 있었고 왜 멸종했을까. 이런 의문에 대한 답을 준 지구화학자 로버트 버너Robert Berner가 2015년 초 오랜 투병 끝에 타계했다.

1935년 미국 펜실베이니아주 이리에서 태어난 버너는 지질학도인 형 폴의 영향으로 미시건대에서 지질학을 전공했고 1962년 하버드대에서 퇴적물의 황화철 형성을 주제로 박사학위를 받았다. 시카고대를 거쳐 1965년 예일대에 자리를 잡은 버너는 2007년 은퇴할 때까지 42년 동안 봉직했고 이후 명예교수직을 유지했다.

버너는 퇴적물에서 광물이 형성되는 메커니즘을 수식화했고 퇴적물 속성작용sediment diagenesis이라는, 생물적 화학적 과정이 개입되는 분야를 개척했다. 그는 이 과정이 궁극적으로 해양의 영양 균형과 대기의 산소 및 이산화탄소 농도를 조절한다는 이론을 내놓았다. 1980년대 초 버너는 동료 지구화학자 로버트 개럴스, 안토니오 라사가와 함께 지질학

» 로버트 버너 (제공 예일대)

적 시대에 걸친 지구 대기 이산화탄소 농도 변화를 제시한 BLAG 모형을 개발했다.

한편 이 모형을 응용해 대기 산소 농도의 변화를 재구성할 수 있었는데, 그 결과 거대잠자리가 살았던 석탄기에 대기의 산소비율이 35%에 이르렀던 것으로 나타났다. 순환계가 없이 확산으로 산소를 공급하는 곤충의 몸 크기는 산소비율에 큰 영향을 받는다.

1982년부터 1988년까지 버너의 실험실에서 박사과정 학생이었던 돈 캔필드 남덴마크대 교수는 〈네이처〉에 실린 부고에서 스승의 학술 업적뿐 아니라 학생들을 챙기는 인간적인 면모도 소개했다. 버너 교수는 음악 소양도 대단해서 뛰어난 피아니스트였을 뿐 아니라 클래식을 작곡하기도 했다. 2007년 교수직을 물러난 뒤에는 음악에 더욱 심취했다고 한다.

3. 버논 마운트캐슬^{1918.7.15 ~ 2015.1.11}
대뇌피질의 뉴런 구조를 밝힌 뇌과학자

오늘날 뇌과학은 대중적으로도 인기가 높은 주제로 신경세포, 즉 뉴런은 친숙한 용어다. 개별 뉴런에 주목해 뉴런의 조직화된 구조에 대한 놀라운 사실을 밝힌 뇌과학자 버논 마운트캐슬Vernon Mountcastle이 향년 97세로 타계했다.

1918년 미국 켄터키주 셸비빌에서 태어난 마운트캐슬은 존스홉킨스 의대를 졸업하고 2차 세계대전이 한창이던 1942년 해군에서 군의관으로 복무했다. 1946년 마운트캐슬은 뒤늦게 연구자의 길에 들어서 모교의 신경생리학자 필립 바드 교수의 실험실에서 감각정보처리 메커니즘을 연구했다. 그는 마취한 고양이의 일차감각피질의 회백질에 미세전극을 꽂아 개별 뉴런의 반응을 기록했다.

이 과정에서 마운트캐슬은 뉴런의 분업이라는 흥미로운 발견을 했다. 즉 어떤 뉴런은 가벼운 접촉에만 반응하고 어떤 뉴런은 뭔가가 누를 때만 반응하고 어떤 뉴런은 관절이 움직일 때만 반응했던 것. 이들 뉴런은 각각 수직적인 조직으로 분리돼 있었는데, 그는 이를 '피질기둥 cortical column'이라고 불렀다. 마운트캐슬은 신피질이 이런 국소적인 회로의 반복단위로 이뤄져 있다고 주장했다. 이런 사실을 담은 그의 1957년 논문은 뇌과학의 기념비적 업적으로 평가된다.

한편 존스홉킨스대의 동료 연구자였던 데이비드 허블과 토르스트 위젤은 고양이와 원숭이의 일차시각피질에서도 피질기둥구조가 존

» 버논 마운트캐슬 (제공 존스홉킨스의대)

재함을 확인했다. 이들은 이 발견을 바탕으로 시각정보처리 메커니즘을 규명해 1981년 노벨생리의학상을 받았다. 허블은 노벨상 수상 강연에서 "체감각피질의 기둥구조 발견은 라몬 이 카할 이후 대뇌피질을 이해하는 데 가장 큰 기여를 했다"며 마운트캐슬의 공로를 인정했다.[46]

마운트캐슬은 학과장을 비롯해 여러 학회지의 편집장 등 행정업무도 많았지만 아침 일찍 출근해 모든 업무를 오전 9시까지 끝내고 실험실로 출근했다고 한다. 그에게 일주일에 60시간을 일하지 못하는 신경과학자는 '파트타임 근무자'였다고 한다.

4. 찰스 타운스 1915.7.28 ~ 2015.1.27
레이저를 발명한 물리학자

학교나 회사에서 발표를 할 때 빨간 빛이 나오는 포인터를 한 번쯤은 사용해봤을 것이다. 이처럼 일상생활 곳곳에 쓰이는 레이저를 발명한 과학자 가운데 한 명인 찰스 타운스Charles Townes가 한 세기에 걸친 생을 마치고 영면했다.

1915년 미국 사우스캐롤라이나주 그린빌에서 태어난 타운스는 1935년 퍼먼대에서 물리학과 현대언어학으로 학사학위를 받았다. 명문 칼텍 대학원에 지원했지만 떨어지자 듀크대에서 석사학위를 받고 재도전해 입학한 뒤 1939년 동위원소 분리 연구로 박사학위를 받았다.

» 찰스 타운스 (제공 칼텍)

---

46 데이비드 허블의 삶과 업적에 대해서는 《과학을 취하다 과학에 취하다》(과학카페 3권) 339~341쪽 '본다는 것의 의미를 탐구한 신경과학자' 참조.

벨전화연구소에 취직한 타운스는 2차 세계대전이 터지자 레이더 연구를 했고 1948년 컬럼비아대 교수가 됐다. 전시에 행한 레이더 연구를 바탕으로 타운스는 1951년 마이크로파 증폭 장치, 즉 메이저maser의 작동원리를 떠올린다. 타운스는 1954년 암모니아 기체를 써서 메이저를 구현하는 데 성공했다.

1958년 아서 숄로와 함께 가시광선을 사용한 메이저, 즉 레이저laser를 만드는 방법을 제안한 논문을 발표했다. 2년 뒤 휴즈연구소의 물리학자 시어도어 메이먼이 루비 결정을 써서 레이저를 구현하는 데 성공했다. 타운스는 메이저-레이저 원리를 개발한 공로로 러시아의 물리학자 니콜라이 바소프, 알렉산드르 프로호로프와 함께 1964년 노벨물리학상을 받았다.

MIT로 옮겨 수년간 지낸 뒤 1967년 버클리 캘리포니아대에 자리를 잡은 타운스는 천체물리학으로 관심을 돌려 양자 전자공학 분야의 기술을 도입한 관측장비를 개발했다. 그는 성간 구름에 물과 암모니아 분자가 존재한다는 사실을 밝혀냈고 적외선 관측으로 우리 은하 중심에 거대질량블랙홀이 존재한다는 증거를 내놓기도 했다.

타운스는 여러 대통령의 과학자문을 맡아 과학정책 결정에도 큰 영향을 미쳤다. 타운스는 과학과 종교가 서로 공존할 수 없다는 생각에 반대했는데, 둘 다 '존재라는 미스터리를 이해하고자 하는 욕망'에서 비롯한 활동이라고 봤기 때문이다.

5. 이브 쇼뱅1930.10.10 ~ 2015.1.27
새로운 화학반응 제안해 노벨상을 받은 학사 화학자

2015년 노벨생리학상 수상자인 중국전통의학연구원 투유유 교수는 박사학위가 없다. 투 교수는 학위가 없어서 평생 많은 차별을 받았고 노

벨상 수상을 계기로 그런 사실
이 부각되면서 간판을 중시하
는 중국 학계의 풍토를 반성하
는 계기가 되기도 했다. 2005
년 노벨화학상 수상자인 이브
쇼뱅Yves Chauvin도 박사학위가
없었지만 투 교수와는 달리 큰
불이익을 당한 것 같지는 않다.

» 프랑스석유연구소IFP에서 동료 연구자들과 함께 한
이브 쇼뱅(앞줄 왼쪽에서 두 번째). (제공 IFP)

1930년 프랑스 국경선 근처 벨기에에서 태어난 쇼뱅은 부모가 프랑
스인이었기 때문에 국경을 넘어 프랑스의 초등학교를 다녔다. 1954년
프랑스 리용산업화학대를 졸업한 쇼뱅은 화학회사 프로길에 취직했다.
그러나 2년 동안 단순반복 업무만 주어지자 회사를 그만두고 새로운 일
터를 찾다가 1960년 평생직장이 된 프랑스석유연구소IFP에 들어갔다.

이곳에서 쇼뱅은 독성 부산물이 덜 나오고 상대적으로 저온에서 반
응을 일으키는 균일촉매 시스템을 개발했다. 오늘날 화두가 되고 있는
'녹색화학'의 선구적인 연구다. 뒤이어 훗날 그에게 노벨상을 안겨주게
될 복분해반응metathesis 연구를 진행했다. 복분해반응이란 두 가지 물
질이 반응해 서로 성분을 바꾸어 새로운 두 가지 물질을 만드는 과정으
로 '분자 춤molecular dance'이라고도 불린다. 미국의 화학자 로버트 그럽
스와 리처드 슈록은 쇼뱅의 연구를 바탕으로 복분해과정을 효율적으
로 수행하는 촉매를 개발했다.

이 업적으로 세 사람은 2005년 노벨화학상을 받았다. 수상 소식을
들은 쇼뱅은 자신의 업적은 두 사람에 비해 보잘것없다며 부담스러워
했다고 한다. 쇼뱅은 1991년부터 1995년 은퇴할 때까지 프랑스석유연
구소 소장을 지냈다.

6. 칼 제라시 |1923.10.29 ~ 2015.1.30
피임약의 아버지로 불렸던 화학자

1950년대 경구피임약을 최초로 개발한 화학자 칼 제라시Carl Djerassi
는 1992년 펴낸 자서전 ≪The Pill, Pygmy Chimps and Degas' Horse≫
에서 피임약 개발의 뒷얘기를 자세히 썼다. 1995년에 ≪칼 제라시: 인생
을 배팅하는 사람은 포커를 하지 않는다≫는 제목으로 번역서가 나왔지
만 현재 절판된 상태다. 이 책을 읽어보면 제라시는 꽁생원 같은 전형적
인 화학자 이미지와는 180도 다른 풍운아 같은 삶을 살아온 것 같다.

학술지 〈네이처〉 2014년 11월 6일자에 제라시의 새로운 자서전 ≪In
Retrospect: From the Pill to the Pen≫에 대한 서평이 실렸다. 1923년
생으로 무려 91세에 쓴 네 번째 자서전이라고 한다. 그런데 서평이 실
리고 4개월이 지난 〈네이처〉 3월 5일자에 칼 제라시의 부고가 실렸다.
제라시는 2015년 1월 30일 지병으로 타계했다. 따라서 그가 죽기 3개
월 전인 지난해 10월 출간된 자서전은 제라시의 마지막 작품인 셈이다.

제라시는 1923년 오스트리아 빈
에서 태어났다. 아버지는 유대계 불
가리아인 의사이고 어머니 역시 유
대계 오스트리아인 의사였다. 두 사
람이 이혼하면서 아버지는 불가리
아로 돌아갔고 제라시는 어머니와
살았다. 그런데 나치가 득세하면서
제라시 모자에게 위기가 닥쳐오자
1938년 아버지와 어머니는 (형식적
으로) 재혼했고 모자는 안전한 불가
리아로 피신했다가 이듬해 미국으로
이민을 갔다.

» 2015년 1월 30일 92세로 타계한 화
학자 칼 제라시. 2004년 81세 때 사진이
다. (제공 Chemical Heritage Foundation)

계절수업을 들어가며 불과 19세에 케년대 화학과를 최우등으로 졸업한 제라시는 스위스의 제약사 시바CIBA의 미국지사에서 1년 일하다 회사 장학금으로 위스콘신대에서 박사과정을 밟았다. 1945년 학위를 받고 회사로 복귀해 항히스타민제 연구를 하던 제라시는 본인이 하고 싶은 스테로이

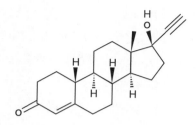

» 제라시가 신텍스에서 일할 때인 1951년 합성한 노르에티스테론의 분자구조. 1962년 경구피임약으로 시판되며 제라시에게 '피임약의 아버지'라는 별명과 함께 엄청난 부를 안겨줬다. (제공 위키피디아)

드 연구를 하지 못하게 되자(스위스 본사 연구소에서 하기 때문에) 실망하고 있었는데 이때 멕시코의 신텍스Syntex라는 작은 제약회사로부터 연구소 부소장 자리를 제안받는다.

이곳에서 마음껏 스테로이드 연구를 하면서 1951년 마침내 여성호르몬 프로게스테론의 유사체인 노르에티스테론norethisterone을 합성하는 데 성공한다. 이 약물은 생리불순과 불임치료제로 1957년 미국 식품의약국FDA의 승인을 받았다. 그런데 노르에티스테론의 배란억제기능은 생리불순뿐 아니라 피임에도 쓰일 수 있음을 의미했다. 여러 우여곡절 끝에 노르에티스테론 경구피임약은 1962년 '오르토-노붐Ortho-Novum'이라는 상표로 시장에 나왔다.

신텍스에서 스톡옵션을 받은 제라시는 스테로이드 제품으로 회사가 급성장하며 엄청난 부를 거머쥐었다. 1960년 미국 스탠퍼드대 화학과 교수로 자리를 옮기면서 분광학, 인공지능을 도입한 유기합성 등 2002년 명예교수로 물러날 때까지 많은 연구를 진행했다.

제라시는 신텍스의 주식을 판 돈으로 캘리포니아에 광활한 땅을 사들여 SMIP(Syntex Made It Possible신텍스 덕분의 약자)라고 불렀고, 폴 클레를 비롯해 유명 화가의 작품을 사들였다. 이렇게 폼 나게 살던 제라시

에게 1978년 스물여덟인 딸 파멜라가 우울증으로 농장에서 자살한 청천벽력 같은 사건이 일어난다. 제라시는 이때의 충격을 끝내 극복하지는 못했지만 이 사건을 계기로 농장을 예술촌으로 만들어 많은 예술가들을 지원했다.

한편 두 번의 이혼을 겪고 세 번째 결혼한 아내 다이앤 미들부룩은 스탠퍼드대 영문과 교수로 유명한 전기작가이기도 했다. 아내의 영향을 받은 제라시는 나이 60이 넘어 작가로서 제 2의 삶을 시작한다. 1989년 첫 장편 ≪칸토의 딜레마≫를 시작으로 장편소설 다섯 편을 냈고 1998년부터는 희곡으로 장르를 옮겨 2012년까지 꾸준히 작품을 발표했다.

그는 주로 과학자를 주인공으로 등장시켜 발견의 우선권을 두고 벌이는 경쟁이나 과학기술의 윤리적 의미 등을 다뤘는데 이런 장르를 '실험실 문학Lab lit'이라고 부르기도 한다. 제라시가 1981년 노벨화학상 수상자 로알드 호프만과 함께 1999년 창작한 희곡 ≪산소Oxygen≫는 노벨상위원회가 만일 산소 발견으로 노벨상을 줄 경우 누구에게 줘야 하는가라는 문제를 놓고 벌이는 에피소드를 그리고 있다. 우리나라에서도 몇 차례 공연돼 호평을 받았다.

제라시는 자신이 평생 모은 미술품과 부동산 등 재산을 미술관에 기증한다는 유산을 일찌감치 남긴 바 있다. 제라시가 스탠퍼드대 화학과를 물러날 때 학과에서 작별 파티도 해주지 않았다는 걸로 봐서는 주변 사람들에게 상처를 주는 캐릭터였던 것 같지만 사실 위대한 사람치고 인간성 좋은 사람은 흔치 않을 것이다. 한 인터뷰에서 그가 한 아래 말처럼 그런 삶을 살다가 영면했다는 생각이 문득 든다.

"전 사회에 단지 기술을 통해 이익을 가져다주는 것보다는 문화적인 흔적을 남기고 싶습니다."

7. 조피아 카일란-자우오로우스카 1925.4.25 ~ 2015.3.13
몽골 사막에서 놀라운 화석들을 발굴한 고생물학자

한국지질자원연구원 이융남 관장(현 서울대 지구과학부 교수)은 지난 2006년부터 2010년까지 5년 동안 매년 여름 40여 일 동안 몽골 고비사막에서 공룡화석을 탐사하는 '한국-몽골 국제공룡탐사' 프로젝트를 이끌었다. 이 프로젝트의 최대 성과는 50년 동안 미스터리로 남아있던 공룡 데이노케이루스 *Deinocheirus*의 실체를 밝힌 것이다. 이 박사팀은 2015년 학술지 〈네이처〉에 논문을 실었고 이 박사는 이 업적으로 '올해의 과학자상'을 받기도 했다.

데이노케이루스는 거대한 타조공룡류로 지금까지 발견된 이족보행을 하는 공룡 가운데 가장 큰 팔을 지니고 있다. 1965년 폴란드-몽골 고생물탐사대가 고비사막 알탄올라에서 보존 상태가 거의 완벽한 어깨뼈와 팔뼈 한 쌍을 발굴했는데, 팔 길이가 무려 2.4미터였다. 그러나 다른 부위의 화석이 없어 이 공룡의 실체를 두고 반세기 가까이 논란이

계속됐고 이 박사팀의 발굴로 상황이 종료됐다.[47] 1965년 몽골 탐사를 이끈 폴란드의 고생물학자 조피아 카일란-자우오로우스카 Zofia Kielan-Jaworowska 박사가 2015년 3월 13일 90세로 타계했다.

1925년 폴란드 소콜로 포들라스키에서 태어난 카일란-자우오로우스카는 나치 치하에서 불행한 청소년기를 보냈다. 나치의 금지령을 어

» 조피아 카일란-자우오로우스카 (제공 폴란드과학원 고생물학연구소)

---

[47] 데이노케이루스의 발굴과 실체규명에 대한 자세한 내용은 《사이언스 칵테일》(과학카페 4권) 175~184쪽 '50년 미스터리 공룡 데이노케이루스 실체 드러났다' 참조.

기고 비밀리에 바르샤바대에서 청강을 했고 열다섯 살부터는 폴란드 레지스탕스에서 위생병으로 활약하기도 했다.

독일이 물러나고 1945년 바르샤바동물박물관에서 자원봉사자로 일하며 재건을 도왔다. 이때 무척추 고생물학자인 로만 코즐로스키의 눈에 들어 그를 지도교수로 바르샤바대에서 1952년 박사학위를 받았다. 카일란-자우오로우스카는 삼엽충을 비롯한 고생대 해양무척추동물을 집중적으로 연구했고 1961년 폴란드과학원 산하 고생물학연구소 소장이 됐다.

때마침 폴란드과학원은 몽골과 고생물학 탐사를 하기로 협정을 맺었고 카일란-자우오로우스카가 1963~1971년에 걸쳐 여러 차례 탐사를 이끌었다. 이때 발굴한 유명한 공룡화석으로 앞에 언급한 데이노케이루스의 거대한 팔과 함께 영화 〈쥬라기 공원〉으로 유명해진 소형 육식공룡 벨로키랍토르가 초식공룡 프로토케라톱스와 엉켜있는 화석이 있다.[48]

탐사를 계기로 척추동물, 특히 초기 포유류 화석 연구로 관심을 돌린 카일란-자우오로우스카는 당시 동서 냉전체제였음에도 서구학계와 교류를 갖기 위해 노력했다. 프랑스, 영국 고생물학자들과 공동으로 오늘날 설치류 비슷하게 생긴 소형 포유류인 네멕트바타르*Nemegtbaatar*와 출산바타르*Chulsanbaatar*의 두개골을 세밀하게 분석하는 등 포유류의 기원과 초기 진화 연구에 많은 기여를 했다. 2004년 카일란-자우오로우스카가 루오 제시, 〈네이처〉에 부고를 쓴 리처드 시펠리 미국 샘노블박물관 학예사와 공저한 책 ≪Mammals From the Age Of Dinosaurs 공룡시대의 포유류≫는 이 분야의 고전으로 남아있다.

---

48 124쪽 '쥬라기 월드, 여전한 랩터 사랑' 참조.

8. 알렉산더 리치|1924.11.15 ~ 2015.4.27
왼손잡이 DNA 존재를 밝힌 생물학자

자연은 대칭을 선호한다지만 가끔 비대칭인 대상들이 존재한다. 유전정보를 지니고 있는 DNA이중나선도 그런 예로 나선이 오른쪽 방향으로 꼬여있다. 즉 1953년 제임스 왓슨과 프랜시스 크릭이 구조를 규명한 DNA이중나선B-DNA을 거울에 비친 모습은 결코 원본과 겹치지 않는다. 오른손과 왼손의 관계와 마찬가지다.

그런데 1979년 왼손잡이 DNA도 존재한다는 사실이 밝혀졌다. 엄밀히 말해 오른손잡이 DNA의 거울상은 아니지만(분자를 이루는 원자의 배열이 좀 달라 전체적으로 폭이 좁고 길쭉하며 뼈대를 이루는 인산기가 지그재그 배열을 한다. 따라서 Z-DNA라고 부른다.) 아무튼 누구도 예상치 못한 발견이었다. 2015년 4월 27일 Z-DNA를 발견한 생물학자 알렉산더 리치Alexander Rich가 91세로 영면했다.

1924년 미국 코네티컷주 하트포드에서 태어난 리치는 성(rich)과는 달리 대공황으로 어린 시절을 어렵게 보냈지만 뛰어난 성적으로 하버드대에 들어가 생화학으로 학사학위를 받고 하버드대 의대에 진학했다. 1949년 전설적인 화학자 라이너스 폴링의 실험실에 박사후연구원으로 들어가 5년 동안 머무르며 X선 결정학을 익혔다. 그러나 아쉽게도 폴링과 함께 쓴 논문이 한 편도 없다. 이에 대해 폴링은 "이 친구가 한 일은 별로 없지만 많이 배웠을 것" 이라고 촌평했다.

미 국립정신건강연구소NIMH 물리화학분과에 취직한 리치는 1955년 영국 캐번디시연구소로 건너가

» 알렉산더 리치 (제공 Josiah D. Rich)

DNA이중나선구조를 밝힌 크릭과 함께 단백질 폴리글리신II와 콜라겐의 구조를 규명했다. NIMH로 돌아와서는 RNA 역시 DNA처럼 이중나선구조를 형성할 수 있음을 보였다.

1958년 MIT 교수로 자리를 옮긴 리치는 RNA가 DNA와 결합할 수 있음을 보였는데, 이는 훗날 DNA칩을 만드는 데 출발점이 됐다. 한편 대장균 같은 원핵생물에서 전사로 만들어지고 있는 전령RNA에 리보솜이 줄줄이 달라붙어 번역을 하는, 즉 단백질을 만드는 복합체인 폴리솜polysome을 규명했다. 다 생명과학 교과서에 나오는 기초연구들이다.

1979년 결정학자 앤드류 왕과 함께 Z-DNA의 존재를 규명했는데, 이 구조가 몇몇 유전자의 발현을 조절하고 일부 바이러스의 병원성에 연관돼 있다는 사실도 밝혔다. 리치는 사업에도 관심이 많아 바이오벤처 세 곳을 설립하는 데 참여했다고 한다.

9. 앨런 홀 1952.5.19 ~ 2015.5.3
세포의 신호전달체계를 밝힌 세포생물학자

"세상에 태어난 때는 다르지만 떠날 때는 같이 갑시다."

금슬 좋은 부부가 잠자리에 누워 두 손을 꼭 잡고 이런 말을 한다지만 아직 한창인 나이에 이렇게 죽는다면 불행한 일일 것이다. 오랫동안 공동연구를 하며 암의 세포생물학을 이끈 중견의 두 과학자가 불과 석 달 간격으로 세상을 떠나 관련 학계의 동료들을 탄식하게 했다. 미국 메모리얼슬로언케터링암센터의 앨런 홀Alan Hall 교수와 영국 암연구소의 크리스

» 앨런 홀 (제공 메모리얼슬로언케터링암센터)

토퍼 마셜Christopher Marshall 박사다.

1952년 영국 반슬리에서 태어난 홀은 옥스퍼드대에서 화학을 공부한 뒤 미 하버드대에서 생화학으로 박사학위를 받았다. 그 뒤 영국 에든버러대와 스위스 취리히대에서 분자생물학으로 박사후연구원 생활을 했다. 화학에서 출발해 분자생물학을 연구하게 되는 전형적인 코스다.

1980년 마흔 살에 런던에 있는 암연구소ICR의 소장으로 임명된 분자생물학자 로빈 와이스는 유망한 젊은 과학자들을 영입했는데, 먼저 마셜을 그리고 이듬해 홀을 데려왔다. 1993년 런던대UCL로 옮길 때까지 홀과 마셜은 찰떡궁합을 과시하며 놀라운 업적들을 쏟아냈다.

1980년대 초 이들은 발암유전자 N-Ras라스를 발견했다. 발암유전자란 그 자체가 암을 일으키는 유전자가 아니라 돌연변이가 일어나 변이 단백질이 만들어지거나 발현량이 늘어 작용이 강화되면서 암을 유발하는 유전자다. 이후 홀은 라스 단백질 및 이와 관련된 Rho, Rac, Cdc42 같은 단백질의 기능을 밝히는 연구를 진행했다. 그 결과 이들이 세포 내 골격인 액틴의 조립과 세포 운동성 등에 관여한다는 사실을 알아냈다.

1993년 런던대에 새로 설립된 분자세포생물학연구소LMCB로 옮긴 뒤 연구소가 자리를 잡는 데 큰 역할을 했고 2000년 연구소장이 됐다. 2006년 미국 메모리얼슬로언케터링암센터로 옮긴 뒤에도 LMCB와 관계를 유지하며 양국 연구자들의 교류에 힘을 쏟았다. 30여 년에 걸친 홀의 연구는 세포의 신호전달 메커니즘을 이해하는 데 큰 기여를 했을 뿐 아니라 신호전달 오류의 결과인 암을 치료하는 약물을 개발하는 데도 큰 영감을 줬다.

10. 크리스토퍼 마셜 1949.1.19 ~ 2015.8.8
새로운 암치료법 개발에 영감을 준 세포생물학자

앞서 소개한 앨런 홀이 미국에서 갑자기 세상을 떠나고 3개월 뒤 그의 단짝이었던 크리스토퍼 마셜이 영국에서 자신이 평생 연구했던 질병인 암으로 사망했다.

1949년 영국 코번트리에서 태어난 마셜은 케임브리지대에서 자연과학을 공부하고 옥스퍼드대에서 세포생물학으로 박사학위를 받았다. 1980년 런던 암연구소로 스카웃돼 앨런 홀과 함께 연구하며 발암유전자 N-Ras를 발견했고 그 뒤 이 단백질의 기능과 신호전달경로를 밝히는 연구를 진행했다.

두 사람은 N-Ras 유전자에 돌연변이가 생길 경우 정상세포가 암세포로 바뀔 수 있음을 보였고 실제 사람의 암세포에서 이 유전자에 돌연변이가 있음을 확인하기도 했다. 이후 마셜은 N-Ras를 포함해 Ras 단백질이 관여하는 신호전달이 정상세포와 암세포에서 어떻게 다른지 분자메커니즘 차원에서 규명하는 연구를 진행했다. 즉 세포의 증식과 분화에 관여하는 신호에 교란이 생길 경우 암으로 발전할 수 있다는 말이다.

1993년 이직한 홀과는 달리 마셜은 암연구소ICR에 뿌리를 내렸고 사

» 크리스토퍼 마셜 (제공 런던 암연구소)

망 당시에도 연구소장 자리에 있었다. 〈사이언스〉 2015년 11월 27일자에 부고를 실은 영국 맨체스터대 리처드 마레 교수에 따르면 마셜은 광범위한 지식을 갖고 있는 완벽주의자로 평소 연구자들을 다소 몰아붙이는 스타일이지만 한계에 몰렸다고 판단하면 자

세를 누그러뜨려 오히려 다독여줬다고 한다. 또 연구에 매몰돼 삶에서 진짜 중요한 것(실험실 밖의 생활과 가족)을 잃지 말아야 한다고 조언했다고 한다.

11. 존 내쉬 1928.6.13 ～ 2015.5.23
게임이론으로 노벨 경제학상을 받은 수학자

2001년 개봉한 영화 〈뷰티풀 마인드〉는 정신분열증으로 거의 30년 동안 삶이 황폐화됐다가 기적적으로 회복한 천재 수학자의 실화를 다룬 저널리스트 실비아 네이사의 동명 논픽션(1998년)을 원작으로 하고 있다. 영화의 주인공 존 내쉬John Nash와 아내 앨리샤가 5월 23일 교통사고로 사망했다.

1928년 미국 웨스트버지니아 블루필드에서 태어난 내쉬는 고교 시절 수학에 뛰어난 재능을 보였지만 카네기공대(현 카네기멜론대) 화학공학과에 입학했다. 그러나 적성이 맞지 않아 화학과로 옮겼고 다시 수학과로 바꿨다. 대학원 진학을 위해 지도교수에게 추천서를 받았는데, "이 친구는 수학천재입니다."라는 간단한 멘트가 전부였다고 한다. 1948년 하버드대와 프린스턴대 두 곳에서 입학허가를 받은 내쉬는 프린스턴을 택했다.

당시 프린스턴대에는 컴퓨터의 아버지이자 게임이론의 창안자인 천재 중의 천재 존 폰 노이만이 있었고, 그의 책 《게임이론과 경제행위》(1944년)를 읽은 내쉬는 게임이론에 흥미를 느끼게 된다. 당시 폰 노이만의 게임이론은

» 존 내쉬 (제공 프린스턴대)

총체적 갈등상황인 2인 제로섬 게임은 잘 설명했지만 경쟁과 협력이 혼재하는 인간 행동의 복잡한 측면을 제대로 설명하지 못했다.

1949년 스물한 살의 내쉬는 폰 노이만의 한계를 뛰어넘는 새로운 게임이론 연구에 착수했고 이듬해 〈미국립과학원회보〉에 'n명 게임에서 평형점'이라는 제목의 논문을 실었다. 이 논문으로 내쉬는 1994년 노벨 경제학상을 받았다. 도대체 스물두 살 청년의 두 쪽짜리 논문이 어떻게 44년 뒤 노벨상으로 이어질 수 있었을까.

오늘날 내쉬의 균형 정리라고 알려진 논문의 내용은 간단히 말해 여러 사람이 참여하는 게임에서 누구든 다른 대체 전략을 선택해 더 나은 결과를 얻을 수 없는 상황, 즉 균형점이 하나는 존재한다는 걸 수학적으로 입증한 것이다. 당시 폰 노이만은 내쉬의 결과를 별거 아니라고 무시했지만 시간이 지날수록 경제학뿐 아니라 다른 사회과학, 진화생물학에도 적용되면서 영향력이 커졌다.

예를 들어 두 사람이 벌이는 게임에서 A, B 두 전략을 선택할 수 있다고 하자. 나와 상대 둘 다 A를 택하면 내 이익이 2다. 내가 A를, 상대가 B를 택하면 내 이익이 0이다. 내가 B, 상대가 A를 택하면 내 이익이 3이다. 둘 다 B를 택하면 내 이익이 1이다. 상대방도 마찬가지다. 이 경우 둘 다 B를 선택할 때가 내쉬균형이다. 둘 가운데 누구라도 A로 바꾸면 이익이 0이 되기 때문이다. 즉 누구도 독립적으로 선택을 바꿔 이익을 높일 수가 없다. 여러 명이 개입되는 실제 상황에 내쉬균형을 적용하는 건 대단히 복잡하고 어려운 일이지만 큰 도움이 된다고 한다.

논문을 정리해 박사학위를 받은 내쉬는 1951년 23세에 MIT 교수가 됐고 앨리샤라는 물리학도와 결혼도 했다. 그런데 1959년 한 학회에서 리만가설에 대한 강의를 할 때 이상조짐이 포착됐고 결국 피해망상 정신분열증 진단을 받았다. 내쉬는 수년간 정신병원을 들락거리고 1963년엔 이혼까지 하면서 바닥까지 추락했지만 이후 기적적으로 증상이 서서히 나아지면서 1980년대 후반 학계에 다시 모습을 드러냈다. 그리고 1994년 노벨상을 받았다.

저널리스트 실비아 네이사는 내쉬의 삶에 큰 흥미를 느껴 오랜 취재 끝에 1998년 논픽션 ≪뷰티풀 마인드≫를 출간했고 3년 뒤 영화화됐다. 노벨상 수상과 영화로 내쉬는 정신 상태가 한층 더 나아졌고 이혼 뒤에도 줄곧 내쉬를 돌봤던 전처와 2001년 재혼했다. 그리고 올해 아벨상 수상자로 선정돼 아내와 함께 노르웨이를 다녀온 뒤 택시로 귀가하는 길에 교통사고로 두 사람 다 사망했다.

예일대 마틴 슈빅 교수는 〈사이언스〉 2015년 6월 19일자에 실은 부고에서 누군가에게 들었다며 내쉬가 노벨상과 아벨상 가운데 어느 걸 높게 치냐는 질문에 아래처럼 재치있게 답했다며 글을 마무리했다.

"1/2(아벨상은 두 사람이 수상)이 1/3(노벨상은 세 사람이 수상)보다 낫지 않겠어요?"

12. 어윈 로즈 1926.7.16 ~ 2015.6.2
단백질 분해 메커니즘을 밝힌 생화학자

필자는 작가의 상상력이 부족하다고 늘 한탄하면서도 일일드라마를 즐겨 본다. 무슨 우연의 일치가 그렇게도 많은지 어렵게 살아온 주인공이 취직한 회사의 사장이 알고 보니 헤어졌던 친어머니였다는 식이다. 개연성이 있으면서도 극적인 상황을 만들어내기란 너무 힘든 일일까.

그런데 과학계에서도 일일드라마 같은 일이 벌어졌다. 그리고 그 결과

» 어윈 로즈 (제공 폭스체이스암센터)

과학자들은 노벨상까지 받았다. 이 각본 없는 드라마의 주인공 가운데 한 사람인 어윈 로즈Irwin Rose가 6월 2일 89세로 타계했다.

뉴욕 브루클린에서 태어난 로즈는 1952년 시카고대에서 생화학으로 박사학위를 받았다. 박사후연구원 2년 만에 예일대에 자리를 잡았고 1963년 폭스체이스암센터로 옮긴 뒤 1995년 은퇴할 때까지 머물렀다.

1970년대 로즈는 인체의 모든 조직에 존재하는 작은 단백질인 유비퀴틴ubiquitin을 연구하고 있었다. 한편 이스라엘의 테크니온의 아브람 헤르슈코 교수와 대학원생 아론 시체차노버는 단백질분해 연구를 하고 있었다. 헤르슈코 교수는 안식년을 맞아 시체차노버와 함께 로즈 박사의 실험실에서 1년을 보내게 됐다. 그런데 회의를 하다가 문득 헤르슈코 교수팀이 실체를 찾고 있는 단백질분해인자가 바로 로즈 박사팀이 기능을 규명하려는 유비퀴틴일지도 모른다는 사실을 깨달았다. 확인결과 정말 그랬다. 인체의 단백질이 10만여 가지임을 생각할 때 로또 당첨 수준의 우연이다.

그 뒤 두 연구팀은 유비퀴틴이 매개하는 복잡한 단백질분해 메커니즘을 상당 부분 규명했다. 단백질분해가 단백질합성만큼이나 생명체의 유지에 중요하다는 사실이 점차 인식되면서 많은 연구자들이 단백질분해 연구에 뛰어들었다. 그리고 2004년 세 사람은 노벨화학상을 받았다. 로즈 박사는 유비퀴틴 외에도 여러 효소에 대한 연구로 많은 업적을 남겼다.

13. 남부 요이치로[1921.1.18 ~ 2015.7.5]
표준모형과 끈이론 확립에 기여한 물리학자

〈네이처〉나 〈사이언스〉에 부고가 실린 스물한 명 가운데 유일한 동양인인 남부 요이치로南部陽一郎 박사가 7월 5일 94세를 일기로 오사카에서 타계했다. 1952년 미국으로 건너가 1970년 미국 시민권을 얻어 2008년 노벨물리학상을 받을 때도 시카고대 명예교수로 있었는데 그 뒤 여생을 보내기 위해 모국으로 돌아왔나 보다.

» 남부 요이치로 (제공 시카고대)

1921년 도쿄에서 태어난 남부는 1942년 도쿄대에서 이론물리학으로 석사학위를 받고 나서 징집돼 레이더 프로젝트에 투입됐다. 전후 혼란과 가난 속에서도 1952년 박사학위를 받았다. 박사과정 중이던 1950년 도모나가 신이치로 교수(양자전기역학 연구로 1965년 노벨물리학상 수상)의 추천으로 오사카시립대 교수로 부임해 양자이론에 대한 중요한 논문 두 편을 썼다.

1952년 로버트 오펜하이머는 역시 도모나가의 추천으로 남부를 미국 프린스턴고등연구소로 초청했다. 이곳에서 그를 지켜본 물리학자 머피 골드버거가 1954년 시카고대로 데려간다. 당시 시카고대 물리학과는 세계 물리학의 중심지로 전설적인 물리학자 엔리코 페르미가 버티고 있었다. 이곳에서 열 명이 넘는 노벨상 수상자가 배출됐다.

1961년 남부는 훗날 노벨상 수상 업적이 된 자발적 대칭성 깨짐에 대한 논문을 발표했다. 초전도 현상을 이해하려고 시도하는 과정에서 얻게 된 결과로 이를 바탕으로 피터 힉스 등 물리학자 여섯 명이 1964년 힉스 메커니즘을 제안하는 논문을 발표했다. 이때 나오는 힉스입자는 전기약력의 대칭성 깨짐의 결과다. 힉스입자의 존재는 2012년 유럽입자연구소CERN의 거대강입자가속기실험으로 확인됐고, 힉스와 프랑수아

앙글레르는 2013년 노벨물리학상을 수상했다.[49]

1964년 머리 갤만과 조지 츠바이크는 독립적으로 쿼크 개념을 제안했는데(츠바이크는 에이스란 이름으로) 쿼크가 어떻게 양성자와 중성자 같은 입자를 이루는가에 대한 이론적 설명, 즉 양자색역학이 확립되는데 결정적인 기여를 한 사람도 남부 교수다. 즉 1965년 남부 교수는 미국 듀크대 한무영 교수와 함께 쿼크의 색전하 개념을 고안해 강력이 작용하는 방식을 제안했다. 또 끈이론의 토대가 되는 이중공명모형을 제안하기도 했다. 고등과학연구소의 천재 물리학자 에드워드 위튼은 남부 교수를 이렇게 평가했다.

"사람들은 그를 이해하지 못합니다. 그가 너무 먼 곳을 바라보고 있기 때문이죠."

14. 데이비드 라우프 1933.4.24 ~ 2015.7.9
주기적 대멸종설을 주장한 고생물학자

지금이 여섯 번째 대멸종 시기(인류가 주도)라고 하지만 지구 역사에서 수도 없이 크고 작은 집단멸종이 일어났다. 그 결과 지구에 살았던 생물종의 99% 이상이 멸종됐다고 한다. 다윈의 진화론에 따르면 자연선택에서 밀린 종들이 멸종의 길로 가지만 몇몇 과학자들은 실제 멸종된 종의 대다수는 불가항력적인 자연재해로 순식간에 사라진 것이라고 주장한다. 2015년 7월 9일 82세로 타계한 고생물학자 데이비드 라우프David Raup도 그런 사람으로 특히 1984년 동료 잭 셉코스키와 학술지 〈미국립과학원회보〉에 발표한 2,600만 년 주기 멸종설로 유명하다.

1933년 미국 매사추세츠주 케임브리지에서 태어난 라우프는 시카고

---

49 힉스 메커니즘과 2013년 노벨물리학상에 대한 자세한 내용은 《사이언스 소믈리에》(과학카페 2권) 226~231쪽 '2012년은 힉스의 해!' 참조.

» 1984년 2,600만 년 주기 대
멸종설을 담은 논문을 발표한
잭 셉코스키(왼쪽)과 데이비드
라우프 (제공 PNAS)

대에서 지질학을 전공하고 하버드대에서 고생물학으로 박사학위를 받았다. 몇몇 대학에서 학생들을 가르치다 1978년 시카고 필드박물관 지질학 책임자로 옮겼지만 적응하지 못하고 1982년 대학(시카고대)으로 돌아갔다.

라우프는 화석에서 볼 수 있는 다양한 형태가 모두 적응의 결과인 것은 아니며 그저 우연의 산물일 수도 있다는 주장을 펼쳤다. 이 진영에는 대니얼 심벌로프, 스티븐 제이 굴드, 토머스 쇼프 등이 포진해 있었다. 라우프는 어떤 생물 그룹의 등장과 소멸이 적응의 결과만이 아님을 컴퓨터 시뮬레이션으로 입증하기도 했다.

라우프를 유명하게 만든 2,600만 년 주기 멸종설은 지난 2억 5,000만 년에 걸친 화석을 비교분석한 결과로, 1984년 논문에서 이 기간 동안 열두 번의 대멸종이 있었다고 주장했다. 1980년 멕시코 유카탄 반도에서 발견된 칙술루부 크레이터가 6,600만 년 전 충돌한 소행성의 흔적으로 공룡 대멸종의 결정적인 원인으로 추정되면서 논문은 많은 관심을 끌었다.

심지어 몇몇 천문학자들은 주기적인 대멸종이 태양의 짝별 때문이라고 제안하기도 했다. 즉 심한 타원 궤도를 지닌 짝별(적색왜성 또는 갈색왜성)이 장주기혜성의 근원지인 오르트구름을 교란해 태양계로 향하

Appendix 과학은 길고 인생은 짧다 | **317**

는 혜성의 수를 늘려 대멸종을 초래했다는 시나리오다. 이 미지의 짝별을 네메시스Nemesis라고 부르는데 아직까지 발견되지 않고 있다. 오늘날은 네메시스가 없고 따라서 주기적인 대멸종도 사실이 아니라고 믿는 사람들이 많다.[50]

1971년 라우프는 동료 스티븐 스탠리와 함께 대학교재 ≪고생물학원리Principles of Paleontology≫를 펴냈고(1982년 한글판이 나왔지만 절판됐다), 일반인을 위한 교양과학책 ≪The Nemesis Affair네메시스 사건≫(1986)과 ≪Extinction멸종≫(1991)도 냈다(둘 다 미번역). 이들 책에서 라우프는 대량멸종이 진화에 미친 영향이 큼을 보여주면서 대량멸종이 유전자가 나빠서라기보다는 불운의 결과일 수 있다고 주장했다.

15. 올리버 색스1933.7.9 ~ 2015.8.30
의학계의 계관시인 잠들다

저널리스트나 전문 작가가 아닌 과학자나 의사 가운데 글을 가장 잘 쓴다는 올리버 색스Oliver Sacks가 지난 8월 30일 타계했다. 대표작 ≪아내를 모자로 착각한 남자≫(1985년 출간)를 비롯해 십여 권이 우리말로 번역돼 있을 정도로 국내 독자층도 두텁다.

1933년 영국 런던에서 태어난 색스는 부모가 의사였고 집안에 의사, 과학자, 발명가 등 '이과' 친척들이 많았다. 색스는 어린 시절 화학자를 꿈꾸었는데, 텅스텐 채굴 사업을 하던 삼촌 데이브의 별명인 ≪엉클 텅스텐≫을 제목으로 한 회상기(2001년)를 쓰기도 했다. 그럼에도 옥스퍼드대 퀸스칼리지에서 의학을 공부했고 1960년대 초 미국으로 건너갔다.

---

50 네메시스 가설에 대한 자세한 내용은 ≪사이언스 소믈리에≫(과학카페 2권) 128~134쪽 '태양의 짝별 '네메시스'는 어디에?' 참조.

1965년 뉴욕 베스아브라함병원에 취직한 색스는 그곳에서 특이한 환자들을 보게 된다. 1920년대 유행한 수면병(기면성뇌염)에 걸려 수십 년째 식물인간 상태로 입원해 있는 환자들로, 색스는 이들에게 L-도파라는 파킨슨병 치료제를 투여했고 놀랍게도 이들은 수십 년 만에 깨어났다. 이때의 경험을 쓴 책이 ≪깨어남≫(1973년)이다. 러시아의 저명한 신경심리학자 알렉산더 루리아는 이 책을 읽고 색스에게 편지를 보내 격려하며 환원주의 현대의학에 밀려 사라진 '신경학 서사

» 평생 음악을 사랑했던 색스는 음악과 뇌를 주제로 책 ≪뮤지코필리아≫를 썼다 (2008년 출간). 2010년 나온 한글판 표지. (제공 교보문고)

neurological narrative', 즉 질병통계가 아니라 개별 환자의 사례에 초점을 맞춘 19세기 전통을 부활시켜달라고 당부했다. 두 사람은 루리아가 사망한 1977년까지 서신을 주고받았다. 참고로 색스의 첫 책은 1970년 출간한 ≪편두통≫이다.

만능 스포츠맨인 색스는 1974년 노르웨이에 혼자 여행을 갔다가 산중턱에서 황소를 만나 도망치다 추락해 신경계 장애로 왼쪽 다리를 쓰지 못하는 큰 부상을 입는다. 자신의 환자들에게서 보아온 증상을 체험하고 쓴 책이 ≪나는 침대에서 내 다리를 주웠다≫(1984년)이다. 그리고 이듬해 그 유명한 ≪아내를 모자로 착각한 남자≫를 출간해 세계적으로 유명해졌다. 보통 사람들의 상상을 초월하는, 기괴한 신경질환을 지닌 환자들을 등장시켜 우리가 당연하게 생각하는 일상의 삶이 뇌와 몸의 정교한 조율의 결과임을 역설적으로 깨닫게 하는 이 책에서 색

스는 신경질환을 '장애에 직면한 몸이 새로운 평형을 찾으려는 시도'로서 해석하고 있다.

2005년 어느 날 시야에 이상을 느낀 색스는 병원을 찾았고 안구흑색종이라는 희귀한 암 진단을 받았다. 레이저와 방사선치료를 받는 과정에서 왼쪽 눈의 시력을 잃었다. 2010년 출간한 ≪마음의 눈≫에 이때의 절박한 체험을 고스란히 담았다.

비록 눈 하나는 잃었지만 건강을 회복해 다시 왕성하게 활동하던 그에게 2015년 초 다시 이상이 느껴졌다. 진단 결과 암이 간으로 전이돼 돌이킬 수 없는 상태인 것으로 나타났다. 색스는 〈뉴욕타임즈〉 2015년 2월 19일자에 'My Own Life나의 삶'라는 제목의 글을 기고했는데, 자신이 회복될 가망이 없음을 담담히 인정하면서 그동안의 삶에 감사하고 있다.

2015년 4월 그의 자서전 ≪온 더 무브≫가 출간됐고(한글판은 2016년 1월 초에 나왔다) 그의 유작이 됐다. 2015년 11월 ≪Gratitude감사≫가 사후 출간됐다. 색스는 〈뉴욕타임스〉에 기고한 글을 이렇게 마무리했다.

"무엇보다도 난 이 아름다운 행성에 살고 있는 감수성이 있는 존재이자 생각하는 동물로 그 자체가 엄청난 특권이자 모험이었다."

16. 에릭 데이비슨 1937.4.13 ~ 2015.9.1
성게 발생생물학의 아버지 잠들다

가끔 학부생이 SCI 국제학술지에 논문을 실어 화제가 되곤 한다. 지난 9월 1일 타계한 생물학자 에릭 데이비슨Eric Davidson은 한술 더 떠 열여섯 살 때 단독저자로 논문을 발표하며 일찌감치 학계에 데뷔했다.

데이비슨은 1937년 뉴욕에서 태어났다. 그의 아버지 모리스는 유명한 화가로 여름이면 프로빈스타운에서 여름예술학교를 열었다. 여기서

펜실베이니아대의 세포생리학자 헤
일브룬 교수의 아내로 화가인 엘렌
을 알게 됐다. 이 인연으로 모리스는
아들을 여름방학 때 우즈홀 해양생
물학연구소에 머무르는 헤일브룬에
게 보냈다. 소년은 실험기기를 닦는
일을 할 줄 알았는데 헤일브룬이 부
르더니 "여기서 일하는 사람은 누구
나 자기 연구 프로젝트가 있어야 한
다"며 연잎성게의 체액 응고 메커니
즘을 연구해보라고 했고 결국 논문
까지 쓰게 됐다.

» 에릭 데이비슨 (제공 Bob Paz/칼텍)

1954년 펜실베이니아대 생물학과에 들어간 데이비슨은 헤일브룬의
실험실에서 지냈고 졸업 후 대학원까지 이어 다니려고 했지만, 헤일브
룬은 당시 뜨는 분야인 유전자 발현을 연구해보라며 록펠러대의 분자
생물학자 알프레드 머스키 교수에게 보냈다. 1963년 박사학위를 받은
뒤에도 계속 머물러 있던 데이비슨은 1971년 칼텍에 자리를 잡았다.

록펠러대에 있을 때 데이비슨은 카네기연구소의 로이 브리튼과 뜻
이 맞아 공동연구를 많이 했다. 1919년생으로 데이비슨보다 18세 연
상인 브리튼은 맨해튼프로젝트에도 참여했던 물리학자로 생물로 관심
을 돌려 생물리학을 연구했다.[51] 두 사람은 유전자 발현량을 분석할
수 있는 방법을 개발해 유전자 조절 네트워크라는 새로운 분야를 개척
했다. 두 사람이 1969년과 1971년 발표한 논문 두 편은 이 분야의 고
전으로 남아있다.

---

51 로이 브리튼의 삶과 업적은 ≪사이언스 소믈리에≫(과학카페 2권) 272~273쪽 '게놈 이
해의 기초를 쌓은 분자생물학자' 참조)

1980년대 개발된 DNA재조합기술과 1990년대 등장한 고성능 염기서열분석법을 이용해 데이비슨은 해양생물인 성게의 발생과정을 분자 차원에서 규명하는 연구를 진행했다. 많은 생물 가운데 성게를 택한 건 무척추동물이면서도 인간처럼 후구동물後口動物이기 때문이다. 1990년대 후반 데이비슨은 성게게놈서열분석컨소시엄을 만드는 데 구심점 역할을 했고 학술지 〈사이언스〉 2006년 11월 10일자에 성게게놈해독 결과가 25쪽에 걸쳐 특집으로 실리며 그의 연구경력의 정점을 찍었다.

〈사이언스〉 2015년 10월 30일자에 부고를 쓴 스미스소니언연구소의 고생물학자 더글라스 어윈에 따르면 데이비슨은 유전자 조절 네트워크를 정교한 논리회로라고 믿었고 실제 성게에서 이중부정논리게이트를 발견하고는 무척 기뻐했다고 한다. 즉 '어떤 유전자의 발현을 억제하는 유전자의 발현을 억제하는 유전자'로 이루어진 네트워크가 있다는 말이다.

데이비슨은 동료 이사벨 피터와 함께 쓴 책 ≪Genomic Control Process게놈조절과정≫을 2015년 2월 출간했는데, 결국 그의 유작이 됐다.

17. 윌리엄 폴1936.6.12 ~ 2015.9.18
수많은 에이즈 환자의 목숨을 구한 면역학자

지금도 여전히 에이즈AIDS는 무서운 질병이지만 에이즈가 처음 등장한 1980년대와 환자가 급증한 1990년대는 '20세기 흑사병'으로 불리는 공포의 대상이었다. 1990년대 에이즈 치료법 개발을 이끌어 에이즈를 일종의 만성질환으로 격하시키는 데 큰 역할을 한 윌리엄 폴William Paul이 급성골수성백혈병으로 지난 9월 18일 뉴욕 맨해튼에서 사망했다.

1936년 뉴욕 브루클린에서 태어난 폴은 브루클린대를 거쳐 뉴욕주립대 다운스테이스의학센터에서 의학을 공부했다. 1962년 미 국립

보건원NIH 산하 국립암센터에 들어
가 화학요법 연구를 수행했다. 정량
적 면역화학의 아버지로 불리는 마
이클 하이델베르거의 에세이집을 우
연히 읽고 감명을 받은 폴은 면역학
을 연구하기로 결심하고 1964년 뉴
욕대의 바루지 베나세라프 교수 실
험실에 들어간다. 베나세라프는 항
체 유전학 연구로 1980년 노벨생리
의학상을 받게 된다.

» 윌리엄 폴 (제공 Ronald Germain)

1968년 베나세라프가 NIH 산하 국립알레르기전염병연구소NIAID
면역실험실 실장으로 자리를 옮기자 폴도 따라갔다. 그런데 2년 뒤 베
나세라프는 하버드대로 가게 됐고 이때 폴을 자신의 후임으로 강력히
추천했다. 그 결과 불과 서른네 살인 폴이 실장이 됐다. 폴은 동료 모린
하워드와 함께 사이토카인인 인터류킨-4IL-4를 발견했다. 사이토카인
은 면역계의 신호분자로 인터류킨-4는 기생충 감염에 대한 반응과 알
레르기 증상에 관여하는 중요한 분자로 밝혀졌다.

한편 1980년대 에이즈가 창궐하면서 보건위기에 빠진 미국 정부는
1994년 NIH 산하에 에이즈연구사무국을 만들고 폴을 초대 국장으로
임명했다. 폴은 전문가들과 머리를 맞대고 최선의 치료법을 찾았고 그
결과 강력한 항레트로바이러스요법이 확립돼 에이즈 환자 수백만 명의
목숨을 구했다.

79세의 나이에도 45년째 면역실험실 실장으로 왕성히 활동하며
2015년 9월 8일 일반인을 위한 교양과학서 ≪Immunity면역≫도 출간
했지만, 열흘 뒤 그 자신이 면역세포의 암으로 사망했으니 인생의 아이
러니가 아닐 수 없다.

18. 리처드 헤크[1931.8.15 ~ 2015.10.9]
홀로 연구해 노벨상까지 탄 유기화학자

요즘 청년실업은 지구촌의 문제다. 그런데 막상 어렵게 취직을 해도 1년 내 이직률이 30%에 이른다고 한다. 직장 내 상사와의 갈등이나 업무 불만(주로 단순 반복 작업)이 주된 이유라고 한다. 그런데 막상 신입사원이 "하고 싶은 거 마음대로 해봐라. 대신 당신 혼자서" 같은 말을 들어도 꽤 당황스러울 것이다. 지난 10월 9일 84세로 타계한 리처드 헤크Richard Heck는 바로 이런 상황에서 홀로 연구에 몰두해 놀라운 업적을 낸 화학자다.

미국 매사추세츠주 스프링필드에서 태어난 헤크는 LA캘리포니아대 화학과에서 학부와 대학원을 다녔다. 스위스연방공대에서 박사후연구원을 했고 1956년 화학회사 헤라클레스사에 취직했다. 2년이 지난 어느 날 연구소장이 부르더니 바로 앞의 말을 했다. 당황한 헤크는 곧 정신을 차리고 광범위한 문헌조사에 들어가 전이금속을 촉매로 한 화학반응을 연구하기로 했다.

이해 헤크는 팔라듐촉매를 이용해 상온에서 두 작은 분자가 탄소-탄소 결합으로 하나의 큰 분자를 만드는 반응에 처음으로 성공했다. 이 전까지는 이런 반응을 하려면 열을 가하거나 용액을 강한 산성으로 만들어 얌전한 탄소 원자도 반응을 할 수밖에 없는 조건이 필요했다. 그 결과 에너지도 많이 들고 불순물도 많이 나와 환경 문제도 있었다.

헤크는 전이금속인 팔라듐이 분자에 다가가면 접촉하는 탄소의 반응성이 높아진다는 사실을 발견했다. 여기

» 리처드 헤크 (제공 델라웨어대)

에 에틸렌 같은 올레핀(이중결합이 있어 약간 불안정한 탄소가 있는 분자)을 넣어주자 팔라듐을 매개로 두 분자의 탄소 원자 사이에 반응이 일어났던 것. 이 방법을 쓰면 벤젠과 에틸렌을 결합시켜 스티렌을 쉽게 만들 수 있다. 스티렌을 줄줄이 연결하면 플라스틱 폴리스티렌이 된다.

1968년 한 해 동안 저명한 학술지인 〈미국화학회저널JACS〉에 헤크 단독저자의 논문 일곱 편이 줄줄이 실리면서 화학계가 깜짝 놀랐고('도대체 헤크가 누구야?') 덕분에 1971년 헤크는 델라웨어대로 자리를 옮겼다. 헤크 교수는 이 업적으로 2010년 노벨화학상 수상자로 선정됐는데, 한 인터뷰에서 "사실 연구를 거의 혼자서 했다"며 "혼자 일하는 스타일이어서가 아니라 당시 그런 여건이었다"고 설명했다.

1989년 헤크 교수는 아직 한창 일할 나이인 58세에 은퇴하고 아내 소코로의 나라인 필리핀으로 떠났다. 〈네이처〉 11월 19일자에 부고를 쓴 캐나다 퀸스대 빅터 스닉쿠스 교수는 글 말미에 헤크 교수와의 특별한 인연을 소개했다. 즉 2006년 헤크에게 연락해 과거 헤크가 했던 코발트 촉매 실험법을 전수해달라며 수개월 일정으로 초빙한 것. 17년 만에 현장에 복귀한 헤크는 매일 아침 8시 실험실에 출근했고 당황한 대학원생들은 그보다 더 일찍 나오느라 고생했다고 한다. 헤크는 "필요한 정보는 모두 다 얻어야 한다"며 학생들에게 각종 분석기기의 사용법과 데이터 해석법을 가르쳤다.

2010년 노벨상 수상 뒤에도 헤크는 미국으로 돌아가지 않았고 2012년 필리핀인 아내가 먼저 세상을 떠난 뒤에도 여전히 필리핀에서 살다가 마닐라에서 별세했다. 모르긴 몰라도 그는 화학보다 아내를 훨씬 더 많이 사랑했던 것 같다.

19. 리사 자딘^{1944.4.12 ~ 2015.10.25}

영국의 생명윤리 정책에 영향을 준 역사학자

부러우면 지는 거라는 말이 있지만 필자는 영국사람들이 부럽다. 자기들이 쓰는 말이 국제공용어요, 학교에서 배우는 영국사의 상당 부분이 곧 세계사이기 때문이다. 과학기술사도 예외는 아니다. 과학기술사에도 조예가 깊었던 영국의 역사학자 리사 자딘Lisa Jardine이 71세에 암으로 타계했다.

1944년 옥스퍼드에서 태어난 리사 브로노우스키의 아버지는 수학자이자 생물학자, 저술가로 유명한 제이콥 브로노우스키Jacob Bronowski로 국내에도 ≪인간 등정의 발자취≫ 등 브로노우스키의 책이 여러 권 번역돼 있다.

아버지의 영향으로 케임브리지대에서 수학을 공부한 리사는 얼마 안가 영문학으로 전과했고 르네상스 후기 영국의 철학자 프랜시스 베이컨에 대한 연구로 박사학위를 받았다. 1969년 25세에 과학자 니콜라스 자딘과 결혼해 자녀 둘을 뒀지만 1979년 이혼했다. 하지만 그 뒤로도 자딘이라는 전 남편의 성을 계속 썼다.

탁월한 저술가인 아버지의 피를 물려받아서인지 자딘도 전문서적과 교양서적을 열일곱 권이나 썼다. 이 가운데는 ≪The Curious Life of Robert Hook≫(2003), ≪On a Grander Scale≫(2002) 같은 과학자와 건축가(크리스토퍼 렌)의 전기도 있다. 자딘에게 저술가로 명성을 안겨준 대표작은 소비주의의 관점에서 르네상스를 재해석한 ≪Worldly Goods상품의 역사≫(1996)로 그녀의 작품 가운데 유일하게 한국어판(2003)

» 리사 자딘 (제공 리사 자딘)

이 나왔다(아쉽게도 절판됐다).

런던대UCL의 르네상스 연구 교수로 있던 자딘은 2008년부터 2014년 까지 영국 보건국 산하 인간생식배아관리국HFEA 국장으로도 일했다. 이 기간 동안 수많은 공청회를 거쳐 여러 민감한 사안들이 검토됐는데, 대표적인 사례가 '부모 셋 아이' 합법화와 관련된 논의다(2015년 영국에서 세계 최초로 합법화됨). 즉 세포소기관인 미토콘드리아의 게놈에 문제가 있는 여성의 난자에서 핵을 추출해 건강한 미토콘드리아가 있는 다른 여성의, 핵을 뺀 난자에 넣어 인공수정을 해 미토콘드리아 결함으로 인한 유전병을 막는 방법이다. 생각하기에 따라서는 아이의 엄마가 둘이라고 볼 수도 있지만(핵 게놈을 준 엄마와 미토콘드리아 게놈을 준 엄마), 영국 의회는 법안에서 미토콘드리아를 제공한 여성은 어머니로서 권리가 없다고 규정했다.

자딘은 아버지처럼 방송활동도 활발히 했고 전문지식을 대중들에게 전달하는데 탁월한 능력이 있었다. 자딘의 다른 책들(특히 로버트 훅의 전기)도 번역됐으면 좋겠다는 생각이 문득 든다.

20. 모리스 스트롱1929.4.29 ~ 2015.11.27
개처럼 벌어서 정승처럼 살다간 석유갑부

1929년 미국 뉴욕의 주가 대폭락으로 시작된 대공황은 미국뿐 아니라 세계 경제를 파탄시킨 사건이었다. 이해 4월 29일 캐나다 오크레이크에서 태어난 모리스 스트롱Maurice Strong 역시 대공황의 폭탄을 맞아 힘겨운 어린 시절을 보냈다. 아버지는 폐인이 되다시피 했고 어머니는 극도의 빈곤으로 정신병에 걸려 정신병원에서 죽었다. 스트롱은 2000년 출간한 자서전 ≪Where on Earth Are We Going?도대체 우리는 어디로 가고 있나?≫에서 어린 시절 풀과 민들레를 먹으며 굶주린 배를 채

» 모리스 스트롱(가운데)은 1972년 스웨덴 스톡홀름에서 열린 유엔인간환경회의를 주관했다. (제공 UN)

웠다고 썼다.

열네 살에 고등학교를 중퇴한 스트롱은 돈을 벌어야겠다는 일념으로 여러 사업에 뛰어들었고 유전개발사업으로 큰돈을 벌었다. 하지만 스트롱에게 돈은 수단이지 목적이 아니었다. 재력을 갖게 된 스트롱은 '역사는 결코 반복되어서는 안 된다'는 신념을 공유한 레스터 피어슨 총리의 국가재건사업과 세계빈곤퇴치캠페인을 적극 도왔다. 피어슨은 캐나다 외무장관 시절 유엔 평화유지활동 창설 공로로 1957년 노벨평화상을 받은 사람이다.

스트롱은 1969년부터 캐나다의 원조 프로그램을 운영했고 1972년 스웨덴 스톡홀름에서 열린 인간환경회의를 주재했다. 당시 많은 선진국들은 인간의 활동으로 인한 환경오염이 심각한 위협이 될 수 있다는 전망에 과학적 근거가 부족하다고 주장했고 제3세계는 이런 모임이 자신들을 영구적인 빈곤으로 묶어두려는 선진국의 음모라며 회의 개최를 반대하는 상황이었다. UN의 요청으로 UN환경계획UNEP의 초대 사무국장에 취임한 스트롱은 특유의 협상력을 발휘해 1972년 인간환경회의를 성사시켰다.

그리고 20년 뒤인 1992년 브라질 리우데자네이루에서 열린 지구정상회의의 사무국장을 맡아 기후변화협약과 생명다양성협약을 이끌었다.

한편 2003년 북한 문제 담당 유엔 사무총장 특사로 일하다가 불미스런 사태에 연루돼 2005년 면직되기도 했다.

〈네이처〉 12월 24일자에 부고에서 저널리스트 에흐산 마수드는 뜻밖에도 UNEP을 통해 기후변화와 종다양성상실을 늦추려는 그의 노력이 '실패'했다고 쓰고 있다. 이는 물론 스트롱만의 탓은 아니고 당시 국제사회 지도자들의 인식에 한계가 있었기 때문이다. 스트롱의 죽음은 구세대의 종말을 상징한다는 말이다.

21. 앨프리드 굿맨 길먼 1941.7.1 ~ 2015.12.23
은수저를 물고 태어나 노벨상까지 받은 약학자

요즘 '금수저 흙수저' 얘기를 듣고 씁쓸하면서도 누군지 몰라도 참 절묘한 비유를 만들었다고 내심 감탄했다. 그런데 〈네이처〉 2016년 1월 21일자에 실린 생화학자 앨프리드 굿맨 길먼Alfred Goodman Gilman의 부고를 읽다가 이게 영어식 표현이라는 걸 알았다.

1941년 미국 코네티컷주 뉴헤이븐에서 태어난 길먼은 입에 '과학 은수저scientific silver spoon'를 물고 있었다. 즉 같은 이름의 아버지가 저명한 약학자로 동료인 루이스 굿맨Louis Goodman과 함께 쓴 ≪The Pharmacological Basis of Therapeutics치료학의 약리적 기초≫는 '굿맨과 길먼'이란 애칭으로 불리며 교재로 널리 쓰였다. 아버지 길먼은 아들의 이름을 지을 때 친구의 이름인 굿맨을 넣었다. 훗날 아들 '굿맨 길먼'은 아버지와 아버지 친구

» 앨프리드 굿맨 길먼 (제공 David Gresham/UTSouthwestern)

를 이어 '굿맨과 길먼' 새 판을 짤 때 편집을 여러 차례 맡았다.

1962년 예일대 생화학과를 졸업한 길먼은 의학박사와 이학박사 동시 취득 프로그램을 미국 최초로 시도한 케이스웨스턴리저브대에 들어갔다. 이때 세포신호전달 메커니즘에 관심을 갖게 된 길먼은 미 국립보건원의 마셜 니런버그의 실험실에서 박사후과정을 보냈다. 니런버그는 1968년 노벨생리의학상 수상자다. 여기서 길먼은 cAMP라는 세포신호전달에 관여하는 분자를 검출하는 감도높은 방법을 개발했다.

1971년 버지니아의대에 자리를 잡은 길먼은 세포신호전달의 중간고리를 밝히는 연구에 뛰어들었다. 즉 호르몬이 세포막 바깥쪽에 있는 수용체에 달라붙으면 세포 안에 있는 아데닐산고리화효소(엄밀히 말하면 막단백질로 세포질 쪽에 효소 활성이 있다)가 활성화돼 cAMP가 만들어지면서 신호가 전달되는데, 그 사이를 연결하는 실체를 규명하는 일이다. 당시 미 국립위생연구소의 마틴 로드벨은 이 과정에 GTP라는 분자가 필요하고 제3의 단백질도 관여할 것이라고 제한했다.

길먼은 박사후연구원 엘리엇 로스와 함께 제3의 단백질인 G단백질을 분리하고 정제하는 데 성공했다. 그 뒤 G단백질이 관여하는 막 수용체 유전자가 수백 가지나 되고 G단백질 유전자도 수십 가지나 된다는 사실이 알려지면서 세포신호전달의 보편적인 메커니즘임이 밝혀졌다. 이 업적으로 길먼은 로드벨과 함께 1994년 노벨생리의학상을 수상했다.

그 뒤 길먼은 결정학자 스티븐 스프랭과 함께 G단백질과 아데닐산고리화효소의 구조를 밝히는 연구를 진행했다. 2000년에는 세포신호전달연합이라는 공동연구네트워크를 만들어 다양한 분야의 사람들을 끌어들였다. 많은 질병이 세포신호전달 이상에서 비롯하기 때문에 오늘날 G단백질을 표적으로 하는 여러 약물이 개발되고 있다.

참고문헌

1. Krull, W. *Nature* 518, 168 (2015)
2. Canfield, D. *Nature* 518, 484 (2015)
3. Martin, K. *Nature* 518, 304 (2015)
4. Boyd, R. *Nature* 519, 292 (2015)
5. Basset, J.-M. *Nature* 519, 159 (2015)
6. Ball, P. *Nature* 519, 34 (2015)
7. Cifelli, R. L. *Nature* 520, 158 (2015)
8. Schimmel, P. *Nature* 521, 291 (2015)
9. Nobes, C. et al. *Science* 350, 1039 (2015)
10. Marais, R. *Science* 350, 1040 (2015)
11. Shubik, M. *Science* 348, 1324 (2015)
    Nowak, M. A. *Nature* 522, 420 (2015)
12. Wilkinson, K. & Hershko, A. *Nature* 523, 532 (2015)
13. Turner, M. S. *Nature* 524, 416 (2015)
14. Erwin, D. H. *Nature* 524, 36 (2015)
15. Draaisma, D. *Nature* 525, 188 (2015)
    Oliver Sacks, My Own Life, *The New York Times* (2015. 2.19) (원문은 다음 사이트에서 볼 수 있다. http://nyti.ms/1AVTP3H)
16. Cameron, A. *Nature* 526, 196 (2015)
    Erwin, D. *Science* 350, 517 (2015)
17. Germain, R. N. *Nature* 526, 324 (2015)
18. Snieckus, V. *Nature* 527, 306 (2015)
19. Grafton, A. *Nature* 528, 40 (2015)
20. Masood, E. *Nature* 528, 480 (2015)
21. Lefkowitz, R. J. *Nature* 529, 284 (2016)
    Simon, M. *Science* 351, 566 (2016)

찾아보기